Internationale Politik und Governance in der Arktis: Eine Einführung

Kathrin Stephen · Sebastian Knecht
Golo M. Bartsch

Internationale Politik und Governance in der Arktis: Eine Einführung

Springer Spektrum

Kathrin Stephen
Institute for Advanced Sustainability
Studies
Potsdam, Deutschland

Sebastian Knecht
Berlin Graduate School for
Transnational Studies
Berlin, Deutschland

Golo M. Bartsch
Europäischer Auswärtiger Dienst
Brüssel, Belgien

ISBN 978-3-662-57419-5   ISBN 978-3-662-57420-1   (eBook)
https://doi.org/10.1007/978-3-662-57420-1

Die Deutsche Nationalbibliothek verzeichnet diese Publikation in der Deutschen Nationalbibliografie;
detaillierte bibliografische Daten sind im Internet über http://dnb.d-nb.de abrufbar.

Springer Spektrum

Verantwortlich im Verlag: Sarah Koch

Gedruckt auf säurefreiem und chlorfrei gebleichtem Papier

Springer Spektrum ist ein Imprint der eingetragenen Gesellschaft Springer-Verlag GmbH, DE und ist
ein Teil von Springer Nature
Die Anschrift der Gesellschaft ist: Heidelberger Platz 3, 14197 Berlin, Germany

Vorwort

„Merkel auf Eis" titelte Spiegel Online im August 2007 beim Besuch der Bundeskanzlerin und ihres damaligen Umweltministers Sigmar Gabriel in Ilulissat auf Grönland. Auf Kritik an ihrer Reise vonseiten der damaligen Opposition, die ihr politische Inszenierung vor einem schmelzenden Gletscher unterstellte und über eine „Bildungsreise" in Sachen Klimawandel spottete, entgegnete die Kanzlerin: „Wir müssen wichtige politische Prozesse sichtbar machen."[1]

Ein gutes Jahrzehnt später sind die schon damals „schmelzenden Gletscher" noch einmal spürbar weniger geworden, die Notwendigkeit aber, politische Prozesse im Hohen Norden sichtbar zu machen, ist aktueller denn je. Das Interesse an der Arktisregion aus ökonomischer, ökologischer sowie sicherheitspolitischer Perspektive hat spürbar zugenommen und auch Deutschland erfasst, sowohl auf Ebene der Politik und Wirtschaft als auch in Zivilgesellschaft, Kultur und Wissenschaft. Wir selbst haben im Rahmen unserer akademischen Tätigkeiten die Erfahrung gemacht, dass die Arktis gerade bei Studierenden der Politikwissenschaft, Geografie und Umweltwissenschaften gegenwärtig hoch im Kurs steht.

Mit diesem Buch wollen wir dem spürbar gestiegenen Interesse im deutschsprachigen Raum an der Arktis, seiner Governance und den Möglichkeiten, aber auch den Stolpersteinen, internationaler Politik in der Region aus politikwissenschaftlicher Perspektive begegnen. In dieser Hinsicht ist das vorliegende Buch das erste und bisher einzige seiner Art im deutschsprachigen Raum. Es ist als Einführungsbuch konzipiert, das sich für Studium, Lehre und Weiterbildung in Wissenschaft und Politik eignet. Im Sinne eines übersichtlichen Einstiegs waren wir weder um Vollständigkeit noch Detailverliebtheit bemüht, umso mehr jedoch um eine umfassende wie akkurate Darstellung der jüngsten Entwicklungen in der Region und ihrer Verortung zwischen Theorie und Empirie der internationalen Beziehungen.

Dieses Buch enthält eine Vielzahl an grafischen Darstellungen und Übersichtstabellen, die den fachlichen Inhalt unterstützen und wichtige Aspekte illustrativ hervorheben sollen. Um die Lektüre zudem bei allem notwendigen Rekurs

---

[1]Spiegel Online, 16. August 2007. http://www.spiegel.de/politik/deutschland/groenland-reise-merkel-auf-eis-a-500231.html. Zugegriffen: 5. Februar 2018.

auf Begriffe, Konzepte und Theorien der internationalen Politik und Governance sowie des internationalen Rechts so praxisnah und interessant wie möglich zu gestalten, haben wir an geeigneter Stelle auch kurzweilige Exkurse zu veranschaulichenden Beispielen, tagespolitischen Anekdoten und Kontexten eingebracht. Zur vertiefenden Lektüre einzelner Themenbereiche verweisen wir am Ende eines jeden Kapitels auf weiterführende Literatur, die wir für angemessen, kenntnisreich und lesenswert halten.

In der Vorbereitung dieses Buches haben wir viel Unterstützung erfahren, für die wir außerordentlich dankbar sind. Unser Dank gilt in erster Linie dem Springer-Verlag und insbesondere Frau Dr. Sarah Koch für das Interesse an unserer Buchidee und die außerordentlich geduldige und konstruktive Begleitung in der Entstehung des Buches. Wir bedanken uns außerdem herzlich beim Deutschen Arktisbüro in Potsdam, dem Alfred-Wegener-Institut Helmholtz-Zentrum für Polar- und Meeresforschung in Bremerhaven, der International Boundaries Research Unit (IBRU) an der Durham University sowie Prof. Winfried Dallmann für die Bereitstellung teilweise exklusiven Karten- und Datenmaterials.

Wir verbinden mit diesem Buch die Hoffnung, das noch vergleichsweise junge Politikfeld der Arktispolitik allen bereits Interessierten und noch zu Interessierenden auf leichte, aber umfassende Weise näherzubringen. Vor allem aber hoffen wir, in positiver Hinsicht ein wenig zur Entmystifizierung einer Region beizutragen, deren Stellenwert in und für die internationale Politik noch immer unter-, ihre medial wirksame Darstellung als „Konfliktherd" hingegen noch immer überschätzt wird.

Berlin/Brüssel   Kathrin Stephen
März 2018   Sebastian Knecht
                                                                        Golo M. Bartsch

Inhaltsverzeichnis

Abkürzungsverzeichnis

A5	Arktische Fünf (Dänemark, Kanada, Norwegen, Russland, USA)
A8	Arktische Acht (A5, zzgl. Finnland, Island, Schweden)
AAC	Arctic Athabaskan Council
ABA	Actions for Arctic Biodiversity
ACAP	Arctic Contaminants Action Program (Aktionsprogramm für arktische Schadstoffe)
ACGF	Arctic Coast Guard Forum
ACIA	Arctic Climate Impact Assessment
ACOPS	Advisory Committee on Protection of the Sea (Beratender Ausschuss für den Schutz des Meeres)
ACPB	Agreement on the Conservation of Polar Bears
AEC	Arctic Economic Council
AECO	Association of Arctic Expedition Cruise Operators
AEPS	Arctic Environmental Protection Strategy
AHDR	Arctic Human Development Report
AHSFCAO	Agreement to Prevent Unregulated Commercial Fishing in the High Seas area of the Central Arctic Ocean (Vereinbarung zur Verhinderung von ungeregeltem kommerziellen Fischfang in der Hohen See des Arktischen Ozeans)
AIA	Aleut International Association
AMAP	Arctic Monitoring and Assessment Programme (Programm zur Beobachtung und Bewertung der Arktis)
AMSAR	Agreement on Cooperation on Aeronautical and Maritime Search and Rescue in the Arctic (Abkommen zu Such- und Rettungsoperationen in der Arktis)
AMTP	Arctic Marine Tourism Project
AR	Arktischer Rat
ASC	Agreement on Enhancing International Arctic Scientific Cooperation (Abkommen zur Verbesserung der wissenschaftlichen Zusammenarbeit in der Arktis)
ASFR	Arctic Security Forces Roundtable
AWI	Alfred-Wegener-Institut Helmholtz-Zentrum für Polar- und Meeresforschung

AWZ	Ausschließliche Wirtschaftszone
BEAC	Barents Euro-Arctic Council
BfN	Bundesamt für Naturschutz
BGR	Bundesanstalt für Geowissenschaften und Rohstoffe
BRC	Barents Regional Council
CAFF	Conservation of Arctic Flora and Fauna (Erhalt arktischer Flora und Fauna)
CBSS	Council of the Baltic Sea States
CCU	Circumpolar Conservation Union
CLCS	Commission on the Limits of the Continental Shelf (Kommission zur Begrenzung des Festlandsockels)
CNPC	China National Petroleum Corporation
Copenhagen	Copenhagen Agreement from 15th session of the Conference of the Parties (COP 15)
CPAR	Conference of Parliamentarians of the Arctic Region
DLR	Deutsches Zentrum für Luft- und Raumfahrt
EPPR	Emergency Prevention, Preparedness and Response (Notfallprävention, -vorsorge und -abwehr)
EU	Europäische Union
FAO	Food and Agriculture Organization (Ernährungs- und Landwirtschaftsorganisation der Vereinten Nationen)
GASP	Gemeinsame Außen- und Sicherheitspolitik
GCI	Gwich'in Council International
IAEA	International Atomic Energy Agency (Internationale Atomenergie-Agentur)
IASC	International Arctic Science Committee (Internationales Arktisches Wissenschaftskomitee)
IASS	Institute for Advanced Sustainability Studies (Institut für transformative Nachhaltigkeitsforschung)
ICAO	International Civil Aviation Organization (Internationale Zivilluftfahrtorganisation)
ICC	Inuit Circumpolar Council
ICCAT	International Commission on the Conservation of Atlantic Tunas (Internationale Kommission für die Erhaltung der Thunfischbestände im Atlantik)
ICES	International Council for the Exploration of the Sea (Internationaler Rat für Meeresforschung)
IFRC	International Federation of Red Cross and Red Crescent Societies
IGO	Intergouvernementale Organisation
ILO	International Labour Organization (Internationale Arbeitsorganisation)
IMO	International Maritime Organization (Internationale Seeschifffahrtsorganisation)
IParlO	Interparlamentarische Organisation

IPCC	Intergovernmental Panel on Climate Change (Zwischenstaatlicher Ausschusses für Klimaänderungen)
IPO	Indigenous Peoples' Organization (Organisation der Indigenen Völker)
IPS	Indigenous Peoples' Secretariat
ISA	International Seabed Authority (Internationale Meeresbodenbehörde)
IUCH	International Union for Circumpolar Health
IUCN	International Union for Conservation of Nature (Weltnaturschutzunion)
London	Convention on the Prevention of Marine Pollution by Dumping of Wastes and Other Matter (Abkommen zur Verhinderung mariner Verschmutzung durch Müllabladung)
London Prot	Protocol to the Convention on the Prevention of Marine Pollution by Dumping of Wastes and Other Matter
MARPOL	International Convention for the Prevention of Marine Pollution from Ships (Internationales Abkommen zur Verhinderung mariner Verschmutzung von Schiffen)
Minamata	Minamata Convention on Mercury (Minamata-Übereinkommen zur Reduzierung von Quecksilberemissionen)
MOPPR	Agreement on Cooperation on Marine Oil Pollution Preparedness and Response (Abkommen zur Notfallvorsorge und Gefahrenabwehr bei marinen Ölverschmutzungen)
NAFO	Northwest Atlantic Fisheries Organization (Organisation für die Fischerei im Nordwestatlantik)
NASCO	North Atlantic Salmon Conservation Organization (Organisation für die Erhaltung der Lachsbestände im Nordatlantik)
NATO	North Atlantic Treaty Organization (Organisation des Nordatlantikvertrags)
NCM	Nordic Council of Ministers (Nordischer Ministerrat)
NEAFC	North-East Atlantic Fisheries Commission (Kommission für die Fischerei im Nordostatlantik)
NMMT	Nationaler Masterplan Maritime Technologien
NOP	Nordostpassage
NPAFC	North Pacific Anadromous Fish Commission (Kommission für anadrome Fische des Nordpazifik)
NRO	Nichtregierungsorganisation
NSIDC	National Snow and Ice Data Center
NSR	Northern Sea Route (Nördlicher Seeweg)
NWP	Nordwestpassage
OPRC	International Convention on Oil Pollution Preparedness, Response and Co-operation (Internationales Übereinkommen über Vorsorge, Bekämpfung und Zusammenarbeit auf dem Gebiet der Ölverschmutzung)

OSPAR	Convention for the Protection of the Marine Environment of the North-East Atlantic (Übereinkommen zum Schutz der Meeresumwelt des Nordostatlantiks)
PAME	Protection of the Arctic Marine Environment (Schutz der arktischen marinen Umwelt)
Paris	Paris Agreement from 21st session of the Conference of the Parties (COP 21)
PICES	North Pacific Marine Science Organization
PIK	Potsdam Institute for Climate Impact Research (Potsdam-Institut für Klimafolgenforschung)
POPs	Persistent Organic Pollutants (persistente organische Schadstoffe)
PP	Permanent Participant
PSI	Arctic Council Project Support Instrument
RAIPON	Russian Association of Indigenous Peoples of the North
RFMO	Regional Fisheries Management Organization (Regionale Fischereimanagementorganisation)
SAO	Senior Arctic Official
SAR	Search and Rescue
SC	Saami Council
SCPAR	Standing Committee of the Parliamentarians of the Arctic Region (Ständiger Ausschuss der Parlamentarier der Arktischen Region)
SDWG	Sustainable Development Working Group (Arbeitsgruppe für nachhaltige Entwicklung)
SLCP	Short-Lived Climate Pollutants
Sm	Seemeile
SOLAS	International Convention for the Safety of Life at Sea (Internationales Abkommen für die Sicherheit auf See)
SRÜ	Seerechtsübereinkommen der Vereinten Nationen
Stockholm	Stockholm Convention on Persistent Organic Pollutants (Stockholm-Konvention über persistente organische Schadstoffe)
UBA	Umweltbundesamt
UN	United Nations (Vereinte Nationen)
UNDP	United Nations Development Programme (Entwicklungsprogramm der Vereinten Nationen)
UNECE	United Nations Economic Commission for Europe (UN-Wirtschaftskommission für Europa)
UNEP	United Nations Environment Programme (Umweltprogramm der Vereinten Nationen)
UNFCCC	United Nations Framework Convention on Climate Change (Klimarahmenkonvention der Vereinten Nationen)
USGS	United States Geological Survey
WMO	World Meteorological Organization (Weltorganisation für Meteorologie)
WWF	World Wide Fund for Nature

Abbildungsverzeichnis

Tabellenverzeichnis

1.1 Die Arktis zwischen zwei Erdzeitaltern

Der Mensch der Moderne hat begonnen, seine Wahrnehmung der Welt zu verändern und ihre wie auch seine eigene Existenz dabei zunehmend als interagierende Faktoren eines großen Gesamtsystems zu begreifen. Seit der industriellen Revolution haben sich nicht nur sein Wissen, sein technischer Fortschritt und sein durchschnittlicher Wohlstand massiv vergrößert. Es sind auch rasante gesellschaftliche Veränderungen eingetreten, die mit diesen Entwicklungen einhergingen. Nicht alle verliefen ausschließlich positiv, und nicht die gesamte Weltbevölkerung kann von ihnen bislang im gleichen Maße profitieren: Errungenschaften wie etwa einer steigenden Lebenserwartung, dem verbrieften Völker- und Menschenrecht, der Gleichberechtigung und dem relativen Wohlstand stehen weiterhin eine globale Ungleichheit der Güterverteilung, ein unverhältnismäßiger Gebrauch endlicher natürlicher Ressourcen, gesellschaftliche Instabilitäten, Terrorismus, kriegerische Auseinandersetzungen, Korruption und Kriminalität gegenüber. Das politische Koordinatensystem der Welt, das in der zweiten Hälfte des 20. Jahrhunderts trotz der latenten Gefahr eines globalen nuklearen Krieges von einer Phase relativer Berechenbarkeit im internationalen Raum geprägt war, ist am Beginn des 21. Jahrhunderts einer neuen Ära regionaler und überregionaler, zwischenstaatlicher wie innergesellschaftlicher Krisen und Konflikte in immer schnellerer Folge gewichen. Aus der bipolaren Welt des Kalten Krieges ist eine – je nach Lesart – unipolare oder multipolare Welt geworden. Das Ende des Ost-West-Konflikts war nicht, wie in den 1990er Jahren zeitweilig angenommen, gleichsam auch das „Ende der Geschichte" (Fukuyama 1992).

Zwei der grundlegenden Dynamiken, die die Entwicklungen der letzten Jahrzehnte begründet und begleitet haben, sind die Globalisierung und der Klimawandel. Diese bedingen einander. In nie geahnter Geschwindigkeit und Dichte sind Märkte miteinander verbunden und werden Güter und Informationen auf dem Globus getauscht und gehandelt. Expandierende industrielle Produktion,

© Springer-Verlag GmbH Deutschland, ein Teil von Springer Nature 2018
K. Stephen et al., *Internationale Politik und Governance in der Arktis: Eine Einführung*, https://doi.org/10.1007/978-3-662-57420-1_1

Verkehrsaufkommen und Energieverbrauch der globalisierten Welt sorgen gleichsam für einen nach wie vor wachsenden Ausstoß von klimaschädlichen Gasen, die in der Erdatmosphäre den natürlichen Treibhauseffekt nachweislich verstärken und zu einer langsamen, aber stetigen Erwärmung der Erde führen. Beide Phänomene bezeugen darüber hinaus den fundamentalen Wandel der Rolle des Menschen in Bezug auf seine Umwelt: Seit dem Beginn seiner Geschichte war sein Dasein stets bestimmt von den naturräumlichen Rahmenbedingungen seiner Umgebung, etwa von der Topografie, dem Niederschlag oder dem Bodenertrag. Witterung und Ernten schrieb er vielfach Göttern zu, die er wohlgesonnen zu stimmen suchte, und ganze Reiche erwuchsen und fielen mit der Verfügbarkeit von fruchtbarem Land, Wasser und Sonnenwärme. Der aufgeklärte Mensch von heute hingegen erkennt, dass er nicht nur Objekt, sondern gestaltendes *Subjekt* seiner Lebensumgebung ist (Schimank 2005, S. 41 ff.): Wie sich Weltklima und Umwelt verändern und ob sie weiterhin die notwendigen Lebensgrundlagen bereitstellen können, ist nicht vom Wohlgefallen eines Gottwesens abhängig, sondern liegt in der Verantwortung des *Homo sapiens* und ist direkte Folge seines Handelns und seines Umgangs mit der Natur. Diese Feststellung ist Mahnung und Verheißung zugleich: Der Mensch kann ganze Ökosysteme zerstören. Es liegt aber auch in seiner Macht, sie zu schützen, zu bewahren und nachhaltig zu nutzen. Es ist nicht zuletzt dieses Merkmal, das in der Wissenschaft die Idee aufbrachte, den Eintritt in ein neues Erdzeitalter zu markieren: Wir stehen demzufolge am Beginn des Anthropozäns, des „Menschen-Zeitalters", in dem die Auswirkungen der Präsenz der Menschheit auf der Erde begonnen haben, dauerhafte Spuren in einem Ausmaß zu hinterlassen, das eine solche erdgeschichtliche Zäsur rechtfertigt (Zalasiewicz et al. 2008).

In diesem Buch werden wir uns mit einer Region der Welt befassen, die ein Beispiel dafür geben kann, wie komplexe, natur- und sozialwissenschaftlich erfassbare Prozesse im Anthropozän ineinander wirken und Politikfelder bestimmen: An nur wenigen anderen Orten zeigen sich heute die vielschichtigen und komplexen Interaktionen von Klimawandel und Globalisierung, von naturräumlichen und sozialen Problemstellungen so deutlich wie in der Arktis, der nördlichen Polarregion unseres Planeten. Was aber ist „die Arktis"? Ihre exakte Ortsbestimmung ist ein wenig problematisch, da abhängig von der jeweiligen wissenschaftlichen Disziplin gleich mehrere Definitionen möglich sind. Als bestimmendes Merkmal, das eine Region „arktisch" zu machen vermag, können beispielsweise klimatische oder andere naturräumliche Kriterien, wie etwa Linien von bestimmten Jahresdurchschnittstemperaturen (sogenannte Isothermen) oder Vegetationsgrenzen, benutzt werden. Mittels geografischer Maßstäbe gelingt eine Abgrenzung noch etwas exakter: Entlang des nördlichen Polarkreises umfasst die Arktis kartografisch alle Land- und Seegebiete oberhalb von 66°33' nördlicher Breite. Dieser Kreis ist mithilfe der beiden Sonnenwendtage des Kalenderjahres definiert und markiert jene Linie, auf der die Sonne am kürzesten Tag des Jahres 24 Stunden unterhalb des Horizonts verbleibt und am längsten Tag des Jahres 24 Stunden oberhalb des Horizonts zu sehen ist. Nördlich davon erstreckt sich die Nordpolarregion so über ein mehrheitlich maritimes Areal von insgesamt rund 20 Millionen Quadratkilometern, was knapp der 56-fachen Fläche des Staatsgebiets Deutschlands entspricht.

Die arktischen Festlandflächen im Hinterland der Küsten beginnen als eine karge, mit Moosen und Flechten bedeckte Tundra, die weiter südlich erst allmählich in Waldtundra und dann in mit Nadelhölzern bewachsene Taiga übergeht.

Die Arktis unterscheidet sich von der Polarregion der Südhalbkugel wesentlich: Die Antarktis ist ein fester Kontinent, eine solide Landmasse unter einer massiven Schicht von an den Küsten auf das Meer hinausreichendem Eis. Die Nordpolarregion, fast vollständig umschlossen von den Küsten der Anrainerstaaten, ist hingegen ein regelrechtes Binnenmeer mit einer Reihe von Inseln und Inselgruppen. Es ist mit schwimmendem Eis bedeckt, dessen Ausdehnung in Abhängigkeit von der Jahreszeit variiert. Der Arktische Ozean wird dabei von drei submarinen Gebirgszügen, dem Alpha-Mendelejew-Rücken, dem Gakkel-Rücken und dem Lomonossow-Rücken durchschnitten. Das Gewässer ist etwa 14 Millionen Quadratkilometer groß und im Durchschnitt etwa 1000 m tief, wobei er vergleichsweise seichte Küstengewässer ebenso umfasst wie Senken von über 4000, stellenweise sogar von über 5000 m Wassertiefe. Dabei besitzt er nur relativ schmale Zugänge zu den Weltmeeren, einerseits durch die Beringstraße zwischen Sibirien und Alaska in den Nordpazifik, andererseits durch die Framstraße zwischen Grönland und der Svalbard-Inselgruppe[1] in die Norwegische See und den Nordatlantik. Im Unterschied zum geografischen Südpol ist der geografische Nordpol damit ein Punkt *auf dem Meeresgrund,* gelegen in unmittelbarer Nähe zum Lomonossow-Rücken (Bartsch 2015a, S. 83 ff.).

Die Geografie des Polarkreises bestimmt für die Politikwissenschaft gleichsam die Auswahl der primär relevanten Akteure: Große Teile der Arktis liegen auf dem Territorium von insgesamt acht Staaten (Abschn. 2.2). Dabei handelt es sich um Kanada, Russland, die USA dank ihres Bundesstaates Alaska, Norwegen, Dänemark aufgrund seiner engen Verflechtung mit dem eigentlichen Anrainer Grönland, Island sowie Schweden und Finnland. Die drei letztgenannten haben gegenüber den fünf ersteren allerdings Besonderheiten: Island ist zwar mit Blick auf seine Temperaturen und Vegetation, kaum jedoch allein nach geografischem Maßstab arktisch, da sein nördlichstes Hoheitsgebiet den Polarkreis nur knapp berührt. Schweden und Finnland hingegen können zwar deutlich größere Landflächen nördlich des Polarkreises aufweisen, besitzen aber dennoch keinen unmittelbaren Zugang zum Nordpolarmeer. Arktische Staaten in einem engeren geografischen Sinne, das heißt mit direktem Zugang zum Arktischen Ozean, sind damit nur Dänemark, Kanada, Norwegen, Russland und die USA, die in Abgrenzung zu den A8 daher oftmals auch als die „Arktischen Fünf" (A5) bezeichnet werden.

---

[1]Im deutschen Sprachgebrauch bezeichnet „Spitzbergen" üblicherweise sowohl die über 400 Inseln zählende Inselgruppe in der nordwestlichen Barentssee als Ganzes, welche im Englischen und Norwegischen „Svalbard" genannt wird, als auch die größte Insel des Archipels. Im Sinne einer eindeutigen Differenzierung verwenden wir für die Inselgruppe den Begriff „Svalbard" und für die größte Insel die Bezeichnung „Spitzbergen".

1.2 Die Entdeckung und Besiedelung der Arktis

Nicht umsonst werden speziell in dieser so definierten Weltregion Klimawandel und Globalisierung explizit als komplementäre „Treiber" der dort stattfindenden Veränderungen identifiziert (Bock 2013, S. 47 ff.): In der Arktis beeinflussen diese beiden menschengemachten Vorgänge den naturräumlichen Bezugsrahmen, der wiederum massive Auswirkungen auf die Zukunft des Menschen in der Region und darüber hinaus hat. Die öffentliche Aufmerksamkeit, die der Arktis und ihren klimatischen und naturräumlichen Veränderungen mit dem Beginn des Anthropozäns zuteilgeworden ist, ist zwar ein überwiegend neues Phänomen, das etwa seit der Mitte der 2000er Jahre anhält. Die Geschichte des Menschen in der Arktis selbst beginnt hingegen schon sehr viel früher. Sie ist die Geschichte einer Jahrtausende währenden Besiedelungsbewegung, die ursprünglich wohl auf dem asiatischen Kontinent ihren Anfang nahm. Die augenblicklich ältesten Spuren des Menschen im Hohen Norden sind etwa 12.000 Jahre alt und wurden 1947 in Jakutien im Nordosten Russlands gefunden. Es handelt sich um Reste menschlicher Jagdwerkzeuge in einer Ansammlung von Mammutknochen, die Zeugnis davon ablegen, dass bereits frühe Vertreter des *Homo sapiens* ihrer bevorzugten Beute bis weit in die arktische Tundra hinein folgten. Spätere Funde in Russlands Norden, die etwa 3500 Jahre zurückdatieren, bezeugen die Existenz einer Gesellschaft von „Paläoeskimos", Menschen, die sowohl vom Fang von Meeressäugern an den Küsten als auch der Jagd auf Rentiere im arktischen Hinterland lebten und sich dabei nicht nur domestizierter Hunde, sondern auch technischer Hilfsmittel wie Kajaks, Schlitten und Skier bedienten. Die heutige Beringstraße, das Seegebiet zwischen dem äußersten Osten Russlands und dem Westen Alaskas, war vor etwa 10.000 Jahren noch eine Landbrücke, über die die Siedler aus Asien in die Arktisgebiete Nordamerikas bis hinüber in die nordkanadische Inselwelt gelangen konnten. Auch hier ist eine mehrtausendjährige indigene Besiedelung mit intensivem Handel zwischen den verschiedenen Gruppen und Gemeinden nachweisbar, die an der Ostküste Nordkanadas nicht haltmachte, sondern von hier aus auch nach Grönland übersetzte. Ungeachtet der großen, vielfach umgebungsbedingten Ähnlichkeiten ihrer Lebensweise unterschieden sich die indigenen Völker der Arktis Nordamerikas, Nordeuropas und Nordasiens in ihren Sprachen, Traditionen und anderen Kulturgütern (Vaughan 2007, S. 2 ff.) (Abschn. 2.3).

Für die Europäer[2] der südlicheren Breiten war die Arktis seit dem Altertum zunächst ein unbekanntes Gebiet bisweilen fantastischer Mythen. Vermutlich war es der griechische Entdecker Pytheas, der um etwa 325 vor Christus erstmals ein Land jenseits Britanniens erreichte, das er als „Thule" bezeichnete (Braune 2016, S. 13). Den alten Griechen und später den Römern galt das Land jenseits der nördlichen Grenzen ihrer bekannten Welt aufgrund seiner Abgeschiedenheit und

---

[2]Wir sind uns der Bedeutung einer genderneutralen Sprache bewusst, benutzen in diesem Buch aber aus Gründen der Lesbarkeit durchgehend das Maskulinum bei Personengruppenbezeichnungen.

Witterung entweder schlicht als unbewohnbar, oder aber man vermutete dort das paradiesische und für Sterbliche unerreichbare Reich der sagenhaften „Hyperboreer", eines unsterblichen und götternahen Volkes. Bis ins späte Mittelalter hinein hielten sich auch Schreckensvorstellungen von der Arktis als einem Ort, der von gigantischen Seeungeheuern, Riesen und missliebigen Zwergen beherrscht wird. Erst aus dem 15. und 16. Jahrhundert sind Versuche einer kartografischen Erfassung der Arktis überliefert, etwa von Gerhard Mercator aus dem Jahre 1569. Sie zeigen zumeist weitgehend der Fantasie entsprungene Umrisse, auch wenn sich einzelne Landmarken durchaus existierenden Orten wie etwa Island zuordnen lassen. Der Verweis zeitgenössischer Schriften auf die Existenz von Polartagen und -nächten im Sommer und Winter, in denen ab Erreichen eines bestimmten Breitengrades die Sonne für Monate nicht mehr unter- oder aufgeht, belegt, dass zumindest eine ungefähre Kenntnis über die naturräumlichen Verhältnisse des Hohen Nordens tradiert worden sein muss. Auch tauchten in Städten des Mittelalters gelegentlich Handelsgüter aus der Arktis, wie Eisbärfelle und Elfenbein aus Walross- oder Narwalstoßzähnen, auf. Einzelne skandinavische, englische und deutsche Monarchen sollen sogar lebende Eisbären als exotische Kuriositäten an ihren Höfen gehalten haben.

Eine wesentliche Rolle in der frühmittelalterlichen Erschließung des Hohen Nordens auf dem Seeweg hatten die Wikinger, die etwa ab dem 9. Jahrhundert von Skandinavien aus in Richtung Island und Grönland aufbrachen. Möglichweise gelangten sie auf ihren Seefahrten bis hinauf zum Svalbard-Archipel nördlich von Norwegen. Einzelne Spuren, die auf zeitweise Aufenthalte der Wikinger oder aber ihren Handel mit den ansässigen Indigenen hindeuten, fanden sich an der Westküste Grönlands bis hinauf nach Avanersuaq gegenüber der heute zu Kanada gehörenden Ellesmere-Insel. Die wohl bekannteste Siedlung der Wikinger auf Grönland ist Brattalid, die von Erik „dem Roten" Thorvaldsson etwa um das Jahr 982 gegründet wurde und etwa 400 Jahre lang bewohnt blieb. Aber auch auf dem Landweg weiteten die Skandinavier ihren Einfluss nach Norden und Osten aus: Siedler hatten bereits um Christi Geburt erste Kontakte mit den Saami, den nordeuropäischen Indigenen, geknüpft. Später wurde das russische Novgorod, eine ursprünglich von schwedischen Wikingern gegründete Handelsstätte, zu einem wesentlichen Ausgangspunkt für Expeditionen in den Norden Russlands und Drehkreuz für den Handel mit Pelzen und anderen Gütern aus Sibirien.

Mit der frühen Neuzeit begann das Zeitalter der großen Seemächte, das auch in den Gewässern der Arktis seine Auswirkungen hatte. Der Seehandel zwischen „alter" und „neuer Welt" begann zu erblühen. Um die langjährige spanische und portugiesische Vorherrschaft auf der Hauptroute des Atlantiks zwischen Europa und Amerika zu umgehen, begannen vor allem kleinere Seehandelsnationen, wie etwa Frankreich, die Niederlande, Dänemark oder auch das anfangs noch schwächere Großbritannien, nach einer schiffbaren Alternativroute im Hohen Norden zu suchen. Es begann eine Zeit der Entdecker, die bis ins 19. Jahrhundert hinein andauerte. In wagemutigen und nicht selten dramatischen Seeexpeditionen erkundeten und kartografierten unter anderem Willem Barents, Martin Frobisher, Vitus Behring, John Davis, Henry Hudson, William Baffin und John Franklin das bislang nicht systematisch erforschte Polarmeer. Noch heute künden jene Meeresteile und Inseln des Nordens davon, die nach ihnen und ihren Fahrten benannt sind. Wie der Seehandel auf den Meeren, so stimulierte in dieser Zeit an Land der lukrative Handel mit wertvollen Pelzen und an den Küsten mit Wal- und Robbenprodukte die Erkundung und Erschließung der Gebiete nördlich des Polarkreises: Waren es in Nordamerika vor allem Handelsgesellschaften wie die Hudson's Bay Company, die, mit weitreichenden Vollmachten der britischen Krone ausgestattet, immer weiter nordwärts in die Tundren vorstießen, so taten dies in den Weiten Sibiriens Kosaken im Auftrag der Zaren, die bis zum Ende des 17. Jahrhunderts das riesige Land vom Ural bis zum Pazifik in deren Namen in Besitz nahmen. An den Küsten des Polarmeeres, etwa auf Grönland, waren zeitgleich zahlreiche Niederlassungen von Walfängern entstanden, die bis ins 20. Jahrhundert hinein vor allem den als Brenn- und Schmierstoff begehrten Waltran gewannen und dabei die Bestände der Meeressäuger empfindlich dezimierten. Ähnlich begehrt wie Walprodukte waren auch Robbenfelle und Elfenbein aus Walrossstoßzähnen.

Mit einer spektakulären Expedition, in deren Verlauf er sich mit seinem Forschungsschiff *Fram* im Polareis einfrieren ließ, erforschte der Norweger Fridtjof Nansen von 1893 bis 1896 die Drift des Polareises und die ozeanografische Beschaffenheit der Gewässer in unmittelbarer Polnähe. Wem und wann hingegen das tatsächliche Erreichen des geografischen Nordpols auf dem schwimmenden Eis erstmalig gelang, ist bis heute nicht vollständig geklärt. Es wird davon ausgegangen, dass die Amerikaner Robert Peary und Matthew Henson in Begleitung einiger Indigener im Jahre 1909 die Ersten waren, die den nördlichsten Punkt der Erde über das arktische Eis erreichten. Diese Leistung lässt sich bis heute allerdings nicht zweifelsfrei belegen.

Forschungs-, Wirtschafts- und nicht zuletzt auch nationale Prestigeinteressen schienen fortan für lange Zeit die einzigen Triebfedern der Erkundung der Arktis zu sein. Spätestens der Zweite Weltkrieg rückte die Gewässer des Nordens jedoch auch aus militärischer Perspektive in den Fokus: Versorgungsgeleitzüge aus den USA, beladen mit Rüstungsgütern zur Unterstützung ihres sowjetischen Alliierten im Kampf gegen das Dritte Reich, überquerten den Atlantik bis hinauf an die Eisgrenze. Im äußersten Norden Kanadas, auf Grönland und der Svalbard-Inselgruppe waren derweil deutsche und alliierte Wetterstationen fernab der Zivilisation abgesetzt. Die letzten deutschen Soldaten, die nach der Kapitulation der Wehrmacht am 8. Mai 1945 in Kriegsgefangenschaft gingen, gehörten zur Besatzung eines solchen Außenpostens auf der Insel Nordostland des Svalbard-Archipels, der erst am 4. September 1945 von norwegischen Seeleuten evakuiert wurde. Während des Kalten Krieges schließlich stellte die Arktis eine Art kaum zugänglicher Pufferzone unmittelbar zwischen Nordamerika und der Sowjetunion (UdSSR) dar. Entsprechend hoch blieb die militärische Aktivität: Das Polarmeer wurde zum wichtigen Operationsgebiet für atomare U-Boote aus Ost und West, die unter der Eisdecke getaucht unerkannt vom Nordatlantik in den Nordpazifik gelangen konnten. Eine Kette von Aufklärungs- und Frühwarnsystemen entlang der US-amerikanischen und kanadischen Nordküstenlinie bis in den Osten Grönlands, die sogenannte Distant Early Warning Line (DEW Line), überwachte den arktischen Luftraum. Für die UdSSR war das Meer vor der Küste Sibiriens zudem auch eine bedeutende Testregion für das Nukleararsenal des Landes: Allein auf dem Archipel Nowaja Semlja wurden zwischen 1955 und 1990 nicht weniger als 132 atomare Detonationen mit insgesamt etwa 470 Megatonnen Sprengkraft ausgelöst. Dies entspricht 94 % der Sprengkraft aller während des Kalten Krieges durch die UdSSR gezündeten Atomwaffen, darunter auch die sogenannte Zar-Bombe, die am 30. November 1961 über der Mitjuschikabucht in der größten bislang jemals vom Menschen erzeugten Explosion gezündet wurde (Vaughan 2007, S. 2 ff.; Bartsch 2015a, S. 241).

Mit dem Ende des Ost-West-Konflikts wurde der Weg für die formelle Kooperation Russlands mit den westlichen arktischen Anrainerstaaten frei. Bereits kurz vor dem Fall des Eisernen Vorhangs, im Jahr 1987, hatte der seinerzeit amtierende sowjetische Ministerpräsident Michail Gorbatschow in einer viel beachteten Rede in Murmansk die Arktis der Zukunft als eine Zone des Friedens proklamiert. In der Folgezeit entstand mit dem Arktischen Rat (AR), mit dem sich dieses Buch noch detaillierter befassen wird, eine zentrale koordinierende Institution für die Region (Abschn. 3.3). Die öffentliche und politische Aufmerksamkeit für den Hohen Norden indes nahm in den 1990er Jahren stark ab: Alle Abenteuer für Entdecker schienen vollbracht, der Frieden gesichert und alle Zugangsmöglichkeiten ohnehin vom ewigen Eis verhindert. So waren es eine Weile lang allenfalls noch hoch spezialisierte Vertreter der Natur- und Sozialwissenschaften, die sich mit der Arktis und ihren etwa vier Millionen Bewohnern, von denen heute nur noch etwa zehn Prozent indigener Abstammung sind, befassten. Dies blieb so, bis die beiden treibenden Faktoren Klimawandel und Globalisierung recht bald nach der Jahrtausendwende unübersehbar begannen, die Arktis und unsere Sichtweise auf sie tief greifend zu verändern.

1.3   Die Arktis in Zeiten des Klimawandels

Seit Mitte der 2010er Jahre geraten die Auswirkungen des Klimawandels scheinbar immer wieder ein wenig aus dem Blickfeld, während vielfach aufflammende regionale Konflikte und internationaler Terrorismus als mehr oder minder direkte Folgen gravierender politischer Umwälzungen und Instabilitäten entlang der europäischen Peripherie die gesellschaftlichen Debatten stärker zu bestimmen scheinen. Was aber meinen wir mit „Klimawandel", einem der wesentlichen Merkmale des Anthropozäns? Generell bezeichnen wir so eine Erderwärmung als Folge des sogenannten zusätzlichen Treibhauseffekts. „Zusätzlich" ist dieser deshalb, weil wir die Lebensfreundlichkeit des Planeten Erde einem auch ohne menschliches Zutun existenten natürlichen Treibhauseffekts verdanken: Physikalisch bestünde eigentlich ein Gleichgewicht zwischen der auf die Erdoberfläche einstrahlenden und der von ihr reflektierten Sonnenwärme. Bestimmte Komponenten der Erdatmosphäre, im Besonderen Kohlendioxid und Wasserdampf, halten aber einen Teil dieser Wärme zurück und machen die Erde erst bewohnbar: Ohne diesen Effekt würde die planetare Durchschnittstemperatur um ca. 35 °C tiefer liegen.

Erhöht sich der Anteil von Treibhausgasen in der Atmosphäre, so wird immer weniger aufgenommene Sonnenenergie ins Weltall zurück reflektiert. Auf diese Weise nimmt die Erde mehr und mehr Wärme auf, was insgesamt zu einem globalen Temperaturanstieg führt (Rahmstorf und Schellnhuber 2012, S. 2 ff.). Sichtbar wird dieser Zusammenhang in der Korrelation steigender Anteile von Treibhausgasen in der Atmosphäre mit ebenfalls steigenden Durchschnittstemperaturen. Eine in den 1950er Jahren begonnene langfristige Messreihe bestätigt einen trotz jahreszeitlicher Schwankungen bis heute anhaltenden Aufwärtstrend, der in der nach ihrem Entwickler benannten Keeling-Kurve eindeutig ablesbar ist. Sie lässt darauf schließen, dass die Höhe der heutigen Konzentration von Treibhausgasen einzigartig ist, seit es menschliches Leben auf dem Planeten gibt. Ähnliches gilt für die Entwicklung der globalen Temperaturen: Die heutige Erdmitteltemperatur liegt bei etwa 14,5 °C. Dabei wird davon ausgegangen, dass sie sich seit dem Beginn des Industriezeitalters im globalen Mittel um ca. 0,75 °C erhöht hat. Die Temperaturveränderungen der letzten Jahrzehnte traten damit in einer Geschwindigkeit auf, die jene, die für vergleichbare Effekte der Vergangenheit belegbar ist, bei Weitem überschreitet. Nach heutigem Wissensstand lässt sich für das 21. Jahrhundert eine Temperatursteigerung zwischen 2° und 4 °C erwarten. Dies allerdings sind Durchschnittswerte. Die Erwärmung wird nicht überall gleich und konstant geschehen, sondern regional unterschiedlich ausfallen (Bartsch 2015a, S. 29 ff.).

Unverändert ist die Frage der menschlichen Verantwortung für den zusätzlichen Treibhauseffekt durch den Ausstoß an Treibhausgasen, ungeachtet deren weitgehend eindeutiger naturwissenschaftlicher Evidenz, noch immer Bestandteil teils kontroverser öffentlicher Debatten, die ausdrücklich nicht Bestandteil dieses Buches sind. Und doch nimmt die Arktis in der Klimawandeldiskussion einen besonderen Stellenwert ein. Viele Publikationen zu diesem Thema nutzen die Nordpolarregion als Anschauungsbeispiel, wobei sie zumeist als sprichwörtlicher „Kanarienvogel in der Kohlenmine", also als globaler Frühwarnindikator für den Klimawandel, verstanden wird. Der oben erwähnte bisherige Anstieg der Erddurchschnittstemperatur seit Beginn des Industriezeitalters klingt, über den Zeitraum von etwa 200 Jahren gesehen, auf den ersten Blick nach einer eher moderaten Erwärmung. Ein solcher arithmetischer Mittelwert aber schließt naturgemäß auch regional deutlich höhere Werte ein. Die Arktis ist eine solche Region, da hier der Klimawandel merklich drastischer ausfällt als in südlicheren Breiten. Er hat sich nördlich des Polarkreises allgemein um ungefähr 1,8 °C in den letzten 100 Jahren und stellenweise, wie in Alaska oder dem kanadischen Yukon und den Nordwest-Territorien, sogar allein in den letzten 50 Jahren um 3° bis 4 °C vollzogen. Für die Erwärmung der Arktis kann somit „doppelt so schnell, doppelt so intensiv wie im globalen Durchschnitt" als Faustregel gelten. Untersuchungen von Bodensedimenten und Eiskernen aus der Region, die einen Blick weit in die klimatische Vergangenheit ermöglichen, legen den Schluss nahe, dass die derzeitigen arktischen Sommertemperaturen eine Rekordhöhe für nicht weniger als die vergangenen 2000 Jahre markieren.

In jüngster Vergangenheit ließen sich fast jährlich neue Temperaturhöchstwerte in der Arktis messen. Nach den bereits mit Negativrekorden bei der Sommer-Eisausdehnung aufwartenden Jahren 2007 und 2012 (Abb. 1.1) stellte das Jahr

2016 noch einmal neue Rekordwerte auf. Nie seit Beginn der Aufzeichnungen war die winterliche Eisfläche kleiner. Gegen Jahresende 2016 lagen die Temperaturen rund um den Nordpol tagelang fast 20 °C über dem langjährigen Durchschnittswert. Diese Erwärmung hat weitreichende Folgen für den arktischen Naturraum und seine Ökosysteme im Wasser und an Land: Die Ausdehnung und Dicke des schwimmenden Polareises nehmen ab, Niederschlag fällt als Regen statt als Schnee, und bislang dauerhaft gefrorene Böden nördlich des Polarkreises beginnen aufzutauen.

Die sichtbarste Veränderung in der Region ist der Substanzverlust des bislang nicht umsonst so bezeichneten „ewigen Eises". Dieser Begriff umfasst nicht nur das Festlandeis Grönlands, welches mit einem Volumen von beinahe drei Millionen Kubikkilometern das größte Süßwasserreservoir der nördlichen Hemisphäre darstellt, sondern vor allem die schwimmende Polareisfläche. Letztere driftet, bedingt durch Wind und Meeresströmungen, von Sibirien nordwärts über den Pol gegen die Küsten Kanadas und Grönlands im Nordatlantik, wo sie zusammengeschoben

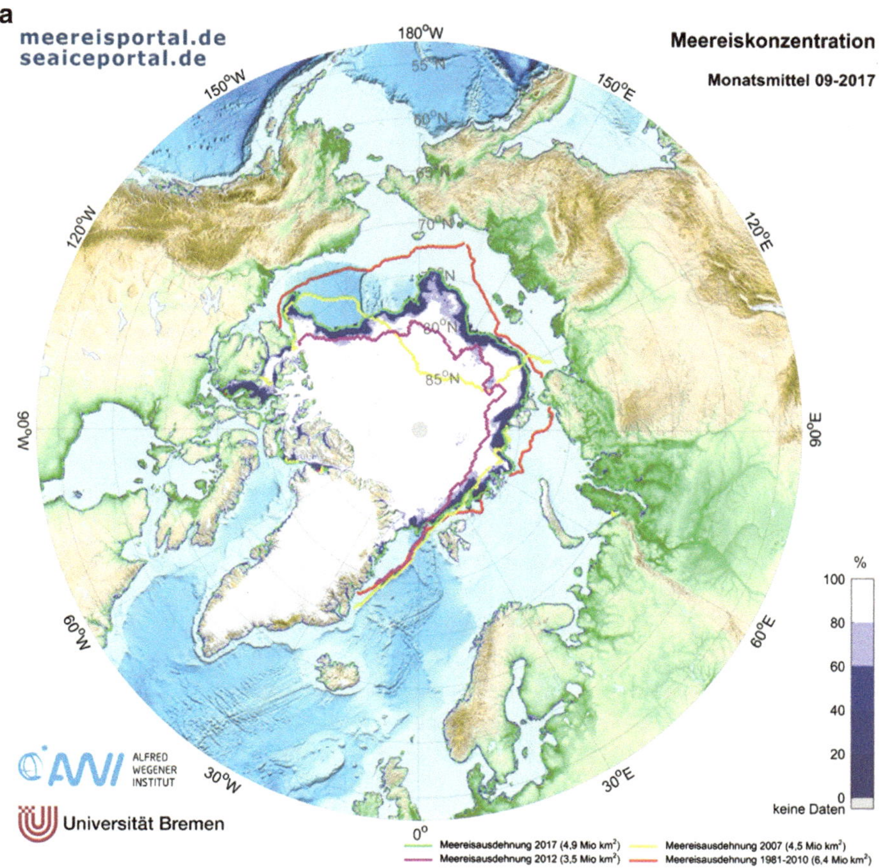

Abb. 1.1 Historischer und prospektiver Rückgang der arktischen Meereisbedeckung. (© Meereisportal, Alfred-Wegener-Institut, Universität Bremen)

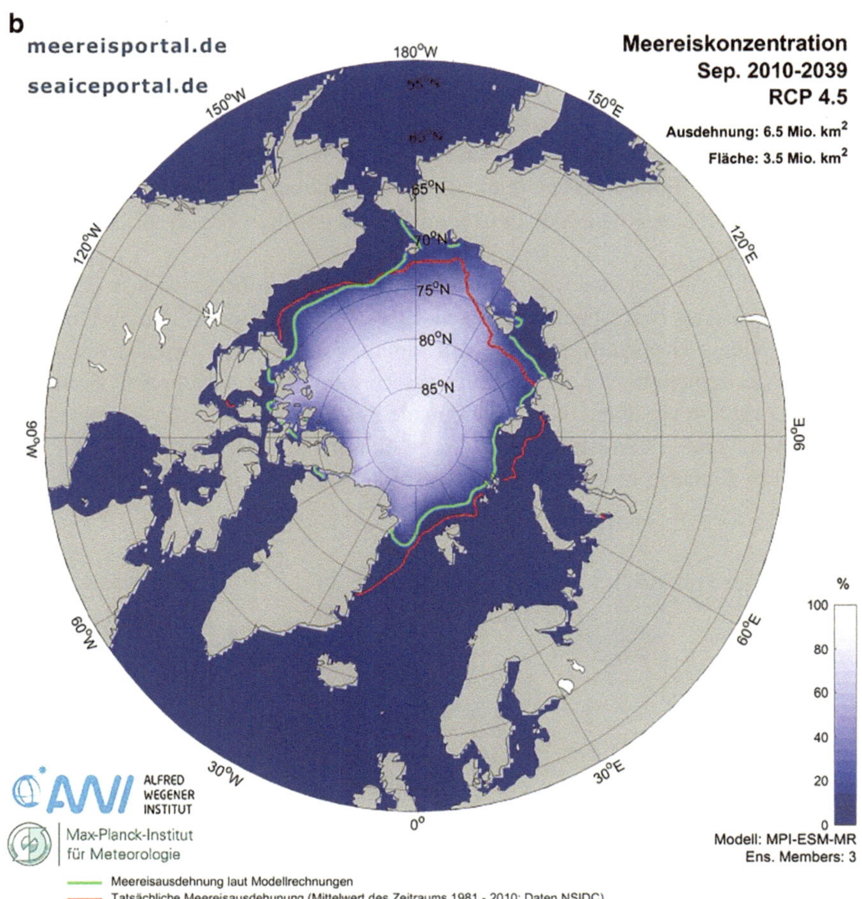

Abb. 1.1   (Fortsetzung)

wird und dadurch von ein bis zwei Metern Ausgangsstärke zu sogenanntem Packeis von drei bis fünf Metern Stärke anwächst. Die Eisfläche ist in Dicke und Ausdehnung zwar grundsätzlich regionalen und saisonalen Schwankungen unterworfen,
mit einer maximalen Ausdehnung etwa im Monat März und einem Minimum im
September, in dem sich ihr Umfang gewöhnlich etwa auf die Hälfte der maximalen
Eisfläche der Wintermonate reduziert. Im vergangenen Jahrzehnt ist allerdings auch
dieses saisonale Minimum von Jahr zu Jahr kleiner geworden; 2017 betrug die mittlere Ausdehnung des Meereises[3] nur noch 4,85 Mio. Quadratkilometer (Abb. 1.1).
Insgesamt umfasst die sommerliche Eisdecke heute noch etwa 60 % ihrer Fläche
der 1970er Jahre, als dank fortschreitender Satellitentechnologie ihre kontinuierliche

---

[3]Als Meereisausdehnung wird nach gültiger Definition die Gesamtfläche bezeichnet, für die eine
Eiskonzentration von mindestens 15 % ermittelt werden konnte.

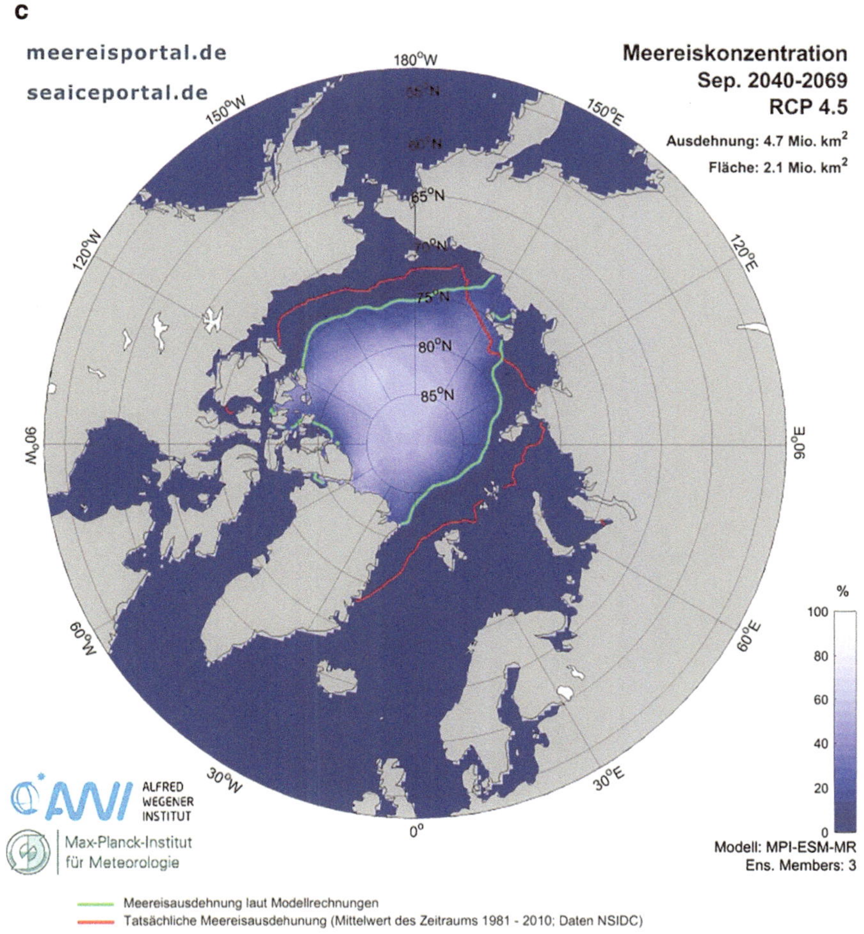

Abb. 1.1 (Fortsetzung)

Beobachtung erstmalig möglich wurde. In etwa gleichem Maße hat die durchschnittliche Eisdicke abgenommen, wobei die Entwicklung hier noch wesentlich rasanter verläuft: Während es seit Beginn der Flächenbeobachtung etwa 40 Jahre gedauert hat, um die Reduktion auf das heutige Maß zu erreichen, so hat die näherungsweise Halbierung der Eisdicke, soweit messbar, zwischen 2007 und 2012 gerade einmal fünf Jahre benötigt (Bartsch 2015b, S. 6).

Der arktische Eisrückgang wird in den Naturwissenschaften neben der höheren Lufttemperatur maßgeblich mit der Reflexionsfähigkeit des Eises, der sogenannten Albedo, erklärt: Helle Oberflächen, wie etwa Eis, reflektieren mehr Wärmestrahlung zurück ins All als dunkle Flächen, wie etwa die Meere. Je weniger Eisfläche vorhanden ist, umso mehr Sonnenwärme wird während des Sommers durch das Meerwasser aufgenommen, was dazu führt, dass stetig mehr Eis

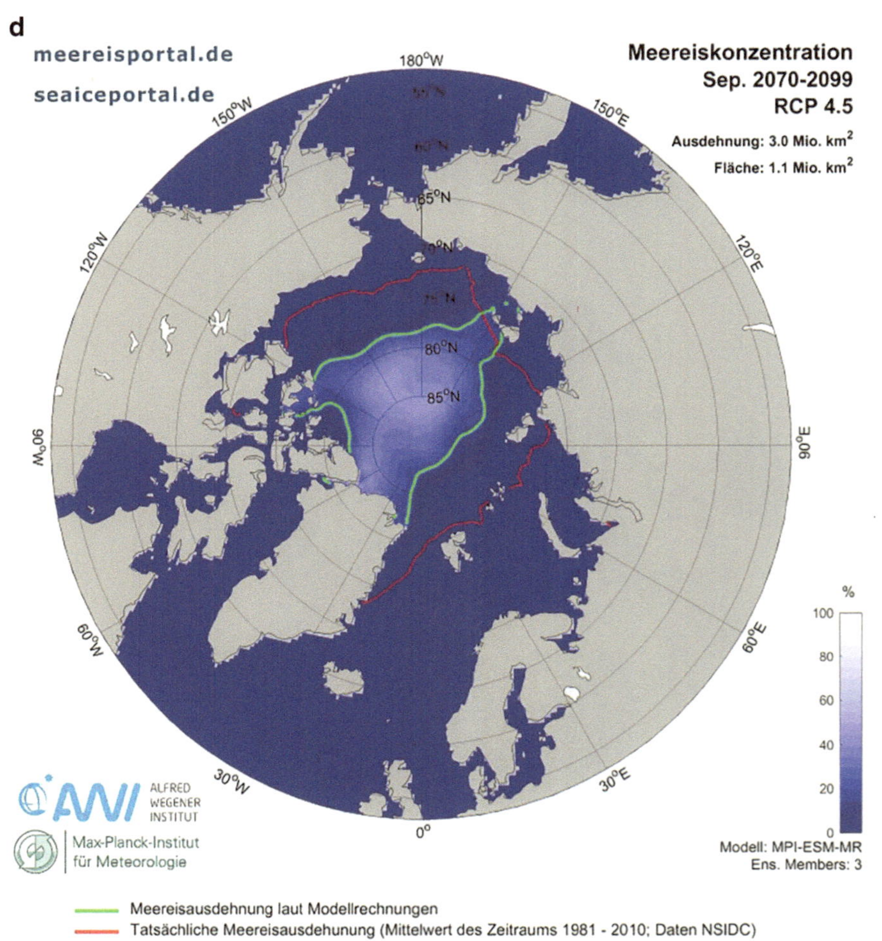

Abb. 1.1 (Fortsetzung)

in das darunterliegende und wärmere Meer abschmilzt, als auf der Oberfläche hinzukommen kann. So geht vor allem jenes mehrjährige Eis zusehends verloren, das bisher auch über die Sommermonate hinweg erhalten geblieben war und den dauerhaften Kern der arktischen Meereisfläche gebildet hatte. Ein stetig zunehmender Anteil dieser Fläche besteht nur noch aus einjährigem Eis, das sich in den Wintermonaten neu bildet und zum Sommer wieder abschmilzt, sodass sich das Eis insgesamt von einer permanenten zu einer saisonalen Decke umwandelt. Augenblicklich entspricht das Volumen des heutigen winterlichen Eismaximums in etwa gerade noch dem des sommerlichen Minimums der späten 1970er Jahre.

Vom Festlandeis Grönlands fließt derweil kontinuierlich ein Teil seiner Masse über Gletscher in Richtung Polarmeer und kalbt zu Eisbergen, während beständiger Schneefall im Inland neues Gletschereis entstehen lässt. Allerdings haben sich die Fließgeschwindigkeiten der Gletscher und damit die Menge des sich von diesem Schild ablösenden Eises allein zwischen 1995 und 2005 um etwa ein Drittel erhöht, sodass heute zusammen mit dem Abschmelzen an der Gletscheroberfläche vor allem an dessen Rändern eine deutliche jährliche Umfangsverminderung beziehungsweise Absenkung messbar ist. Bei anhaltender Tendenz könnte am Ende des 21. Jahrhunderts bis zu einem Drittel des Landeises verloren gegangen sein. Darüber hinaus sind an Land noch weitere Veränderungen zu beobachten. So haben etwa im Norden Skandinaviens und Alaskas die Schneefalldauer und der Umfang der bis in den Frühsommer schneebedeckten Flächen in den letzten 50 Jahren signifikant abgenommen. Die Auswirkungen der fehlenden weißen Schneefläche entsprechen dem Albedo-Effekt des Meereises: Dort, wo weniger Sonnenwärme reflektiert wird, ist eine Erwärmung der Erdoberfläche die Folge. Schnee schmilzt so noch schneller, und die Permafrostzonen, jene Bereiche im äußersten Norden der polaren Anrainerstaaten, in denen die Böden ganzjährig tief gefroren bleiben, verkleinern sich und setzen beim Auftauen zusätzliche Treibhausgase frei. Der Permafrostbereich hat sich etwa in Sibirien seit den 1970er Jahren um bis zu 80 km und im kanadischen Quebec sogar um bis zu 130 km Richtung Norden zurückgezogen. Dies hat schon heute kaum zu erwartende Folgewirkungen ausgelöst: Im Norden Sibiriens setzte das Auftauen des Bodens im Jahre 2016 zum Beispiel einen vermutlich lange im Eis eingeschlossenen Erreger des Milzbrandes frei, der die dort lebende Rentierpopulation spürbar dezimierte und auch für den Menschen ein erhebliches Gesundheitsrisiko darstellt.

In welcher Weise und mit welcher Geschwindigkeit sich diese Veränderungen des arktischen Naturraumes zukünftig weiter vollziehen werden, ist momentan kaum exakt berechenbar. Noch sind nicht alle komplexen Zusammenhänge der polaren Umweltfaktoren vollumfänglich wissenschaftlich erfasst: Wird der Eisrückgang einen eher linearen oder eher schubweisen Verlauf nehmen? Wie stark selbstverstärkend ist der Albedo-Effekt genau? Welche Rolle spielen Faktoren wie sich ändernde Meeresströmungen oder Veränderungen im Salzgehalt des Meeres durch abschmelzendes Süßwasser? Modellrechnungen für den Fall mittlerer Treibhausgasszenarien (RCP 4.5 des Zwischenstaatlichen Ausschusses für Klimaänderungen; Intergovernmental Panel on Climate Change, IPCC) zeigen einen Rückgang der Meereisausdehnung um 54 % zwischen dem ersten und letzten Jahrzehnt des 21. Jahrhunderts; die Meereisfläche[4] soll sogar um bis zu 70 % zurückgehen (Abb. 1.1). Laut diesen Modellrechnungen werden im Jahre 2100 weite Teile der Arktis im Sommer eisfrei sein. Pessimistischere Vorhersagen halten annähernd eisfreie Sommer auf dem Nordpolarmeer sogar bereits in den 2030er Jahren für möglich (AMAP 2017).

---

[4]Während die Meereisausdehnung das Maß des äußeren Randes der Eisfläche beschreibt, innerhalb derer es Stellen geben kann, wo kein Eis vorhanden ist (ähnlich eines Käses mit Löchern), schließt die Meereisfläche nur Gebiete ein, in denen auch tatsächlich Eis vorhanden ist (schließt also die Löcher im Käse aus). Meereisausdehnung beschreibt also immer eine größere Fläche als die Meereisfläche.

Bei aller augenblicklich noch recht großen Spannweite zeitlicher Voraussagen sind die Auswirkungen dieser Tendenzen auf die Ökosysteme des Nordens allerdings bereits heute mannigfaltig und gravierend. Unmittelbar betroffen von den teilweise radikalen Veränderungen ihres Lebensraumes sind die arktische Flora und Fauna. Dies betrifft an den Küsten die auf den schwindenden Eisschollen kaum mehr zur Jagd fähigen Eisbären oder auch Robben und Walrosse, denen die Möglichkeit zur Aufzucht ihrer Jungtiere fehlt. Auch in den Tundren des Hinterlandes verändern sich Landbeschaffenheit, Vegetationsformen und Tierwelt. Das Aussterben ganzer an die bisherigen polaren Lebensverhältnisse angepasster Tierarten ist ebenso wenig ausgeschlossen wie das Eindringen invasiver Spezies aus südlicheren Lebensräumen. Andere mögliche Umweltfolgen der arktischen Erwärmung gehen weit über die Region hinaus, beispielsweise wenn sich der Auftauprozess der bislang dauerhaft gefrorenen Tundraböden unvermindert fortsetzt. Dabei würden große Mengen von bisher in der Erde gebundenem Methan freigesetzt, was zur weiteren Intensivierung des zusätzlichen Treibhauseffekts und noch weiterer Erwärmung beitragen würde. Gleiches ist am Meeresgrund möglich, wo vorhandenes Methanhydrat sich bei steigender Wassertemperatur zu lösen und in die Atmosphäre aufzusteigen droht. Nicht zuletzt wegen dieser selbstverstärkenden Dynamik gilt ein weiter zunehmender arktischer Klimawandel als Kipppunkt oder Tipping Point, nach dessen Überschreitung beschleunigte globale und vermutlich unumkehrbare Umweltveränderungen die Folge sind (Bartsch 2015a, S. 89 ff.).

1.4   Die Wahrnehmung der Arktis heute

Die gravierenden Veränderungen des arktischen Naturraumes an sich wären bereits Grund genug, ein gesteigertes öffentliches Interesse am Hohen Norden hervorzurufen – Medienbeiträge wie etwa Al Gores weltbekannter Dokumentarfilm *Eine unbequeme Wahrheit* aus dem Jahre 2006, der etwa auf ertrinkende Eisbären angesichts fehlender Meereisflächen hinwies, trugen dazu bei. Tatsächlich aber war es erst die Interaktion des Klimawandels mit einem zweiten bedeutenden Faktor des Anthropozäns, und zwar der ökonomischen Globalisierung, der unseren Blick vermehrt auf die ungeplante Öffnung des Hohen Nordens richten ließ. Bei allen schwerwiegenden ökologischen Negativfolgen scheint es aus ökonomischer Perspektive, als ließe sich dem Klimawandel im Hohen Norden auch etwas Positives abgewinnen: Der Rückgang des Eises eröffnet Zugriffsmöglichkeiten auf spezifische Typen von Ressourcenpotenzialen (Abschn. 5.1).

Wie eingangs geschildert war nicht nur reiner Entdeckergeist, sondern auch die Suche nach handelbaren Rohstoffen für Europäer und Nordamerikaner schon immer eine maßgebliche Triebfeder der Erkundung der Region. Dies beschränkte sich nicht allein auf Walfang und Pelzjagd: Schon im 17. Jahrhundert wurde auf Grönland nach Silbererz gesucht, und der Goldrausch an Yukon und Klondike im Grenzgebiet zwischen Nordkanada und Alaska im 19. Jahrhundert ist bis heute legendär. Auch in Sibirien, auf Grönland und im Norden Skandinaviens wurde seither nach Gold und anderen Metallen geschürft. Mit fortschreitender Industrialisierung begann gegen Ende des 19. Jahrhunderts die Förderung von Kohle in der Arktis, etwa auf der Insel Spitzbergen, in Alaska und der russischen Tundra. Im 20. Jahrhundert kam die Erdölförderung in Kanada und Alaska hinzu, die zunächst onshore, also an Land, begann, später mit entsprechendem technischem Fortschritt aber auch offshore von vor den Küsten im Meer verankerten Plattformen vorgenommen werden konnte. Der betriebene infrastrukturelle Aufwand ist dabei mitunter beachtlich; man denke etwa an die Errichtung der weltbekannten, knapp 1300 km langen Trans-Alaska-Pipeline in den 1970er Jahren zum Abtransport des Rohstoffs in die eisfreien Pazifikhäfen im Süden des Bundesstaates. In der Tundra Sibiriens setzte in etwa zeitgleich die groß angelegte Förderung von Erdgas ein, die bis heute einen Schwerpunktzweig der russischen Wirtschaft darstellt. So entstammen auf dem Weltmarkt für fossile Energieträger heute etwa ein Zehntel des Erdöls und sogar ein Viertel des Erdgases arktischen Lagerstätten (Bartsch 2015a, S. 100).

Einen neuerlichen Aufmerksamkeitsschub erfuhr die Arktis als Ressourcenregion in der Mitte der 2000er Jahre infolge einer Studie des United States Geological Survey (USGS) aus dem Jahre 2008 (Bird et al. 2008): Während vorsichtigere Prognosen zuvor davon ausgegangen waren, dass unter dem Polarmeer etwa zehn Prozent der weltweiten Reserven fossiler Brennstoffe ruhen, vermutete diese – wenngleich ebenfalls lediglich auf Schätzwerten und Hochrechnungen beruhend – nicht weniger als 30 % der unerschlossenen Gas- und 13 % der unerschlossenen Ölvorkommen in dieser Region. Jeweils etwa 85 % davon sind Offshore-Vorkommen, wobei ungefähr zwei Drittel des Gesamtvorrats auf europäisch-russischer und ein Drittel auf der amerikanisch-kanadischen Seite zu finden sein sollen (Abschn. 5.1.1). Der Großteil dieser Vorkommen am Meeresboden liegt vermutlich im Schelfbereich des Polarmeeres, also noch in relativer Nähe zur Küste und vor Beginn der Tiefsee. Aber auch die See selbst ist eine Ressource. Annähernd neunzig Prozent des Güterverkehrs der globalisierten Welt werden auf dem Seeweg abgewickelt. Dabei liegen auf den Hauptrouten, etwa von den Pazifikküsten Asiens nach Europa oder an die amerikanische Ostküste, einige Hindernisse. So muss ein Schiff, das auf dem Weg von Asien westwärts nach Europa ist, entweder den engen Suez-Kanal passieren oder einen weiten und kostspieligen Umweg um den gesamten afrikanischen Kontinent fahren. Bei einer Fahrt von Asien an die amerikanische Atlantikküste gilt Ähnliches. Hier können Schiffe ostwärts nur dann den Panamakanal zur Durchquerung des amerikanischen Kontinents benutzen, wenn sie eine bestimmte Maximalgröße nicht überschreiten. Als Alternative bleibt nur der weite Weg um das südamerikanische Kap Hoorn. Wenn das Eis des Nordpolarmeeres nun so weit zurückgeht, dass es zumindest saisonal, vielleicht aber auch bald ganzjährig, sichere eisfreie Fahrrinnen freigibt, dann schafft dies eine wesentliche Voraussetzung für die Entstehung neuer alternativer Routen für diese Verbindungen. Ist eine Passage von einem asiatischen in einen europäischen Hafen durch den Suez-Kanal heute über 20.000 km lang, so ließe sie sich zum Beispiel bei einer Fahrt entlang der russischen Nordküste auf 14.000 bis 15.000 km reduzieren. Die entsprechende, etwa 6500 km lange Route um Sibirien herum, durch die Barents- und Karasee vorbei an den Wrangel-Inseln bis in die Beringstraße wird als Nordostpassage (NOP) bezeichnet. Die zweite sich bietende Strecke, westwärts von Grönland entlang der Küsten Kanadas und Alaskas, wird analog dazu Nordwestpassage (NWP) oder auch Kanada-Passage genannt, und ist mit etwa 5700 km ein wenig kürzer. Bei kontinuierlich fortschreitendem Eisrückgang ist mittelfristig sogar eine dritte, noch viel direktere Variante denkbar, die sogenannte Transpolare Seeroute über das unmittelbare Polgebiet. Von diesen drei Optionen erscheint momentan vor allem die Nordostpassage als aussichtsreicher Zukunftsseeweg, was vor allem damit zusammenhängt, dass diese aufgrund der Eisdriftrichtung und Packeiskonzentration vermutlich als erste dauerhaft befahrbare Rinnen freigeben wird (Bartsch 2015a, S. 95 ff.; Le Mière und Mazo 2013, S. 47 ff.; Abschn. 5.1.2).

Eine weitere, wesentliche maritime Ressource des Hohen Nordens ist der Bestand des nährstoffreichen Polarmeeres an für Vermarktung und Verzehr geeigneten Fischen (Abschn. 5.1.3). Bislang stammt zwar erst eine einstellige Prozentzahl des jährlichen weltweiten Fanges aus arktischen Gewässern. Zieht sich das polare Meereis jedoch weiter zurück, so besteht zumindest hypothetisch die Möglichkeit, dass sich dies ändert. Der Zugriff auf arktische Fischbestände durch Fangschiffe in größerem Stile könnte möglich werden beziehungsweise der Fangradius der bereits vor Ort operierenden Trawler könnte sich deutlich vergrößern. Auch kann sich bei steigenden Wassertemperaturen und vermehrtem Lichteinfall ohne Eisbedeckung der Planktonbestand erhöhen, was die Nahrungsbasis für Fischschwärme erweitern würde. Zusätzlich würde die Zuwanderung von im Polarmeer bisher nicht vorkommenden, wirtschaftlich relevanten Arten möglicherweise begünstigt. Mit der zunehmenden Eisfreiheit der Gewässer wird es außerdem nicht nur Fischtrawlern, sondern auch Kreuzfahrtschiffen möglich sein, den Hohen Norden zu befahren und touristisch zu erschließen. Hier hat sich seit der Jahrtausendwende eine merkliche Steigerung der Kundennachfrage abgezeichnet (Abschn. 5.2.3).

Tatsächlich entstehende oder auch bislang nur erwartete Zugriffsmöglichkeiten auf strategisch relevante Ressourcen haben also begonnen, in der Betrachtung der Arktis im Zeitalter des beginnenden Anthropozäns eine mindestens ebenso diskussionsbestimmende Bedeutung zu erlangen wie Klimawandel und Umweltschutz. In der öffentlichen Diskussion über die politischen Auswirkungen des Klimawandels im Hohen Norden ist dabei regelmäßig ein gewisser Alarmismus spürbar geworden, der der sachgerechten Betrachtung und Bewertung der Situation in der Nordpolarregion nicht immer dienlich ist. Er entzündet sich an der regelmäßig wiederkehrenden Frage, in welcher Weise sich die Zugriffs- und Nutzungsrechte interessierter staatlicher oder privatwirtschaftlicher Akteure an der zentralen Arktis regeln lassen und welche Folgen spezifische Regelungen oder auch Nichtregelungen haben könnten. Stets wird dabei sehr rasch die Sorge laut, einzelne Anrainerstaaten könnten im Stile eines „Goldrausches" oder „Wettlaufes" auf das sich öffnende, vermeintlich recht- und besitzerlose Polarmeer vordringen und ihren Ansprüchen nicht nach internationalen Rechtsgrundsätzen, sondern nach dem Gesetz des Stärkeren Geltung verschaffen. Ein Ereignis, das derartige Befürchtungen nachhaltig befeuerte, war die Absetzung der russischen

Landesflagge am geografischen Nordpol auf dem Meeresgrund, die der Polarforscher Artur Chilingarov im Jahre 2007 mittels eines Unterseebootes durchführte. Er lieferte so ein zwar völkerrechtlich gänzlich unverbindliches, aber dennoch in Russland und dem Westen gleichermaßen beachtetes Signal unilateralen Anspruchsdenkens. So ist die Arktis nicht nur ein Raum dramatischen naturräumlichen Wandels, sondern parallel dazu auch zu einer Projektionsfläche für Krisen- und Konfliktvorstellungen geworden. Zahlreiche Zeitungen und andere Medienbeiträge warten regelmäßig mit der Schlagzeile vom „Krieg um die Rohstoffe der Arktis" auf, nicht zuletzt seit die Militärpräsenz Russlands und der arktischen NATO-Staaten im Hohen Norden mit Beginn der Ukraine-Krise 2014 eine verstärkte Aufmerksamkeit genießt (Bartsch 2015b, S. 9 ff.; Abschn. 4.4).

Politikwissenschaftler, die sich mit dem Forschungsgegenstand Arktis näher befassen wollen, betreten damit einerseits ein zwischen natur- und sozialwissenschaftlichen Prozessen interdisziplinäres und äußerst spannendes Forschungsfeld. Andererseits macht die fortlaufende Dynamik der klimatischen und tagespolitischen Entwicklungen die Arktis zu einem *moving target,* bei dem viele gewonnene Erkenntnisse naturgemäß den Charakter von Momentaufnahmen haben und fortlaufender Weiterbetrachtung bedürfen (Le Mière und Mazo 2013, S. 16 ff.).

Ausgehend von dieser Lage wollen wir im Folgenden die internationale Arktispolitik eingehend betrachten. Neben ihren Akteuren, Strukturen und Prozessen werden wir uns dabei auch exemplarisch mit einigen politikwissenschaftlichen Theorieansätzen befassen, die unterschiedlich gut geeignet sind, die Arktispolitik zu erklären. Die Ressourcen des Hohen Nordens, die Umwelt- und die Sicherheitspolitik dienen uns zum Abschluss als empirische Fallbeispiele.

Zitierte Literatur

AMAP. (2017). Snow, water, ice and permafrost in the Arctic – summary for policy-makers. Arctic monitoring and assessment programme of the Arctic council. https://www.amap.no/documents/doc/Snow-Water-Ice-and-Permafrost.-Summary-for-Policy-makers/1532. Zugegriffen: 11. Jan. 2018.

Bartsch, G. (2015a). *Klimawandel und Sicherheit in der Arktis. Hintergründe, Perspektiven, Strategien.* Wiesbaden: Springer VS.

Bartsch, G. (2015b). *Zukunftsraum Arktis: Klimawandel, Kooperation oder Konfrontation?.* Wiesbaden: Springer VS.

Bird, K. J. et al. (2008). Circum-Arctic resource appraisal: Estimates of undiscovered oil and gas north of the Arctic circle. U.S. department of the interior, U.S. geological survey. https://pubs.usgs.gov/fs/2008/3049/. Zugegriffen: 11. Jan. 2018.

Bock, N. (2013). Sustainable development considerations in the Arctic. In P. Berkman & A. Vylegzhahin (Hrsg.), *Environmental security in the Arctic ocean* (S. 37–57). Dordrecht: Springer.

Braune, G. (2016). *Die Arktis. Portrait einer Weltregion.* Berlin: Ch. Links.

Fukuyama, F. (1992). *Das Ende der Geschichte. Wo stehen wir?.* München: Kindler.

Le Mière, C., & Mazo, J. (2013). *Arctic opening. insecurity and opportunity.* Abingdon: Routledge.

Rahmstorf, S., & Schellnhuber, H. J. (2012). *Der Klimawandel. Diagnose, Prognose, Therapie* (7. überarbeitete Aufl.). München: Beck.

Schimank, U. (2005). *Die Entscheidungsgesellschaft. Komplexität und Rationalität der Moderne.* Wiesbaden: VS Verlag.
Vaughan, R. (2007). *The Arctic. A history.* Chalford: Sutton Publishing Ltd.
Zalasiewicz, J., et al. (2008). Are we living in the Anthropocene? *GSA Today, 18*(2), 4–8.

Weiterführende Literatur

Braune, G. (2016). *Die Arktis. Portrait einer Weltregion.* Berlin: Ch. Links.
Rahmstorf, S., & Schellnhuber, H. J. (2012). *Der Klimawandel. Diagnose, Prognose, Therapie* (7. überarbeitete Aufl.). München: Beck.
Vaughan, R. (2007). *The Arctic. A history.* Chalford: Sutton Publishing Ltd.

2.1   Das Netzwerk arktischer Akteure

Mit der wachsenden Bedeutung des Arktisraumes hat sich auch das politische Interesse einer Vielzahl von Akteuren in den vergangenen Jahren zunehmend ausgeweitet und verstetigt. Dabei ist die Gemengelage im einst so peripheren Norden heute so vielschichtig und komplex wie nie zuvor. Aus diesem Grund konzentrieren wir uns in diesem Kapitel auf all jene Akteure, die nicht nur über unmittelbare politische, wirtschaftliche, soziale oder umweltbezogene Interessen in der Arktis verfügen, sondern auch über hinreichende politische oder institutionelle Mittel, diesen Interessen im Governance-System der Arktis Ausdruck zu verleihen. Diese Akteure werden gemeinhin als „arktische Stakeholder" bezeichnet. Die Institutionen und Organisationen arktischer Governance, in denen diese Akteure aktiv sind, werden in Kap. 3 behandelt.

Das Netzwerk arktischer Stakeholder lässt sich anhand zweier Dimensionen in verschiedene Akteursgruppen typologisieren. Wir unterscheiden einmal nach geografischer Nähe zum Arktisraum zwischen arktischen und nichtarktischen Akteuren sowie nach Typus zwischen staatlichen und nichtstaatlichen Akteuren, wobei wir unter letzteren politische Akteure unterhalb wie oberhalb der staatlichen Ebene subsumieren (Abb. 2.1). Angesichts der Bedeutung arktischen Wandels beispielsweise für die internationale Klima-, Sicherheits- und Ressourcenpolitik sowie der Fülle grenzüberschreitender Umweltproblematiken scheint das Kriterium der geografischen Anbindung an die Region zunächst einmal für die Definition eines politischen Akteurs in der Arktis nachrangig. Nicht wenige argumentieren, dass die gesamte Welt aufgrund globaler Interdependenzen und der Wechselwirkung zwischen regionalen und internationalen Ursache-Wirkungs-Zusammenhängen ein arktischer Stakeholder sei. Damit aber verliert sich die Debatte im Begriff einer „globalen Schicksalsgemeinschaft", die weder imstande noch gewillt ist, einen verlässlichen, politisch oder rechtlich verbindlichen und effektiven Ordnungsrahmen für die Arktis herzustellen. Vielmehr sind es zuvorderst die arktischen

© Springer-Verlag GmbH Deutschland, ein Teil von Springer Nature 2018   19
K. Stephen et al., *Internationale Politik und Governance in der Arktis: Eine Einführung*, https://doi.org/10.1007/978-3-662-57420-1_2

Akteurstypus

		Staatlich	*Nichtstaatlich*
	Arktisch	Arktische Staaten	Indigene und nicht-indigene Bevölkerungsgruppen
Geografische Anbindung	*Nicht-arktisch*	Beobachterstaaten des AR	Beobachterorganisationen des AR (Nichtregierungsorg., interparlamentarische Org., Internationale Org.)

Abb. 2.1 Relevante Akteursgruppen in der arktischen Governance-Ordnung

Staaten, die kraft ihrer Souveränitäts- und Hoheitsausübung sowie ihrer politischen Legitimität, Autorität und Handlungsfähigkeit das Schicksal der Arktisregion entscheidend prägen. Darüber hinaus gibt es aber durchaus politische Akteure innerhalb wie außerhalb der Arktis und unterhalb wie oberhalb der staatlichen Ebene, die entweder direkt Einfluss auf die Interessen, Präferenzen und Strategien der Arktisstaaten Einfluss ausüben oder indirekt Entscheidungen und Prozesse über relevante Institutionen und Organisationen, allen voran den Arktischen Rat (AR), beeinflussen können.

Dieses Kapitel wendet sich den vier Akteursgruppen beginnend mit den Akteuren innerhalb der Region (Arktisstaaten sowie indigenen und nicht-indigenen Bevölkerungsgruppen) und anschließend Akteuren außerhalb der Region (Beobachterstaaten sowie Beobachterorganisationen des AR) zu und beleuchtet ihre jeweiligen Interessenschwerpunkte, Rollen und Einflussmöglichkeiten in der arktischen politischen Ordnung. Im Falle der Beobachterorganisationen beschränken wir uns auf Nichtregierungsorganisationen (NROs), da deren Rolle und Einfluss von denen interparlamentarischer (IParlOs) und intergouvernementaler Organisationen (IGOs) abweicht. Einige dieser Organisationen werden in Abschn. 3.2 behandelt.

2.2   Die „Arktischen Acht" (A8)

Territorialität ist ein hohes Gut in den internationalen Beziehungen. Das Territorium eines Staates begründet nicht nur die äußeren Grenzen eines geografischen Gebiets in Abgrenzung zu anderen Staaten, sondern auch nach innen das Staatsgebiet, über das ein funktionierender Staat Souveränität und politische Autorität, nicht zuletzt in Form des staatlichen Gewaltmonopols, ausübt. Damit erhält die geografische Lage eines Staates insofern eine Bedeutung, als dass sich aus ihr Form und Substanz nachbarschaftlicher Beziehungen zu anderen Staaten ebenso wie mitunter die (Nicht-)Zugehörigkeit zu einem politischen Gemeinwesen ergeben, sei es in Form supranationaler Regionalorganisationen wie beispielsweise der Europäischen Union (EU) oder aber institutionell schwach bis gar nicht ausgeprägten Kultur-, Sprach-, Norm- oder Wertegemeinschaften wie „Skandinavien" oder die Visegrád-Gruppe.

Die Arktis ist eine Kontaktzone zwischen Nordamerika, Europa und Asien und verbindet geografisch jene acht Staaten, deren nördliche Teile ihres Staatsgebiets jenseits 66° nördlicher Breite liegen, also den Polarkreis schneiden. Diese umfassen auf dem nordamerikanischen Kontinent Kanada und die Vereinigten Staaten von Amerika, die europäischen Staaten Dänemark, Norwegen, Schweden, Finnland und Island sowie im eurasischen Raum Russland. Sie alle sind Teil einer politischen Region und auf verschiedenste Art und Weise, klima- und umweltpolitisch, wirtschaftlich, sicherheitspolitisch sowie gesellschaftlich und demografisch, infolge ihres nördlich des Polarkreises liegenden Territoriums und dort lebender einheimischer wie indigener Bevölkerung, miteinander verknüpft. Diese acht Staaten werden als die „Arktischen Acht" (A8) bezeichnet.

Die Gruppierung der A8 beschreibt beide Formen eines politischen Gemeinwesens: eine Regionalorganisation in Form des Arktischen Rates genauso wie eine Kultur-, Norm- und Wertegemeinschaft (allerdings keine Sprachgemeinschaft), auch wenn dies keinesfalls gleichbedeutend mit kultureller oder gesellschaftlicher Homogenität ist (Abschn. 4.1.1). Auf einer hierzulande meist genutzten europazentrierten Weltkarte mag das Konzept der „Kontaktzone Arktis" in Hinblick auf Nähe und Größenmaßstab zunächst trügen; diese Karten weisen nämlich gerade in den Polarregionen starke Verzerrungen auf. Tatsächlich ist der Arktische Ozean der kleinste aller Ozeane und fast vollständig von Landmassen umgeben. Erst auf einer polaren Projektion wird die durchaus vorhandene geografische Nähe der acht Arktisstaaten deutlich. Abb. 2.2 zeigt eine derart gestaltete Polarprojektion mit samt den regionalen Verwaltungseinheiten der arktischen Staaten. Hierbei gilt es zunächst anzumerken, dass, ebenso wie der Versuch einer Bestimmung einer abgeschlossenen Arktisregion anhand geografischer, klimatischer oder vegetativer Eigenschaften, die Bezeichnung „Arktische Acht" keinesfalls ein naturgegebenes, sondern ein soziales Konstrukt ist, das im Versuch einer möglichst exakten Standortbestimmung der Arktis eine politische Ordnung produziert und sich durch institutionelle Mechanismen wie dem Arktischen Rat im Laufe der Jahre manifestiert hat (Abschn. 4.1.1). Für einige mag die soziale Konstruktion eines politischen Gemeinwesens kaum mehr als ideeller Natur sein oder einem normativen Herrschaftsanspruch dienen. Tatsächlich aber sind mit ihr durch die Unterscheidung zwischen inkludierten und exkludierten Mitgliedern einer Gemeinschaft weitreichende politische Konsequenzen verbunden.

Trotz der zentralen Stellung der A8 kommt den fünf Anrainerstaaten in manchen Teilbereichen arktischer Governance eine besondere Bedeutung zu, genießen sie doch weitreichende Souveränitäts- und Hoheitsrechte über die arktischen Küstenlinien und weite Teile des Arktischen Ozeans unter dem Seerechtsübereinkommen der Vereinten Nationen (SRÜ) (Abschn. 3.2). So verwiesen die „Arktischen Fünf" (A5) vor dem Hintergrund stark politisierter Debatten über den Ressourcenreichtum und den Umwelt- und Klimawandel in der Arktis in einer

Abb. 2.2 Politische Karte der Arktis inklusive Verwaltungsgebiete der Arktisstaaten. (© Winfried K. Dallmann)

gemeinsamen Deklaration im Jahre 2008 auf den Umstand, dass sie „aufgrund ihrer Souveränität, souveränen Rechte und Rechtsprechung in weitreichenden Gebieten des Arktischen Ozeans als die fünf Küstenstaaten der Arktis in einer einmaligen Position sind, diesen Möglichkeiten und Herausforderungen zu begegnen" (Ilulissat-Deklaration 2008, S. 1; Abschn. 3.3). Gegen die allgemeine mediale Hysterie gewandt, versuchten die A5 auf den bestehenden Rechtsrahmen arktischer Governance, das internationale Seerecht und dort angelegte Bestimmungen zum Schutz der marinen Umwelt nebst Verfahren der Streitbeilegung im Falle konkurrierender Ansprüche hinzuweisen.

Gleichzeitig verdichteten sie damit aber auch den Eindruck eines außerhalb der institutionellen Ordnung des Arktischen Rates angesiedelten, zunehmend exklusiven Klubs, in dem die fünf Anrainerstaaten eine Vormachtstellung genießen und die zukünftige politische Ordnung der Arktis maßgeblich diktieren. Das auf Einladung Dänemarks zustande gekommene Format wurde denn auch als „Genie-streich der dänischen Diplomatie und [...] vielleicht eine der wichtigsten diplomatischen Absprachen in der neueren arktischen Geschichte bezeichnet" (Wang 2015, S. 25). Dieser informelle Rahmen der multilateralen Kooperation wird seitens der A5 nach wie vor aktiviert, wenn beispielsweise Governance-Fragen in Bezug auf die maritimen Gebiete der Arktis geregelt werden sollen, so geschehen 2015 mit der rechtsunverbindlichen Deklaration zur Verhinderung von ungeregelter Fischerei in der Hohen See des Arktischen Ozeans (Declaration Concerning the Prevention of Unregulated High Seas Fishing in the Central Arctic Ocean, kurz Oslo-Deklaration), die zwischen den USA, Russland, Kanada, Norwegen und Dänemark ausgehandelt wurde[1] (Abschn. 3.3).

Dass auch das exklusive Forum der A5 kein Selbstverständnis, sondern ein Konstrukt ist, zeigt der Fall Island. Das Land wäre als von der Fischereiindustrie nach wie vor abhängige Nation prädestiniert für die Teilhabe am Oslo-Abkommen gewesen, blieb aber womöglich gerade aufgrund dessen sowie wegen seiner Lage südlich 66° nördlicher Breite von der Oslo-Runde ausgeschlossen. Einzig die in der nördlichen Grönlandsee vorgelagerte und weniger als 100 Bewohner zählende isländische Insel Grímsey wird vom Polarkreis geschnitten. Angesichts dieser geografischen Randlage versucht Island spätestens seit der Ilulissat-Deklaration von 2008, sich diskursiv als „Küstenstaat" des Arktischen Ozeans zu behaupten, und zwar „indem es das hegemoniale geopolitische Narrativ der Arktischen Fünf und deren geografische Darstellung der Region des Arktischen Ozeans ablehnt und umzudeuten versucht. Im Grunde genommen möchte Island Bestandteil einer Arktischen Sechs sein anstatt von den Arktischen Fünf ausgeschlossen zu werden" (Dodds und Ingimundarson 2012, S. 25).

Bei genauer Betrachtung der Abb. 2.2 fallen weitere geografische Faktoren ins Auge, die sich auf die regionale politische Ordnung auswirken. Zunächst fällt die besondere Rolle Russlands auf. Etwa 50 % der gesamten Küstenlinie des Arktischen Ozeans sowie 40 % der arktischen Landgebiete gehören zu Russland und fallen unter die Kontrolle der russischen Regierung und der teilautonomen Verwaltungsbezirke. Russlands maritime Hoheitsrechte reichen von der Barentssee im Westen bis zur Beringsee im Osten. Das macht Russland zu einem der – wenn nicht dem – wichtigsten und einflussreichsten arktischen Staaten, dessen nationales Recht sowie internationale Kooperation und Koordination mit anderen Arktisstaaten maßgeblich für eine erfolgreiche und nachhaltige Governance der Arktisregion unter anderem in den Bereichen Umwelt, Industrie, Technologie, Wirtschaft und Soziales sind.

---

[1]Im Dezember 2017 folgte die rechtsverbindliche Vereinbarung zur Verhinderung von ungeregeltem kommerziellen Fischfang in der Hohen See des Arktischen Ozeans (Agreement to Prevent Unregulated Commercial Fishing in the High Seas area of the Central Arctic Ocean, AHSFCAO). Neben den A5 zählen die Fischereinationen China, Island, Japan, Südkorea sowie die EU zu den Unterzeichnern der Vereinbarung.

Weiter fällt auf, dass zwei Staaten – die USA und Dänemark – aufgrund in der Region befindlicher Gebiete Arktisstaaten sind, obwohl ihr Staatsterritorium größtenteils weiter südlich liegt. Die Vereinigten Staaten sind ein Anrainer des Arktischen Ozeans allein durch einen seiner 50 Bundesstaaten: Alaska. Alaska mit seiner Hauptstadt Juneau ist erst seit 1959 Bundesstaat der USA und nicht auf direktem Landweg mit den lower 48 verbunden („lower 48" [„untere 48"] steht für die Bundesstaaten der USA ohne Alaska und Hawaii). Geografisch ist es näher zu Russland als zum nächstgelegenen US-Bundesstaat Washington gelegen – an ihrer schmalsten Stelle ist die Beringstraße zwischen Kap Prince of Wales in Alaska und Kap Deschnjow auf der russischen Seite gerade einmal 82 km breit. Alaska gehörte einst zum Russischen Zarenreich, wurde aber 1867 von Zar Alexander II. an die USA verkauft. Es ist diesem historisch bedeutsamen Vorgang zu verdanken, dass sich die USA heute zu den acht arktischen Staaten zählen können. Andernfalls würden wir heute wohl von den „Arktischen Sieben" sprechen und Russland käme womöglich eine noch größere Rolle als ohnehin schon zu. Andererseits ist es dieser geografischen Teilanbindung geschuldet, dass sich die USA lange mit einer Führungsrolle in der Region zurückhielten und auch das öffentliche Bewusstsein für die USA als Arktisakteur in der amerikanischen Gesellschaft nur langsam gewachsen ist.

> **Exkurs: Arktische Identität**
> Repräsentativen Umfragen in den USA zufolge ist das Bewusstsein der US-Amerikaner über den Status ihres Landes als Arktisstaat äußerst gering. In einer Umfrage vom August 2016 äußerten lediglich 18 % die zutreffende Vermutung, die USA verfügten über Territorium nördlich des Polarkreises. Andere beantworteten die Frage stattdessen mit China, Estland oder Großbritannien. Eine Mehrheit von 45 % glaubte, kein Staat hätte Territorium nördlich des Polarkreises (Hamilton 2016, S. 7).

Etwas anders gelagert ist der Fall Dänemark. Dänemark selbst verfügt über keine territoriale Anbindung an die Arktis, vertritt aber außen- und sicherheitspolitisch die zum Reichsverbund gehörenden Färöer-Inseln und Grönland. Gemeinsam bilden sie das Königreich Dänemark. Trotz dieser außenpolitischen Repräsentationsgewalt entsenden sowohl die Färöer-Inseln als auch Grönland zu den meisten Minister- und Arbeitstreffen des Arktischen Rates eigene Vertreter, die einer Gesamtdelegation mit den Vertretern Dänemarks angehören. In den meisten innenpolitischen Bereichen besitzen sowohl die Färöer-Inseln als auch Grönland hingegen weitgehende Selbstverwaltungsrechte, während der öffentliche Diskurs über eine Unabhängigkeit vom Königreich Dänemark mit samt einer Übertragung vollständiger Autonomierechte in beiden Teilen des Königreiches seit Jahren anhält und ein solcher Schritt für die Zukunft nicht ausgeschlossen ist.

Abschließend sei noch auf den international einmaligen Sonderstatus der nördlich von Norwegen gelegenen Inselgruppe Svalbard hingewiesen. Dieser Sonderstatus geht auf den 1920 ausgehandelten Svalbard-Vertrag zurück, der zwischen den USA, Dänemark, Frankreich, Italien, Japan, den Niederlanden, Norwegen, Schweden, dem Vereinigten Königreich sowie die sich damals selbstverwaltenden britischen Kolonien Australien, Indien, Kanada, Neuseeland und Südafrika geschlossen wurde. Heute hat der Svalbard-Vertrag insgesamt 46 Unterzeichnerstaaten, darunter auch Deutschland (Abschn. 3.2). Entsprechend des Svalbard-Vertrags untersteht der Archipel norwegischer Verwaltung, allerdings genießen alle Vertragsstaaten identische Rechte beispielsweise in der Nutzbarmachung wirtschaftlicher Ressourcen, der Schifffahrt, der Industrie und dem Handel (Svalbard-Vertrag 1920, Art. 3). Das war lange Zeit insbesondere für dort gelegene Kohlevorkommen von Bedeutung, deren Fördervolumen heute aber vernachlässigbar ist. Entgegen der weitverbreiteten Auffassung, bei der Inselgruppe handele es sich um eine entmilitarisierte Zone, untersagt der Svalbard-Vertrag die Errichtung von Flottenbasen oder anderen Befestigungsanlagen sowie die Benutzung der Inselgruppe zu Kriegszwecken, nicht jedoch per se den Einsatz militärischer Einheiten zu anderen Zwecken (Svalbard-Vertrag 1920, Art. 9).

Mit der Bedeutungszunahme der Arktis in den vergangenen Jahren sind sich die arktischen Staaten auch wieder verstärkt der nördlichen Dimension ihrer Außenpolitik bewusst geworden. Alle acht Staaten haben seitdem richtungsweisende Strategie- oder Leitlinienpapiere veröffentlicht, in denen das jeweilige außenpolitische Programm in Bezug auf die Arktisregion, politische Herausforderungen sowie Lösungsansätze umrissen werden. Die Leitlinienpapiere Dänemarks (Ministry of Foreign Affairs 2011a), Finnlands (Prime Minister's Office 2013), Islands (Icelandic Government 2016), Kanadas (Department of Indian and Northern Affairs 2009), Norwegens (Ministry of Foreign Affairs 2014), Russlands (Russian Federation 2008), Schwedens (Ministry of Foreign Affairs 2011b) sowie der USA (The White House 2013) werden in Abb. 2.3 analysiert. Die Übersicht bewertet in vergleichender Perspektive, wie viel Bedeutung die Dokumente insgesamt 16 Themenbereichen arktischer Governance zumessen, vom Ausbau wissenschaftlicher Kooperation (Forschung, Technologie und Innovation), Infrastrukturprojekten (Verkehr), touristischen Angeboten (Tourismus) sowie Kapazitäten in der Seenotrettung (SAR, Search and Rescue) über den Schutz der Rechte der indigenen Bevölkerung (Indigene Völker), des Klimas, der Umwelt und der Biodiversität (Umweltschutz) bis hin zur Erschließung von Ressourcen (Fischerei, Öl und Gas, Bergbau) und neuen Schifffahrtsrouten (Schifffahrt)[2].

Diese Dokumente geben eine Momentaufnahme wieder und unterliegen einer steten Neubewertung. Einige Arktisstaaten haben in der Vergangenheit überarbeitete Dokumente veröffentlicht, die neuen Entwicklungen in der Region Rechnung

---

[2]Eine dezidierte Analyse der Strategie- und Leitlinienpapiere aller acht Arktisstaaten über die vergleichende Darstellung hinaus ist an dieser Stelle nicht möglich, findet sich aber bei Bartsch (2016).

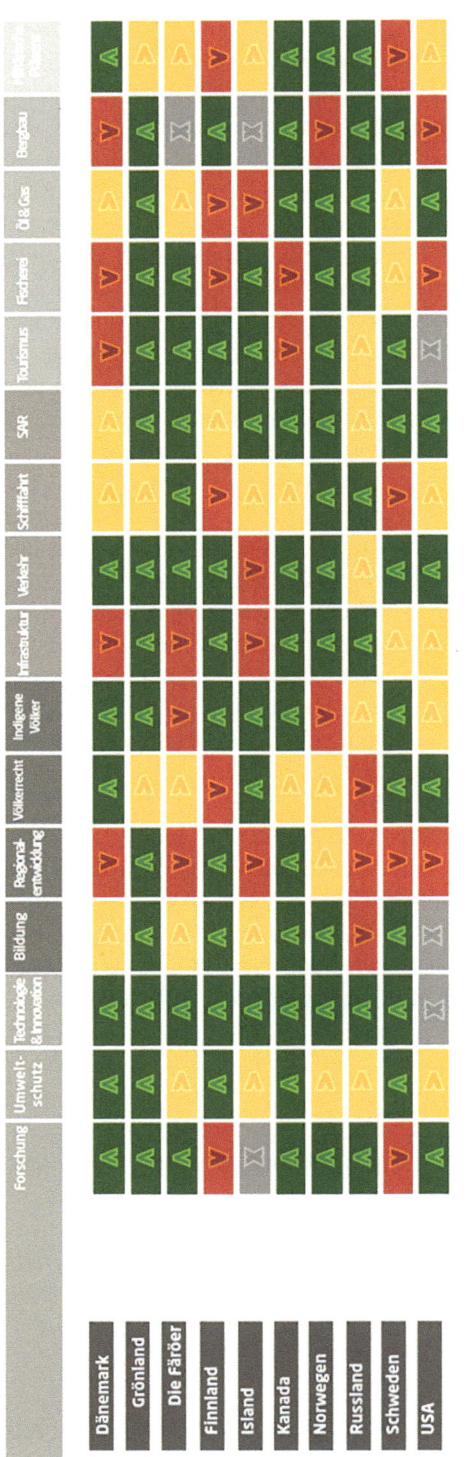

Abb. 2.3   Arktispolitiken und -strategien der acht arktischen Staaten. (Deutsches Arktisbüro, © Vincent-Gregor Schulze)

tragen. Komplementär entwerfen auch einzelne Ministerien sektoral zugeschnittene Strategiedokumente für ihren jeweiligen Zuständigkeitsbereich, so unter anderem das US-Verteidigungsministerium (US Department of Defense 2013), das dänische Forschungsministerium (Ministry of Higher Education and Science 2016) oder das schwedische Umwelt- und Energieministerium (Ministry of the Environment and Energy 2016).

Zunächst gilt mit Blick auf Abb. 2.3 festzuhalten, dass Leitlinien- und Strategiepapiere noch keine Politik machen. Die Dokumente legen in erster Linie das Interesse der Staaten an der Region dar, zeugen von deren Wahrnehmung für die Herausforderungen und Chancen arktischen Wandels und setzen außenpolitische Prioritäten. In den wenigsten Fällen finden sich in den Dokumenten Maßnahmen zur Zielerreichung oder konkrete Vorhaben und Projekte zur Umsetzung.[3] Damit bleibt es in vielen Fällen bei vagen Bekenntnissen, die dennoch nicht unerheblich sind. Als unverbindliche Erklärungen stellen sie eine gegenseitige Zusage zum Handeln dar und kommunizieren innen- wie außenpolitisch die Bereitschaft zur Suche nach gemeinsamen Lösungen sowie zur Koordination nationaler Politiken. Sie können somit als vertrauensbildende Maßnahme zwischen den Arktisstaaten gesehen werden, um die Vorhersehbarkeit nationaler Politiken zu erhöhen und möglicherweise disruptive Entwicklungen auszuschließen.

Entsprechend deuten die Leitlinienpapiere eine unterschiedliche Schwerpunktsetzung an, jedoch kaum Diskrepanz in der Vision einer politischen Ordnung für die Arktis und wie diese zu erreichen ist. Gemein ist allen Arktisstaaten, dass sie die Arktis als eine stabile und friedliche Region erhalten wollen. Zu diesem Zweck wird einheitlich auf die Gültigkeit und Anwendbarkeit der bestehenden internationalen Rechtsordnung – auch und gerade für den Fall der Konfliktbeilegung – verwiesen, die Bedeutung bestehender Institutionen wie dem Arktischen Rat hervorgehoben und das Bestreben nach multilateraler Kooperation in Bereichen von gemeinsamem Interesse versichert.

Insbesondere in der Priorisierung der Bereiche Umweltschutz, Forschung, Bildung und Entwicklung, transregionale Verkehrsinfrastruktur sowie Such- und Seenotrettung gibt es eine hohe Übereinstimmung zwischen den A8. Anderen Bereichen wird zum Teil deutlich weniger bis gar keine Relevanz zugemessen. Das ist nicht zwingend auf Desinteresse oder mangelnden politischen Willen zurückzuführen. In einigen Fällen sind bestimmte Politikbereiche aufgrund der geografischen Lage als Nichtanrainerstaat von nachrangiger Bedeutung, wie zum Beispiel die Schifffahrt für Finnland und Schweden. In anderen Fällen spielt der Sektor in der nationalen Politik und Wirtschaft eine untergeordnete Rolle, wie beispielsweise die Öl- und Gasförderung in Island, das fast 90 % seines nationalen Energiebedarfs aus Wasserkraft und geothermaler Wärmeenergie deckt. Wieder

---

[3]Eine Ausnahme bildet beispielsweise Finnland, das 2017 einen Aktionsplan mit konkreten Maßnahmen zur Implementierung seiner Regierungsstrategie vorgelegt hat (Prime Minister's Office 2017).

andere Bereiche wie die Regionalentwicklung fallen eher in den Bereich nationaler Politik und profitieren von transnationalen Initiativen (z. B. in der Grenzregion zwischen Norwegen und Russland), erfordern aber keine multilaterale Kooperation zwischen allen Arktisstaaten.

Zu guter Letzt fällt die hohe Priorität für eine militärische Präsenz in der Arktis in den Leitliniendokumenten einiger Arktisstaaten (Dänemark, Kanada, Norwegen und Russland) ins Auge, scheint es doch das weitverbreitete Narrativ eines neuen „Kalten Krieges" und die Befürchtung einer Militarisierung der Arktis zunächst zu bestätigen. Keine der genannten Staaten setzt die Notwendigkeit einer erhöhten militärischen Präsenz allerdings in Bezug zu konkreten oder abstrakten Gefahren für die nationale Sicherheit.[4] Die Stationierung militärischer Einheiten soll vielmehr zivilen Maßnahmen in der Durchsetzung nationalstaatlicher Souveränität durch Luftraumüberwachung, Grenzschutz und Aufgaben in der Seenotrettung dienen, zu welchem Zwecke die Militärverbände der Arktisstaaten regelmäßig gemeinsame Übungen durchführen (Abschn. 5.3).

2.3   Indigene und nichtindigene Bevölkerung und ihre Vertreter

Anders als mitunter behauptet ist die Arktis kein unbewohntes Terrain, sondern Heimat und Lebensgrundlage für mehr als vier Millionen Menschen unterschiedlicher Herkunft, Kultur und Sprache. Der indigene Bevölkerungsteil der Arktis macht schätzungsweise zehn Prozent an der gesamtarktischen Bevölkerung aus. Eine exakte Bestimmung wird durch eine uneinheitliche Verwendung des Begriffs „indigene Völker" in den Arktisstaaten erschwert. Für die hiesigen Zwecke verstehen wir darunter in Übereinstimmung mit dem „Übereinkommen 169 über eingeborene und in Stämmen lebende Völker in unabhängigen Ländern", verabschiedet 1989 durch die Internationale Arbeitsorganisation, all jene

> Völker in unabhängigen Ländern, die als Eingeborene gelten, weil sie von Bevölkerungsgruppen abstammen, die in dem Land oder in einem geografischen Gebiet, zu dem das Land gehört, zur Zeit der Eroberung oder Kolonisierung oder der Festlegung der gegenwärtigen Staatsgrenzen ansässig waren und die, unbeschadet ihrer Rechtsstellung, einige oder alle ihrer traditionellen sozialen, wirtschaftlichen, kulturellen und politischen Einrichtungen beibehalten (ILO 1989, Artikel 1b).

Unter diese Definition fallen eine Vielzahl verschiedener Ethnien und Sprachfamilien in den arktischen Staaten.

Sieben der acht Arktisstaaten haben einen indigenen Bevölkerungsanteil. Die Ausnahme bildet Island, das bis zu seiner Erstbesiedlung durch norwegische

---

[4]Einzig Norwegen verweist auf die Rolle seiner Streitkräfte zur Überwachung des NATO-Luftraumes sowie zur Sicherung der Schengen-Außengrenze, zeichnet aber keine Bedrohungslage in Bezug auf Russland.

Wikinger zwischen 850 und 900 n. Chr. unbewohnt war. In Alaska sind mit Stand 2016 15 % der etwa 740.000 Einwohner indigener Abstammung. In der kanadischen Arktis beläuft sich die Gesamtbevölkerung im selben Jahr auf etwa 113.000 Menschen. Der indigene Bevölkerungsanteil der kanadischen Inuit, Métis und First Nations unterscheidet sich je nach Territorium und beträgt in Yukon ungefähr 25 %, in den Nordwest-Territorien 50 % und in Nunavut sowie Nunavik 85 % (Heleniak und Bogoyavlensky 2014, S. 86). Ähnlich hoch (ca. 90 %) ist der Anteil der grönländischen Inuit an den knapp 56.000 Einwohnern der zu Dänemark gehörenden Insel. Die Bevölkerungsgruppe der Saami, das einzige in Norwegen, Schweden und Finnland lebende indigene Volk, wird auf 80.000 bis 100.000 Menschen geschätzt, was 5 % der in den arktischen Teilen dieser Länder einheimischen Bevölkerung entsprechen würde. In Russland, unter den acht Arktisstaaten das Land mit dem höchsten Anteil an der gesamtarktischen Bevölkerung (ca. 42 %), ist der Anteil Indigener mit 5,5 % (ca. 99.000 Menschen) ähnlich niedrig.

Vor allem den indigenen Bevölkerungsteilen kommt eine wesentliche politische Bedeutung zu. Das hat hauptsächlich mit ihrer Tausende Jahre zurückreichenden Geschichte, ihrer Erfahrung mit Kolonialisierung, Umsiedlung und Vertreibung insbesondere im 20. Jahrhundert und einer nicht selbstverständlichen politischen Sensibilität für ihre Sprachen, Kulturen, Traditionen und Lebensarten zu tun. Anthropologischen Studien zufolge reicht die Besiedlung des Arktisraumes mindestens 10.000 Jahre zurück. Ihre Rechte auf Selbstbestimmung, Selbstverwirklichung sowie politische Organisation und Teilhabe gelten als besonders schützenswert und sind auf der internationalen Ebene in der 2007 verabschiedeten „Erklärung der Vereinten Nationen über die Rechte der indigenen Völker" garantiert (Vereinte Nationen 2007). Damit stellt die indigene Bevölkerung der Arktis analytisch eine spezielle Akteurskategorie dar. Anders als beispielsweise NROs oder nichtarktische Staaten sind sie nicht nur relevante Stakeholder mit berechtigten Interessen und Ansprüchen in der Region; als unmittelbar vom arktischen Wandel Betroffene sind sie in erster Linie Inhaber von Rechten *(rightsholder).*

Im Vergleich zu anderen Regionen der Welt ist die Akteursqualität der arktischen Indigenen außerordentlich hoch. Durch ihre starke Position gilt die regionale Governance-Ordnung der Arktis bisweilen als demokratisch hinreichend legitimiert, inklusiv und politisch repräsentativ. Im wichtigsten Regionalforum, dem Arktischen Rat, sind indigene Bevölkerungsgruppen zwar nicht in Form stimmberechtigter Mitglieder vertreten, allerdings genießen sie einen Sonderstatus als sogenannte Permanent Participants (PPs), der ihnen umfangreiche Konsultationsrechte in allen Belangen und allen Gremien des Arktischen Rates einräumt (Abschn. 3.3). Dieser Status ist eine außergewöhnliche Errungenschaft, die international ihresgleichen sucht – auch vor dem Hintergrund des geringen Anteils an der arktischen Gesamtbevölkerung, die die Indigenen ausmachen.

Neben dem hohen kulturellen, historischen und politischen Stellenwert, den Indigene genießen, gibt es aber noch einen weiteren Grund für ihre gehobene

Sonderstellung im Arktischen Rat. So greift der Rat aktiv auf ihren Erfahrungs-
schatz und das über Generationen gewachsene traditionelle ökologische Wissen
(Traditional Ecological Knowldge, TEK) über die arktische Umwelt und ihre
Veränderungen zurück und kombiniert diese durch Beobachtung gewonnenen
Erkenntnisse mit der wissenschaftlich generierten Expertise aus den Arbeits-
gruppen des Arktischen Rates. Das Gründungsdokument des Rates, die Ottawa-
Deklaration von 1996, erkennt beide Formen des Erkenntnisgewinns als gleich-
berechtigt für das „kollektive Verständnis der zirkumpolaren Arktis" (Arctic
Council 1996, S. 2) an.

Infolge der Heterogenität indigener Bevölkerungsgruppen gibt es insgesamt
sechs Vertreterorganisationen, die indigene Interessen am Verhandlungstisch des
Arktischen Rates repräsentieren. Dabei müssen diese Organisationen entweder
ein indigenes Volk vertreten, das in mehr als einem Arktisstaat ansässig ist, oder
mehrere indigene Völker, die in einem Arktisstaat beheimatet sind (Arctic Council
1996, S. 3). Wie aus Abb. 2.4 ersichtlich, vertreten diese sechs Organisationen
einen Großteil der arktischen indigenen Bevölkerung, wenn auch nicht alle.
Folgende indigene Organisationen sind derzeit im Arktischen Rat vertreten:

- Aleut International Association (AIA)
- Arctic Athabaskan Council (AAC)
- Gwich'in Council International (GCI)
- Inuit Circumpolar Council (ICC)
- Russian Association of Indigenous Peoples of the North (RAIPON)
- Saami Council (SC)

Die Aleut International Association (AIA) besteht seit 1998 und vertritt die Interessen der russischen und US-amerikanischen Aleuten der gleichnamigen Inselgruppe am Rand der Beringsee im Nordpazifik. Der Arctic Athabaskan Council
(AAC) besteht seit 2000 und vertritt die Interessen indigener Bevölkerungen
in Alaska, Yukon sowie den Nordwest-Territorien. Die in diesen Gebieten ebenfalls lebenden Gwich'in werden hingegen durch den 1999 gegründeten Gwich'in
Council International (GCI) repräsentiert. Die nominell größte Gruppe arktischer Indigener, die Inuit, sind im Inuit Circumpolar Council (ICC) organisiert,
der bereits seit 1977 existiert. Das repräsentative Mandat dieser Organisation
erstreckt sich vom Autonomen Kreis der Tschuktschen im Nordosten Russlands
über Alaska und Kanada bis nach Westgrönland. Sämtliche anderen vertretenen
indigenen Völker in Russland werden durch die Russian Association of Indigenous
Peoples of the North, kurz RAIPON, vertreten, die 1989 gegründet wurde.
Die älteste Vertretungsorganisation unter den PPs ist der seit 1956 aktive Saami
Council (SC), welcher die Saami in Fennoskandinavien repräsentiert.

Trotz der auf dem Papier umfassenden Repräsentanz und gehobenen Stellung
indigener Interessen im Rat besteht eine reale und nicht zu vernachlässigende
Lücke in der Partizipation der PPs. In vielen Treffen des Arktischen Rates sind
nicht alle indigenen Vertreterorganisationen anwesend, was vor allem auf mangelnde finanzielle Ausstattung sowie personelle Engpässe zurückzuführen ist
(Fondahl et al. 2015, S. 13).

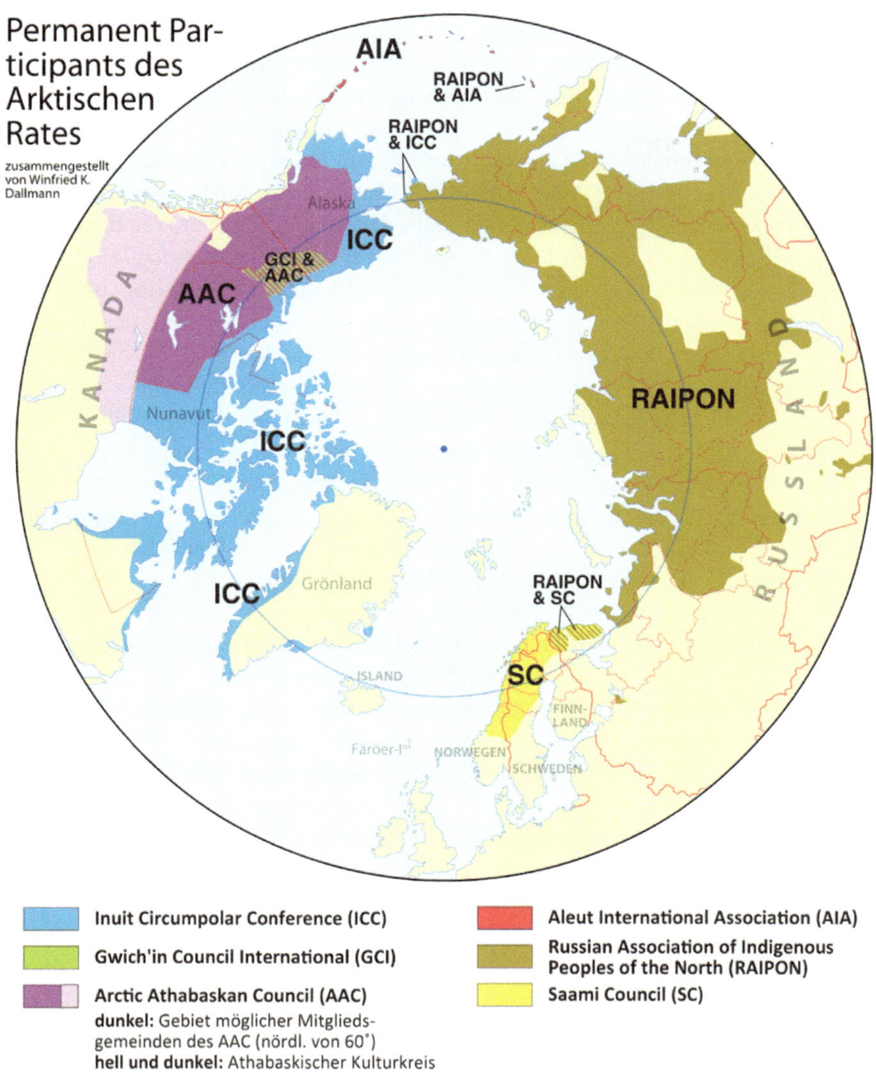

Abb. 2.4 Permanent Participants des Arktischen Rates. (© Winfried K. Dallmann)

2.4   Nichtarktische Staaten

Medienwirksam stand die Arktis in den vergangenen Jahren auch deshalb im
Fokus, weil sie zunehmend auf der außenpolitischen Agenda nichtarktischer Staaten auftauchte. Diesen Staaten stehen prinzipiell drei Wege offen, auch ohne Territorium nördlich des Polarkreises ihre Regionalpolitik nach außen zu vertreten
und die Governance-Ordnung des Hohen Nordens zu beeinflussen: 1) über den
Beobachterstatus im Arktischen Rat, 2) über bi- oder multilaterale Kooperationen

und den Mechanismus internationaler Diplomatie sowie 3) über die Mitgliedschaft und Teilhabe in internationalen Institutionen mit Relevanz für die Arktisregion.

In diesem Abschnitt liegt der Fokus entsprechend der vorhergehenden Konzeptualisierung nicht auf der globalen Staatengemeinschaft als einem arktischen Stakeholder als Ganzes, sondern auf jenen Staaten, die als Inhaber eines Beobachterstatus im Arktischen Rat ihr Interesse an der Region ausdrücklich konkretisiert haben. Ein solcher Status stellt den unmittelbarsten Weg dar, um sich als arktischer Stakeholder zu platzieren, da mit ihm eine institutionelle Legitimierung als solcher durch die acht Arktisstaaten einhergeht. Einige europäische Staaten wie Deutschland, die Niederlande, Polen und Großbritannien waren bereits im Vorläufer zum Arktischen Rat, der weitaus informelleren, 1991 entstandenen Arctic Environmental Protection Strategy (AEPS), eingebunden. Diese vier waren es auch, denen beim ersten Ministertreffen des Arktischen Rates 1998 in Iqaluit ein Beobachterstatus zugesprochen wurde. Es folgten zwei Jahre später Frankreich sowie 2006 Spanien (Tab. 3.1). Diese Phase „europäischer Erweiterung" fand zu einer Zeit statt, als die Arktisregion noch vergleichsweise wenig internationale Aufmerksamkeit erfuhr und die Frage des Beobachterstatus und damit verbundener Rechte und Pflichten noch nicht stark politisiert war.

Dies hat sich im Verlauf der vergangenen Jahre massiv geändert und dazu geführt, dass der Arktische Rat seine Beziehung zu nichtarktischen Akteuren neu zu ordnen versuchte. Insbesondere mit Blick auf geopolitische Entwicklungen und einem stetig gewachsenen öffentlichen Bewusstsein für die Bedeutung der Arktis in der internationalen Politik seit spätestens 2007 (Abschn. 4.3.2) weitete sich das internationale Interesse zunehmend aus, vor allem auf Staaten aus Nord- und Südostasien, aber auch Brasilien wurde ein Interesse an der Arktisregion nachgesagt. China und Südkorea bewarben sich bereits auf dem 6. Ministertreffen im norwegischen Tromsø im April 2009 (erfolglos) um einen Beobachterstatus. Diesen und anderen asiatischen Stakeholdern wurde in der Folge voreilig der Versuch unterstellt, das Machtgleichgewicht im Arktischen Rat zu ihren Gunsten kippen zu wollen, obwohl der Beobachterstatus als Mittel der Einflussnahme zu diesem Ziel kein geeignetes Werkzeug darstellt. Dennoch hat sich der Rat nach der „europäischen Erweiterung" veranlasst gesehen, zunächst ein Quasi-Moratorium auf weitere Beitritte zu verhängen, ehe nicht klare Konditionen und Verfahren für zusätzliche Erweiterungen verabschiedet werden. Diese sind mit der Verfahrensordnung und dem ergänzenden Leitfaden für Akteure mit Beobachterstatus 2013 in Kraft getreten und enthalten einen Katalog an Bedingungen, unter denen neue Beobachter evaluiert, zugelassen oder eben auch abgelehnt werden können (Arctic Council 2013, 2015a; Abschn. 3.3).

Im gleichen Jahr erhielten neben Italien auch fünf asiatische Staaten den Beobachterstatus. Diese „asiatische Erweiterung" um China, Indien, Japan, Singapur und Südkorea war der Ausgangspunkt für eine neue Ära in der arktischen Politik(wissenschaft), die beide heute mehr denn je von einer „globalen Arktis" sprechen (Abschn. 4.1.2). Auf dem 10. Ministertreffen im Mai 2007 wurde zuletzt der Schweiz Beobachterstatus zuerkannt, sodass sich die Gesamtzahl nichtarktischer Staaten im Rat auf insgesamt 13 beläuft. Weitere Staaten haben in der Vergangenheit ihr Interesse an einem Beobachterstatus bekundet oder bis dato ohne Erfolg einen Antrag gestellt, darunter die Mongolei, die Türkei sowie Griechenland. Warum deren Anträge bisher ohne Erfolg blieben, lässt sich nur schwer nachvollziehen, da der Erweiterungsprozess weder transparent ist, noch der Arktische Rat seine Entscheidungen nachträglich begründet. In allen diesen Fällen sind allerdings politische Gründe und das Veto mindestens eines Arktisstaates unter dem Konsensprinzip zu vermuten, die einem positiven Bescheid der Anträge im Wege standen.

Exkurs: Die EU als De-facto-Beobachter
Ein Sonderfall in den internationalen Beziehungen der Arktisstaaten ist die EU. Zweifelsohne ist die EU sowohl als globaler Akteur in der internationalen Handels-, Fischerei-, Ressourcen-, Sicherheits-, Umwelt- und Klimapolitik ebenso wie durch ihre geografische Nähe zur Region ein ernst zu nehmender Akteur in Bezug auf das Governance-System der Arktis. Drei Arktisstaaten – Dänemark (seit 1973), Finnland und Schweden (beide seit 1985) – sind Mitgliedstaaten der EU, zwei weitere – Norwegen und Island – sind über den 1992 beschlossenen Europäischen Wirtschaftsraum (EWR) eng mit dem Binnenmarkt der EU verknüpft. Grönland als Teil des dänischen Reichsverbunds ist allerdings nach einem Referendum im Jahr 1984 nicht mehr Teil der EU. Die Färöer-Inseln haben sich nach einer parlamentarischen Abstimmung im Jahr 1974 gar nicht erst um Mitgliedschaft in der EU beworben. Stattdessen wurde 1991 ein Freihandelsabkommen geschlossen.
   Die EU hat 2008, 2012 und zuletzt 2016 Leitliniendokumente für eine EU-Arktispolitik veröffentlicht (die aktuellste Version findet sich in EU (2016)) und sich seit 2009 um einen Beobachterstatus im Arktischen Rat bemüht. Die EU nimmt bereits seit den frühen 2000er Jahren regelmäßig an Treffen des Arktischen Rates teil, hat aber formell nach wie vor keinen Beobachterstatus inne. Auf dem 8. Ministertreffen im schwedischen Kiruna im Mai 2013 wurde die Bewerbung der EU positiv aufgenommen, ohne dass eine abschließende Entscheidung über den Antrag getroffen wurde. Einem positiven Bescheid standen lange ein Konflikt mit Kanada und den Inuit über ein EU-weites Handelsverbot mit Robbenprodukten sowie, nach dessen Beilegung durch eine überarbeitete Ausnahmeregelung für Produkte aus indigener Jagd, Differenzen mit Russland im Zuge der Krim- und Ukraine-Krise im Wege.

Das Interesse der Beobachterstaaten an den politischen, wirtschaftlichen und ökologischen Prozessen im Arktisraum ist vor dem Hintergrund wechselseitiger Interdependenzen und Abhängigkeiten zwischen dem Hohen Norden und weiter südlich gelegenen Regionen nicht unbegründet. Unter den Beobachtern befinden sich industriell hoch entwickelte sowie aufstrebende Volkswirtschaften, die zu den führenden Produzenten von klimawirksamen Schadstoffen wie Kohlendioxid, Rußpartikel und Methan, Schwermetallen wie Quecksilber, Eisen, Blei und

Mangan sowie Werkstoffen wie Plastik, die über die Atmosphäre oder Meeres- und Flussströmungen in die Arktis gelangen und zu Umweltschäden oder globaler Erwärmung beitragen. Zudem ist der Wert der Arktis als Lagerstätte für Öl- und Gasvorkommen, Metalle, Seltene Erden und lebende Ressourcen wie Fisch genauso unstrittig wie ihr Potenzial als mögliche alternative Schifffahrtsroute zwischen Südostasien und Westeuropa oder den USA, auch wenn die Nutzbarmachung der Region für die globale Wirtschaft nach wie vor entweder nur schwer möglich oder wirtschaftlich unrentabel ist und für manche Sektoren wohl auch bleiben wird (Abschn. 5.1).

Mit Ausnahme Polens, Singapurs und der Schweiz haben alle nichtarktischen Beobachterstaaten in den vergangenen Jahren äquivalent zu den Arktisstaaten Rahmen- und Strategiepapiere veröffentlicht, in denen die jeweiligen nationalen Interessen, regionalen Herausforderungen und außenpolitischen Ansätze in der Arktisregion skizziert werden. Deutschland hat dies 2013 – 15 Jahre nach Beitritt als Beobachter zum Arktischen Rat – mit den *Leitlinien deutscher Arktispolitik: Verantwortung übernehmen, Chancen nutzen* getan (Auswärtiges Amt 2013). Eine eingehendere Analyse der deutschen Arktispolitik in den Themenbereichen Ressourcen, Umwelt und Sicherheit erfolgt in Kap. 5. Abb. 2.5 bewertet die jeweilige Prioritätensetzung in den gleichen 16 Themenbereichen wie zuvor für die Arktisstaaten und erlaubt damit nicht nur einen Vergleich zwischen einzelnen Beobachtern, sondern auch übergreifend mit den Arktisstaaten.

Abgesehen von dieser schematischen Überblicksdarstellung steht ein systematischer Vergleich aller Arktispolitiken der europäischen und asiatischen Beobachterstaaten in der politikwissenschaftlichen Arktisforschung bisher noch aus. Exemplarisch sollen hier die Kernpunkte der Arktisstrategie Chinas beschrieben und eingeordnet werden, die als bisher letzte im Januar 2018 veröffentlicht wurde.

Unter den Beobachterstaaten des Arktischen Rates hat das chinesische Interesse an der Arktis besondere Aufmerksamkeit erfahren und ist außergewöhnlich kritisch aufgenommen worden. Das hat insbesondere mit dem Status Chinas als einer neuen wirtschaftlichen Weltmacht auf Augenhöhe mit den USA und der EU und dem damit einhergehenden „Energiehunger" Chinas zu tun. Auch die Bedeutung der internationalen Schifffahrt und maritimer Handelsrouten als Rückgrat des chinesischen Aufstiegs haben dazu geführt, dass dem Land teilweise ausschließlich wirtschaftliche Interessen im Hohen Norden unterstellt wurden. Der Umstand, dass China anders als die meisten anderen asiatischen Beobachterstaaten nicht von Anfang an seine Interessen und Prioritäten in der Region in einem Dokument offengelegt hat, hat die skeptische Resonanz nur verstärkt und zu Spekulationen über verborgene Motive geführt. Es gebe „Grund zur Sorge zum weiteren chinesischen Vorgehen bezüglich der Arktis sowie der Auswirkungen auf die Stabilität der Region" (Reinke de Buitrago 2017, S. 23).

Das als Weißbuch deklarierte Dokument zu „Chinas Arktispolitik" (State Council Information Office 2018) sollte Aufklärung schaffen und unternimmt den Versuch, China als relevanten Stakeholder in der Region zu legitimieren. Es legt dazu die Interessen Chinas in der Arktisregion offen und definiert wesentliche Prioritäten, Ziele und Prinzipien des außenpolitischen Handelns in der Region.

Abb. 2.5 Arktispolitiken und -strategien der Beobachterstaaten des Arktischen Rates. (Deutsches Arktisbüro, © Vincent-Gregor Schulze)

Das tut China mithilfe zweier sich ergänzender Diskursbrücken: Angesichts des Umstands, dass das Land über keinerlei territoriale Souveränität in der Arktis verfügt, bezeichnet es sich zum einen selbst als einen „arktisnahen Staat" *(near-Arctic state)*, der unmittelbar von Umweltveränderungen in der Region betroffen ist. Auf der anderen Seite betont China den globalen Wirkungsgrad arktischer Veränderungen, die nicht regional begrenzt sind, sondern alle etwas angehe. So heißt es in dem Dokument beispielsweise:

> Die Situation in der Arktis geht heute über den ursprünglichen regionalen Charakter und die zwischenstaatlichen Beziehungen der Arktisstaaten hinaus und ist von entscheidender Tragweite für staatliche Interessen außerhalb der Region und jene der internationalen Gemeinschaft als Ganzes sowie für deren Überleben, Entwicklung und die gemeinsame Zukunft der Menschheit (State Council Information Office 2018).

Das Dokument betont in der Folge nicht die Notwendigkeit der Kooperation zwischen und mit den Arktisstaaten, sondern sieht es als Aufgabe der internationalen Gemeinschaft an, den Frieden, die Stabilität und die nachhaltige Entwicklung der Arktis zu fördern. China positioniert sich als Fürsprecher eines globalen Gemeinschaftsinteresses und möchte die eigenen sowie die Interessen anderer Staaten in den Bereichen Wissenschaft und Forschung, Transit- und Überflugrechte, Fischerei und Ressourcenförderung sowie der Verlegung von Tiefseekabeln gewahrt wissen. Entsprechend kommt dem Arktischen Rat vergleichsweise wenig Aufmerksamkeit in dem Dokument zu. Dessen Bedeutung und positive Rolle in der Region werden zwar anerkannt, darüber hinaus aber erfährt das Forum keine Erwähnung.

Mehr als andere nichtarktische Staaten hebt China den globalen Charakter arktischer Governance hervor, bewegt sich damit aber strikt im Einklang mit internationalem Recht. Weder wird die territoriale Integrität der Arktisstaaten infrage gestellt noch deren Souveränität und Zuständigkeit in weiten Teilen der Arktis. Stattdessen bekennt sich das Land zum internationalen Recht und dem Seerechtsübereinkommen der Vereinten Nationen (SRÜ) sowie zu internationalen Verträgen im Bereich Klima- und Umweltschutz und Konventionen unter der Internationalen Seeschifffahrtsorganisation (IMO). Allerdings fordert China seinen Platz in einem „gerechten, vernünftigen und gut organisiertem System arktischer Governance" (State Council Information Office 2018).

Die Umsetzung der außenpolitischen Ziele Chinas soll dem Dokument zufolge auf Grundlage der vier Prinzipien des wechselseitigen Respekts, umfassender und mehrdimensionaler Kooperation, gegenseitigen Nutzens sowie nachhaltiger Entwicklung der Umwelt und Ressourcen erfolgen. Zu den ausdrücklich genannten Zielen gehören ein Mehr an Wissenschaft und Forschung zum besseren Verständnis arktischer Prozesse, die aktive Bekämpfung der Folgen des Klimawandels in der Arktis sowie der Schutz dortiger Ökosysteme, die Förderung von Öl- und Gasressourcen, Mineralien und erneuerbaren Energiequellen, die Nutzbarmachung arktischer maritimer Seewege sowie die Entwicklung der lokalen Tourismusindustrie. Insbesondere das Interesse an der Entwicklung maritimer Schifffahrtsrouten durch arktische Gewässer sticht aus dem Dokument hervor. China schlägt

in Ergänzung zu seiner „Belt and Road Initiative", die ein globales Infrastrukturnetz mit landbasierten sowie maritimen Korridoren schaffen soll, die Realisierung
einer „polaren Seidenstraße" (Polar Silk Road) vor. Damit wird China in seinem
Weißbuch in Bezug auf das Potenzial arktischer Schifffahrt wesentlich konkreter
als andere nichtarktische Staaten und könnte die Debatte über alternative Handelsrouten zum Suez- und Panamakanal in Zukunft befeuern (Abschn. 5.1.2).

2.5   Nichtstaatliche Organisationen

Nichtstaatliche Akteure sind bereits seit drei Jahrzehnten in politische Prozesse der
Arktis eingebunden. Der global zu verzeichnende und anhaltende Trend hin zur
Öffnung Internationaler Organisationen und zwischenstaatlicher Aushandlungs-
prozesse für nichtstaatliche Akteure spiegelt sich dem Wesen und der Richtung
nach auch im Arktischen Rat wider. In anderen Verhandlungsformaten wie dem
A5-Forum allerdings bleiben nichtstaatliche Akteure außen vor. Im Arktischen Rat
sind insgesamt 26 nichtstaatliche Akteure als Beobachter zugelassen, jeweils 13
NROs und 13 intergouvernementale und interparlamentarische Organisationen.[5]
Die Bandbreite dieser Organisationen reicht von Bildungsförderungs-
institutionen wie der National Geographic Society (2017 zugelassen) oder Wissen-
schaftsnetzwerken wie dem Internationalen Arktischen Wissenschaftskomitee
(International Arctic Science Committee, IASC) (1998) über Umweltschutz-
organisationen wie Oceana (2017), die Circumpolar Conservation Union (CCU)
(2000) und dem World Wide Fund for Nature (WWF) (1998) hin zu global tätigen
Internationalen Organisationen wie dem Umweltprogramm der Vereinten Nationen
(UNEP) (1998) oder der Weltorganisation für Meteorologie (WMO) (2017). Der
Großteil dieser Organisationen ist bereits in der Frühphase des Bestehens des
Arktischen Rates zwischen 1998 und 2004 aufgenommen worden; erst 2017 folgte
dann wieder eine Bewilligung von Anträgen auch nichtstaatlicher Akteure.
Nichtstaatlichen Akteuren kommen in der arktischen Governance primär drei
Funktionen zu: 1) Mittels ihres öffentlichkeitswirksamen Schaffens agieren sie
als Agenda-Setter, 2) in der Politiknachverfolgung messen und kontrollieren sie
als Watchdog den Output des Arktischen Rates und dessen Umsetzung in nationale und internationale Politik, und 3) als Implementer nehmen sie Ergebnisse der
Arbeit des Rates selbst auf und setzen diese nach Möglichkeit in konkrete Politik-
inhalte um (Wehrmann 2017). Im Folgenden wird exemplarisch auf drei nichtstaatliche Akteure – Greenpeace, den WWF und UNEP – eingegangen, die jeweils
in einer der oben genannten Rollen im System arktischer Governance fungieren.

---

[5]Eine vollständige Liste findet sich auf der Webseite des Arktischen Rates unter http://www.arc-
tic-council.org/index.php/en/about-us/arctic-council/observers. Zugegriffen: 2. Februar 2018.

Agenda-Setter

Als Agenda-Setter werden oftmals Akteure bezeichnet, die mittels ihrer Öffentlichkeitswirkung vermeintlich unterrepräsentierte oder marginalisierte Entwicklungen von erheblicher gesellschaftlicher Relevanz thematisieren und ein breites Bewusstsein dafür schaffen mit dem Ziel, politisches Handeln zu erwirken. Als einer von vielen Agenda-Settern wirkt mit Greenpeace ausgerechnet eine NRO, der ein Beobachterstatus im Arktischen Rat trotz mehrfacher Bewerbung in den vergangenen Jahren versagt blieb. Dieser Umstand ist nicht zuletzt auf die bisweilen als radikal wahrgenommenen politischen Mittel und Ziele in Bezug auf die Arktisregion zurückzuführen. Greenpeace steht für ein regionales Moratorium aller Ressourcenförderprojekte sowohl in Bezug auf den Fischfang als auch auf Offshore-Förderungen von Öl-, Gas- und Mineralienvorkommen ein und versucht, eine arktische Wertschöpfungskette von vornherein zu unterbinden. Auch lehnt die Organisation Aspekte traditioneller Lebenskultur, wie beispielsweise die alljährliche Jagd auf Grindwale auf den Färöer-Inseln, strikt ab und wird dadurch gerade in lokalen und indigenen Bevölkerungskreisen als politischer Gegner klassifiziert. Für Greenpeace sind industrielle Infrastrukturprojekte und Ressourcenförderung mit dem ultimativen Ziel der Umweltkonservierung arktischer Flora und Fauna unvereinbar, sind doch durch Öl- und Gasverbrennung produzierte Treibhausgase maßgeblich für den Rückgang arktischer Meereisbedeckung mitverantwortlich. Folglich kann nach Greenpeace eine stabile, nachhaltige Umwelt gegen die Interessen der Arktisstaaten und Teile der lokalen Bevölkerung nur mithilfe der Einrichtung eines Meeresschutzgebiets im Arktischen Ozean und in küstennahen Gebieten gesichert werden.

Greenpeace hat 2012 die Kampagne „Save the Arctic" ins Leben gerufen, um öffentlichkeitswirksam gegen Zerstörung und Ausbeutung arktischer Ressourcen vorzugehen.[6] So reklamierte Greenpeace beispielsweise den Rückzug des Mineralölunternehmens Royal Dutch Shell aus Explorationsprojekten vor der Küste Alaskas im September 2015 als Erfolg für sich, der auf den durch die Kampagne erzeugten öffentlichen Druck zurückgehe. Tatsächlich aber betrachtete Shell die wirtschaftlichen Erfolgsaussichten seines Programms in der Tschuktschensee als gering. Im Oktober 2016 reichte Greenpeace zudem gemeinsam mit der norwegischen NRO Nature and Youth Klage gegen den Staat Norwegen wegen der kurz zuvor bekannt gegebenen Vergabe neuer Ölbohrlizenzen in der Barentssee an 13 Unternehmen, darunter Statoil, Chevron und Lukoil, ein. Aus Sicht der Klägerorganisationen verstößt die Vergabe gegen die norwegische Verfassung, die in § 112 allen Bürgern und zukünftigen Generationen eine saubere und gesundheitsfördernde Umwelt garantiert. Im Januar 2018 wies das Bezirksgericht Oslo die Klage ab, woraufhin Greenpeace und Nature and Youth vor dem Obersten Gerichtshof in Norwegen in Berufung gingen.

---

[6]Siehe Homepage der Kampagne „Save the Arctic" http://www.savethearctic.org. Zugegriffen: 2. Januar 2018.

Exkurs: Greenpeace und die Arctic Sunrise

Die politischen Mittel von Greenpeace im Rahmen der Kampagne „Save the Arctic" gehen über den offenen politischen Diskurs und die Beschreitung des Rechtsweges mitunter weit hinaus und beinhalten ebenso Formen lokalen Protests sowie den Versuch der direkten Unterbindung oder wenigstens Behinderung von konkreten Fördermaßnahmen in der Arktis. Zweimal wurde im Zuge dessen das von Greenpeace 1995 erworbene Schiff, die Arctic Sunrise, in den vergangenen Jahren von lokalen Behörden in der Arktis festgesetzt. Im September 2013 hielten russische Behörden das Schiff für neun Monate im Hafen von Murmansk fest und inhaftierten mehrere der 30 Mann starken Besatzung ebenfalls für mehrere Monate, nachdem Greenpeace-Aktivisten versucht hatten, die Ölbohrplattform Priraslomnaja des russischen Ölkonzerns Gazprom Neft in der Petschorasee zu besetzen. Auf eine Klage der Niederlande als Flaggenstaat der Arctic Sunrise ergingen im August 2015 und Juli 2017 Schiedssprüche des Ständigen Schiedshofes in Den Haag, denen zufolge das russische Vorgehen als unrechtmäßig eingestuft und Russland zu einer Schadensersatzzahlung in Höhe von 5,4 Mio. EUR an die Niederlande verurteilt wurde. Russland nahm jedoch am Schlichtungsverfahren gar nicht erst teil und erkennt das Urteil nicht an. Im August 2017 wurde die Arctic Sunrise erneut infolge lokaler Protests festgesetzt, dieses Mal von der norwegischen Küstenwache, nachdem Greenpeace-Aktivisten in die Sicherheitszone der Bohranlage Korpfjell des staatlichen Ölkonzerns Statoil in der Barentssee vorgedrungen waren.

Watchdog

Am Ende eines jeden politischen Prozesses steht die Übersetzung von konsensfähigen, allgemein verbindlichen Entscheidungen in konkrete Politiken, Normen und Regularien. Der Arktische Rat selbst verfügt über kaum institutionalisierte Mechanismen zur sorgfältigen und flächendeckenden Überprüfung über einen längeren Zeitraum, in welchem Umfang und wie erfolgreich einmal getroffene politische Leitlinien, Handlungsempfehlungen, Rahmenpläne und identifizierte Best Practices seiner Arbeitsgruppen von den acht Mitgliedstaaten und anderen relevanten Stakeholdern umgesetzt werden. Auch besitzt der Rat kein Mandat zur eigenen Rechtsetzung oder gar Sanktionierung seiner Mitglieder, sodass die Umsetzung jeglicher vom Rat erarbeiteten Politikempfehlungen den jeweiligen Mitgliedstaaten allein überlassen ist. Allerdings erarbeiten einzelne Arbeitsgruppen sektorale Bestandsaufnahmen oder fordern teilhabende Akteure regelmäßig zu Fortschrittsberichten auf. So veröffentlicht zum Beispiel die Arbeitsgruppe zum Schutz der arktischen marinen Umwelt (Protection of the Arctic Marine Environment, PAME) alle zwei Jahre einen Statusbericht über den Fortschritt in der Umsetzung ihrer Empfehlungen in Fragen von Sicherheit und Umweltschutz im Schiffsverkehr in arktischen maritimen Räumen, wie sie in dem Bericht „Arctic Marine Shipping Assessment" (AMSA) von

2009 festgehalten sind. Ähnlich verfahren die Arbeitsgruppen Erhalt arktischer Flora und Fauna (Conservation of Arctic Flora and Fauna, CAFF) mit ihrem Aktionsplan Actions for Arctic Biodiversity (ABA) sowie die Arbeitsgruppe Notfallprävention, -vorsorge und -abwehr (Emergency Prevention, Preparedness and Response, EPPR) mit ihrem Framework Plan for Cooperation on Prevention of Oil Pollution from Petroleum and Maritime Activities in the Marine Areas of the Arctic. Auch haben die USA im Juni 2017 als bisher einziges Mitglied des Arktischen Rates einen Implementierungsbericht vorgelegt, der die nationale Umsetzung auf während der alle zwei Jahre stattfindenden Ministertreffen vereinbarten Handlungsempfehlungen dokumentiert und analysiert (US Department of State 2017).

Auch wenn diese Verfahren in der jüngeren Vergangenheit zu einem Mehr an überprüfbaren und anhand klarer Kriterien identifizierbaren Nachweisen über die Einwirkung des Arktischen Rates in nationale Politikgestaltung geführt haben, weist das uneinheitliche und bisweilen wenig systematisierte Berichtswesen des Arktischen Rates sektoral wie zeitlich nach wie vor durchaus erhebliche Lücken auf. In diese Lücken in der Effektivitätsabschätzung stößt beispielsweise der 1961 gegründete World Wide Fund for Nature (WWF), der seit 1998 auch eine Beobachterorganisation des Arktischen Rates ist. Die NRO ist insbesondere über das WWF Arctic Programme im Hohen Norden aktiv, das bereits 1992 gegründet wurde und vom kanadischen Ottawa aus verwaltet wird. Mit der Ausnahme von Island verfügt der WWF darüber hinaus in allen arktischen Staaten über Regionalbüros. Im Jahr 2017 veröffentlichte der WWF erstmals Ergebnisse der WWF Arctic Council Conservation Scorecard, einer Untersuchung von Umsetzungserfolgen und -lücken der acht Arktisstaaten sowie des Arktischen Rates in Bezug auf Zielvereinbarungen und die Umsetzung konkreter Umweltschutzvereinbarungen. Zukünftige WWF Arctic Council Scorecards sollen zudem die Bereiche nachhaltige Entwicklung, Gesundheit, Soziales und Kultur umfassen.

Implementer

Nicht nur auf der Ebene seiner Mitglieder visiert der Arktische Rat eine bessere Umsetzungspraxis seiner Leit- und Richtlinien an. Im Bewusstsein über den limitierten Handlungsspielraum des Rates und seiner Mitglieder sowie der Komplexität und globalen Dimension von Umwelt- und Klimaprozessen fokussiert der Rat seit jeher darauf, gewonnene Erkenntnisse über den Wandel der Arktis in überregionale Arenen und internationale Politikprozesse einfließen zu lassen. So unterhalten drei der Arbeitsgruppen des Arktischen Rates – das Programm zur Beobachtung und Bewertung der Arktis (Arctic Monitoring and Assessment Programme, AMAP), CAFF und die Arbeitsgruppe für nachhaltige Entwicklung (Sustainable Development Working Group, SDWG) – zusammen nicht weniger als 45 formale Kooperationsvereinbarungen mit externen Akteuren wie wissenschaftlichen Einrichtungen, Regierungsbehörden, NROs sowie zwischenstaatlichen Institutionen auch jenseits der bereits bestehenden Gruppe von Beobachtern des Arktischen Rates (Arctic Council 2015b). Damit hat das regionale Kooperationsforum Arktischer Rat weitreichende, globale Kommunikationskanäle und Koordinationsmechanismen etabliert.

Tatsächlich war insbesondere die Arbeitsgruppe AMAP erfolgreich darin, durch Expertise und gezielte Bewusstseinsbildung über arktischen Wandel spürbaren Einfluss auf international relevante Verhandlungsprozesse in der globalen Energie-, Umwelt- und Klimapolitik zu nehmen, beispielsweise in Bezug auf Gutachten des Intergovernmental Panel on Climate Change (IPCC) und der Internationalen Atomenergie-Organisation (International Atomic Energy Agency, IAEA) sowie in Verhandlungen im Rahmen der jährlich stattfindenden UN-Klimakonferenz. Auch in die 2001 vereinbarte Stockholm-Konvention über persistente organische Schadstoffe oder das 2013 beschlossene Minamata-Übereinkommen zur Reduzierung von Quecksilberemissionen flossen Erkenntnisse aus der Zusammenarbeit des Arktischen Rates substanziell ein (Stone 2015; Selin 2017) (Abschn. 5.2.2).

Zitierte Literatur

Arctic Council. (1996). Declaration on the establishment of the Arctic Council. https://oaarchive. arctic-council.org/handle/11374/85. Zugegriffen: 2. Febr. 2018.

Arctic Council. (2013). Arctic Council rules of procedure as revised by the Arctic Council at the 8th Arctic Council Ministerial Meeting, Kiruna, Sweden, 15 May 2013. https://oaarchive.arctic-council.org/bitstream/handle/11374/940/2015-09-01_Rules_of_Procedure_website_version.pdf?sequence=1. Zugegriffen: 29. Jan. 2018.

Arctic Council. (2015a). Observer manual for subsidiary bodies as adopted by the Arctic council at the eight Arctic council ministerial meeting, Kiruna, Sweden, 15 May 2013, and addendum approved by the senior Arctic officials at the meeting of the senior Arctic officials, Anchorage, United States of America, 20–22 October 2015. https://oaarchive.arctic-council.org/bitstream/handle/11374/939/EDOCS-3020-v1A-2015-11-25-Observer-manual-with-addendum-finalized-after-SAO-Oct-2015.PDF?sequence=5&isAllowed=y. Zugegriffen: 29. Jan. 2018.

Arctic Council. (2015b). Summary of the Arctic Council Working Groups relationships to external bodies. https://oaarchive.arctic-council.org/handle/11374/1487. Zugegriffen: 2. Febr. 2018.

Auswärtiges Amt. (2013). *Leitlinien deutscher Arktispolitik: Verantwortung übernehmen, Chancen nutzen*. Berlin: Auswärtiges Amt.

Bartsch, G. M. (2016). *Klimawandel und Sicherheit in der Arktis: Hintergründe, Perspektiven, Strategien*. Heidelberg: Springer.

Department of Indian and Northern Affairs. (2009). *Canada's Northern Strategy: Our North, our heritage, our future*. Ottawa: Department of Indian and Northern Affairs.

Dodds, K., & Ingimundarson, V. (2012). Territorial Nationalism and Arctic geopolitics: Iceland as an Arctic coastal state. *The Polar Journal, 2*(1), 21–37.

EU. (2016). *Joint communication to the European Parliament and the Council: An integrated European Union policy for the Arctic*. Brüssel: European Commission & High Representative of the Union for Foreign Affairs and Security Policy. (No. JOIN(2016) 21 final).

Fondahl, G., Filippova, V., & Mack, L. (2015). Indigenous peoples in the new Arctic. In B. Evengård, J. N. Larsen, & Ø. Paasche (Hrsg.), *The new Arctic* (S. 7–22). Heidelberg: Springer.

Hamilton, L. C. (2016). *Where is the North Pole? An election-year survey on global change*. Durham: University of New Hampshire, Carsey School of Public Policy. (National Issue Brief #107).

Heleniak, T., & Bogoyavlensky, D. (2014). Arctic populations and migration. In J. N. Larsen & G. Fondahl (Hrsg.), *Arctic human development report: Regional processes and global linkages* (S. 53–104). Kopenhagen: Nordic Council of Ministers.

Icelandic Government. (2016). *Hagsmunir Íslands á norðurslóðum (Islands Interessen in der Arktisregion)*. Reykjavik: Government Offices of Iceland.

ILO. (1989). *Übereinkommen 169 über eingeborene und in Stämmen lebende Völker in unabhängigen Ländern*. Genf: Internationale Arbeitsorganisation.

Ilulissat-Deklaration. (2008). http://www.oceanlaw.org/downloads/arctic/Ilulissat_Declaration.pdf. Zugegriffen: 2. Jan. 2018.

Ministry of Foreign Affairs. (2011a). *Kingdom of Denmark strategy for the Arctic 2011–2020*. Kopenhagen: Ministry of Foreign Affairs.

Ministry of Foreign Affairs. (2011b). *Sweden's strategy for the Arctic region*. Stockholm: Ministry of Foreign Affairs.

Ministry of Foreign Affairs. (2014). *Norway's Arctic policy: Creating value, managing resources, confronting climate change and fostering knowledge. Developments in the Arctic concern us all*. Oslo: Ministry of Foreign Affairs.

Ministry of Higher Education and Science. (2016). *Strategy for research and education concerning the Arctic*. Kopenhagen: Ministry of Higher Education and Science.

Ministry of the Environment and Energy. (2016). *Environmental policy for the Arctic*. Stockholm: Ministry of the Environment and Energy.

Prime Minister's Office. (2013). *Finland's strategy for the Arctic region 2013. Government resolution on 23 August 2013*. Helsinki: Prime Minister's Office.

Prime Minister's Office. (2017). *Action plan for the update of the Arctic strategy*. Helsinki: Prime Minister's Office.

Reinke de Buitrago, S. (2017). China und seine Ambitionen in der Arktis: Eine wachsende Herausforderung? *MarineForum, 6*, 21–23.

Russian Federation. (2008). *Principles of the state policy of the Russian Federation in the Arctic until 2020 and beyond*. Moskau.

Selin, H. (2017). Global environmental governance and treaty-making: The Arctic's fragmented voice. In K. Keil & S. Knecht (Hrsg.), *Governing Arctic change: Global perspectives* (S. 101–120). Basingstoke: Palgrave Macmillan.

State Council Information Office. (2018). *China's Arctic policy*. Shanghai: State Council Information Office.

Stone, D. P. (2015). *The changing Arctic environment: The Arctic messenger*. Cambridge: Cambridge University Press.

Svalbard-Vertrag. (1920). https://www.admin.ch/opc/de/classified-compilation/19200005/201504010000/0.142.115.981.pdf. Zugegriffen: 2. Febr. 2018.

The White House. (2013). *National strategy for the Arctic region*. Washington, DC: The White House.

US Department of Defense. (2013). *Department of defense Arctic strategy*. Washington, DC: Department of Defense.

US Department of State. (2017). Arctic Council ministerial declaration recommendations, 1998–2015 – United States implementation. https://oaarchive.arctic-council.org/handle/11374/2028. Zugegriffen: 2. Febr. 2018.

Vereinte Nationen. (2007). Erklärung der Vereinten Nationen über die Rechte der indigenen Völker. http://www.un.org/Depts/german/gv-61/band3/ar61295.pdf. Zugegriffen: 2. Febr. 2018.

Wang, N. (2015). Sicherheit in der Arktis – Eine Dänische Perspektive. In Königlich Dänische Botschaft (Hrsg.), *Das Königreich und die Arktis: Eine Welt Im Wandel* (S. 24–27). Kennzeichen DK 104/2015/02. Berlin: Königlich Dänische Botschaft.

Wehrmann, D. (2017). Non-State actors in Arctic Council governance. In K. Keil & S. Knecht (Hrsg.), *Governing Arctic change: Global perspectives* (S. 187–206). Basingstoke: Palgrave Macmillan.

Weiterführende Literatur

Lunde, L., Yang, J., & Stensdal, I. (Hrsg.). (2015). *Asian countries and the Arctic future*. Singapur: World Scientific Publishing.

Murray, R. W., & Nuttall, A. D. (Hrsg.). (2014). *International relations and the Arctic: Understanding policy and governance*. Amherst: Cambria.

Shadian, J. M. (2014). *The politics of Arctic sovereignty: Oil, ice and Inuit governance*. London: Routledge.

Institutionen und Governance-Strukturen

3

3.1 Die Komplexität arktischer Governance

Das Governance-Gefüge der Arktis ist auf vielerlei Art beschrieben worden. Das Spektrum der Charakterisierungen reicht von Anarchie aufgrund der Abwesenheit eines die ganze Region umfassenden Vertragswerkes, einem Mosaik oder Regimekomplex von politikspezifischen, in Struktur und Geltungsbereich verschiedenen Übereinkommen, einem Mehrebenensystem von Institutionen im lokalen, regionalen, nationalen und internationalen Bereich bis hin zu einem fragmentierten System historisch gewachsener und wenig kohärenter rechtlicher und politischer Arrangements (Young 2005, 2012; Humrich 2013). Abgesehen von dem – bei genauerem Hinsehen wenig überzeugenden – Anarchieargument stimmen alle diese Definitionen in einem Punkt überein: Das arktische Governance-System ist vielschichtig und komplex. Dies ist nicht zuletzt dadurch bedingt, dass eine kohärente Betrachtung arktischer Governance sowohl arktisspezifische Regelungen als auch arktisrelevante Übereinkünfte betrachten muss. Letztere umfasst Regelungen, die die Arktis nicht explizit erwähnen oder nicht im Mittelpunkt ihrer räumlichen Ausrichtung haben, aber aufgrund ihrer inhaltlichen Thematik auch für die Arktis relevant sind (Abschn. 4.2).

Um Ordnung in das arktische Institutionengefüge zu bringen und uns dessen Komplexität zu veranschaulichen, ohne sie reduzieren zu wollen, werden wir die verschiedenen räumlichen Ebenen, auf denen arktisspezifische und -relevante Institutionen angesiedelt sind, einzeln betrachten. Die folgenden Abschnitte behandeln die internationale, regionale und subnationale Ebene, wobei einzelne Institutionen wie das Seerechtsübereinkommen der Vereinten Nationen (SRÜ) und der Arktische Rat aufgrund ihrer zentralen Rolle im arktischen Governance-System detailliert behandelt werden. Nachdem wir auf diese Weise Licht ins Dunkel arktischer Governance gebracht haben, stellt sich die Frage, was dieses System für die Regierbarkeit der Region in Zeiten rapiden (Klima-)Wandels bedeutet. Eine Diskussion der Vor- und Nachteile des sich durch viele einzelne

© Springer-Verlag GmbH Deutschland, ein Teil von Springer Nature 2018
K. Stephen et al., *Internationale Politik und Governance in der Arktis: Eine Einführung*, https://doi.org/10.1007/978-3-662-57420-1_3

45

Elemente auszeichnenden Governance-Gefüges der Arktis nimmt sich dieser Frage in Abschn. 4.2 an.

3.2 Internationale Organisationen und Regime

Das arktische Governance-System ist historisch aus einer Vielzahl von Institutionen auf verschiedenen räumlichen Ebenen gewachsen. Es ist daher nicht Produkt eines einmaligen, wohlüberlegten Vorgangs wie der Vereinbarung eines einheitlichen arktischen Vertragsregimes, wie es beispielsweise in der Antarktis anzutreffen ist.[1] So ergibt sich stattdessen das Bild einer Vielzahl von Institutionen, die über die Zeit mit verschiedenen Mitgliedern, Zuständigkeiten und Zielsetzungen geschaffen wurden.

Eine erste relevante räumliche Ebene ist die der internationalen Kooperation zwischen Staaten, die sowohl arktische Anrainerstaaten als auch Staaten außerhalb der Arktisregion einschließt. Eine der zentralsten arktisrelevanten Institutionen ist das Seerechtsübereinkommen der Vereinten Nationen (SRÜ), welches häufig nach dem englischen Begriff „United Nations Convention on the Law of the Sea" mit UNCLOS abgekürzt wird. Der 1982 geschlossene Vertrag gilt als umfangreichstes Regelwerk zur Nutzung und zum Schutz der Meere. Zentral ist die Definition verschiedener maritimer Zonen durch das SRÜ, in denen der Umfang souveräner Rechte der Küstenstaaten festgelegt ist.

Konkret etabliert das SRÜ die inneren Gewässer (auch Binnengewässer genannt) eines Küstenstaates, welche landwärts von der Niedrigwasserlinie (auch Basislinie genannt) liegen, sowie das Küstenmeer, welches auch Hoheitsgewässer oder Territorialgewässer genannt wird. Das Küstenmeer darf von der Basislinie eine Breite von maximal 12 sm (Seemeilen; 1 sm = 1852 m) nicht überschreiten. In seinen inneren Gewässern hat der Staat uneingeschränkte Hoheitsgewalt, also volle Souveränität wie auf seinem Landterritorium. Die Souveränität im Küstenmeer ist ebenfalls recht umfassend, da sie sich auf den Luftraum, die Wassersäule, den Meeresboden und den darunterliegenden Untergrund erstreckt. Allerdings müssen Drittstaaten gewisse Rechte zugestanden werden (s. unten). Auf das Küstenmeer folgt eine sogenannte Anschlusszone, die sich maximal 24 sm über die Basislinie hinaus erstrecken darf. In dieser Zone dürfen Küstenstaaten

---

[1]Dieser Kontrast zwischen einheitlichem Antarktisvertrag und komplexem Institutionengemenge in der Arktis wird in der Literatur durchgängig angeführt. Allerdings ist der Antarktisvertrag nur eines von vielen Elementen in dem sogenannten Antarktischen Vertragssystem. Durch die etlichen Folgeverträge, die dem 1959 unterzeichneten Antarktisvertrag nachfolgten, könnte auch in der Antarktis durchaus von einem Regimekomplex gesprochen werden, vor allem da diese Verträge nicht alle die gleichen Vertragsparteien umfassen und nicht hierarchisch einander zugeordnet sind (Young 2016, S. 11). Andererseits gibt es im Vergleich zur Arktis durchaus Homogenität im Antarktissystem, beispielsweise da alle Verträge zwischen Staaten abgeschlossen wurden und damit intergouvernementale Abkommen sind.

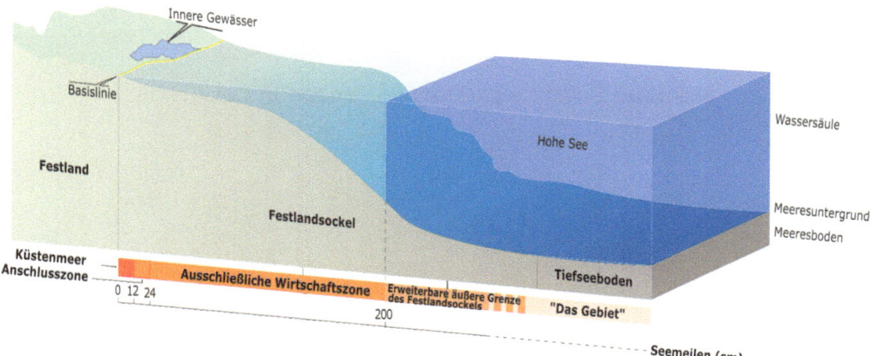

Abb. 3.1 Maritime Zonen im Seerechtsübereinkommen der Vereinten Nationen. (Modifiziert nach UNEP/GRID-Arendal 2011)

erweiterte Befugnisse ausüben, beispielsweise um ihre Zoll- und anderen Vorschriften gegenüber Drittstaaten durchzusetzen. Jenseits der Anschlusszone folgt eine 200 sm breite Ausschließliche Wirtschaftszone (AWZ), in der Küstenstaaten das Recht haben, die Ressourcen der Wassersäule und des darunterliegenden Festlandsockels auszubeuten (Abb. 3.1).

Die Arktisstaaten haben alle ihre AWZ etabliert und seit den 1970er Jahren entsprechende bi- und trilaterale Abkommen untereinander abgeschlossen, die bestimmen, wo genau die Zonengrenzen verlaufen. Mit wenigen Ausnahmen (Exkurs „Dispute in der Arktis" und Abb. 3.2) sind alle maritimen Grenzen in der Arktis damit rechtlich vereinbart.

Wenn sich der Festlandsockel eines Küstenstaates über die 200-sm-Grenze der AWZ hinaus erstreckt, kann der Staat die äußere Grenze seines Festlandsockels durch einen Antrag bei der Kommission zur Begrenzung des Festlandsockels (Commission on the Limits of the Continental Shelf, CLCS) der Vereinten Nationen festlegen lassen. Diese Grenze darf jedoch nicht über 350 sm von der Basislinie oder nicht weiter als 100 sm von der 2500-m-Wassertiefenlinie hinausgehen. In dieser erweiterten Zone darf der Küstenstaat Ressourcen erforschen und ausbeuten. Diese Ausbeutungsrechte auf dem erweiterten Festlandsockel betreffen allerdings nur den Meeresboden und seinen Untergrund und nicht die Wassersäule.

Diese durch Art. 76 SRÜ festgelegte Regelung ist immer wieder Gegenstand lebhafter Diskussionen in der Arktisdebatte, da hierdurch festgelegt wird, wem die noch nicht zugeordneten Festlandsockelgebiete in der Arktis „gehören". Rechtlich korrekt muss bemerkt werden, dass es bei Art. 76 nicht um die Zuordnung von Eigentum oder Souveränität geht, sondern lediglich um das Zugeständnis bestimmter souveräner Rechte, die, wie oben ausgeführt, Küstenstaaten in den jeweiligen Gebieten zugestanden werden. Noch nicht alle Arktisstaaten haben entsprechende Anträge bei der Kommission gestellt, beziehungsweise einige haben dort Anträge anhängig, über die allerdings noch nicht oder nicht vollständig entschieden wurde. Bislang ist nur Norwegen im Jahre 2009 eine Erweiterung seines Festlandsockels zugestanden worden.

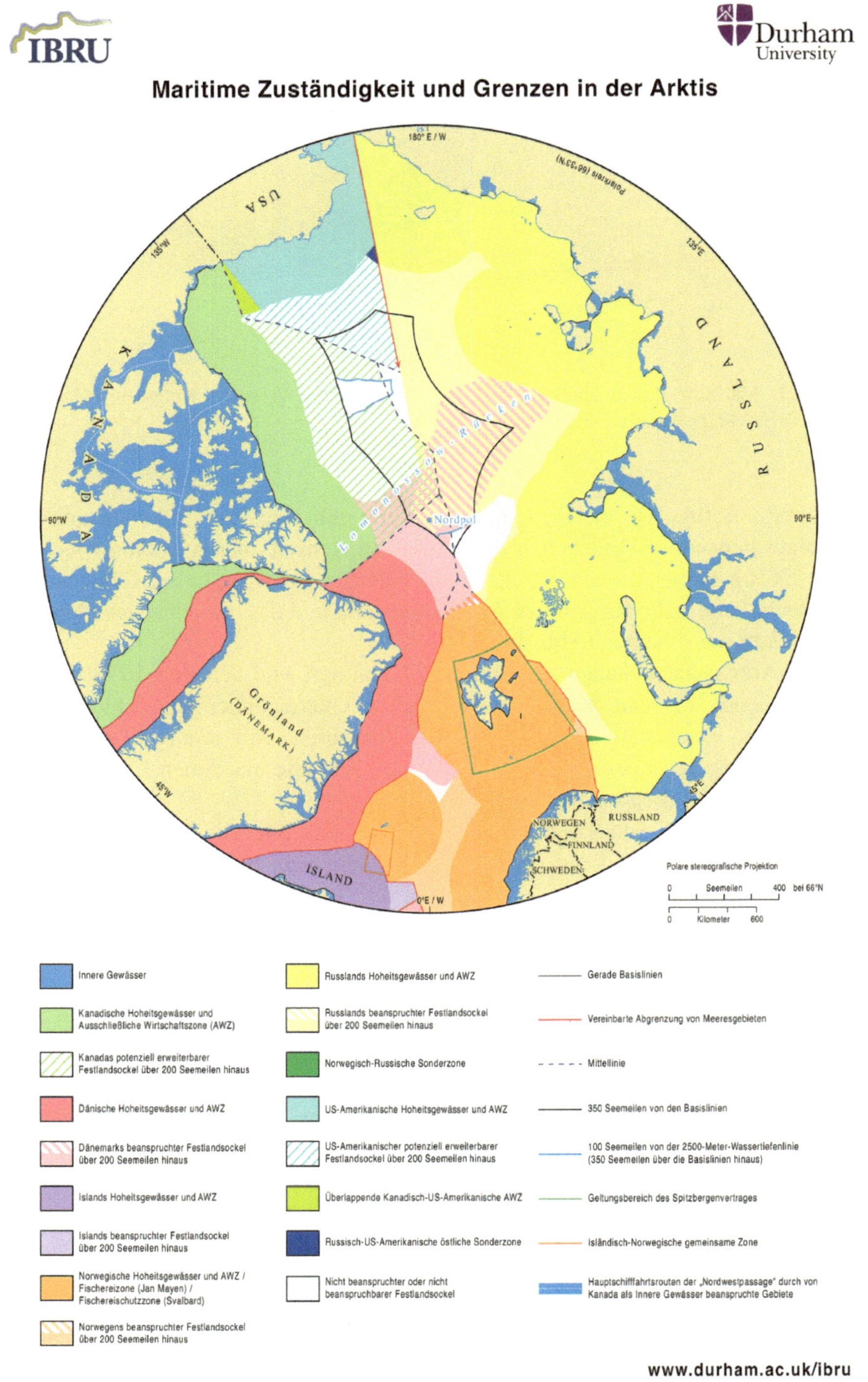

Maritime Zuständigkeit und Grenzen in der Arktis

Abb. 3.2 Maritime Zuständigkeit und Grenzen in der Arktis. (© IBRU, Centre for Borders Research, Durham University)

Die Möglichkeit der erweiterten Festlandsockelgrenze führt zu möglichen Überschneidungen von souveränen Rechten am Meeresboden und -untergrund. Abb. 3.2 zeigt die Ausdehnung der Ausschließlichen Wirtschaftszonen der arktischen Küstenstaaten, die beanspruchten Festlandsockel über die 200-sm-Grenze der AWZ hinaus, sowie sich daraus ergebende mögliche Überlappungen der Festlandsockelansprüche der Küstenstaaten, welche sich vor allem im Gebiet um den geografischen Nordpol ergeben. Russland, Dänemark und Kanada versuchen mithilfe seismologischer Studien nachzuweisen, dass der Lomonossow- und der Mendelejew-Rücken – unterseeische Gebirgsrücken im Arktischen Ozean – natürliche geologische Verlängerungen ihrer Festlandsockel darstellen. Russland hat sich bereits in einem Antrag an die CLCS im Jahre 2001 auf dieses Argument berufen und ein Gebiet beansprucht, welches auch den geografischen Nordpol einschließt. Aufgrund mangelnder geologischer Daten hat die CLCS Russland damals aufgefordert, einen neuen Antrag auf verbesserter seismologischer Datenbasis einzureichen. Solch einen verbesserten Antrag hat Russland im August 2015 vorgelegt; bislang hat die CLCS noch keine Empfehlung für diesen Antrag ausgesprochen. Dänemark hat zwischen 2009 und 2014 insgesamt fünf Teilanträge bei der CLCS eingereicht, von welchen der letzte die Erweiterung des Kontinentalsockels nördlich von Grönland betrifft. Bislang liegt hierzu noch keine Entscheidung der CLCS vor. Der dänische Antrag in 2014 hat einiges Aufsehen erregt, da das von Dänemark beanspruchte Gebiet weitläufig mit dem beanspruchten russischen Gebiet zu überlappen scheint (Abb. 3.2). Allerdings ist der dänische Antrag so zu verstehen, dass er klären möchte, wo die Grenzen zwischen internationalen Gewässern und erweiterten Festlandsockelgrenzen liegen, unabhängig davon, welchem Staat genau die erweiterten Festlandsockelgebiete zugestanden werden. Letzteres soll, wie in dem dänischen Antrag ausgeführt, durch Konsultationen mit den anderen vier Arktisanrainerstaaten geklärt werden. Diese Konsultationen haben bereits in der Vorbereitung des dänischen Antrags stattgefunden und sollen auf Basis der Empfehlung der CLCS entsprechend weitergeführt werden. Kanada hat bislang nur einen Teilantrag zur Klärung seiner Festlandsockelgrenzen im Atlantischen Ozean gestellt. Ein Antrag für den arktischen Festlandsockel steht noch aus.

Uneinigkeit über Grenzen in der Arktis bestehen allerdings nicht nur in Bezug auf erweiterte Festlandsockelansprüche, sondern auch in den AWZs der arktischen Küstenstaaten, obwohl diese zahlenmäßig und bezüglich ihrer politischen Brisanz nicht mit anderen Regionen, wie beispielsweise im Südchinesischen und Ostchinesischen Meer, zu vergleichen sind. Zwei häufig erwähnte Dispute betreffen die Uneinigkeit zwischen den USA und Kanada bezüglich ihrer maritimen Grenze in der Beaufortsee und zwischen Dänemark und Kanada bezüglich der Hans-Insel in der Nares-Straße.

Exkurs: Dispute in der Arktis: Beaufortsee (USA vs. Kanada) und die Hans-Insel (Dänemark vs. Kanada)
Die USA und Kanada sind sich uneinig über die exakte Grenzziehung zwischen ihren Ausschließlichen Wirtschaftszonen in der Beaufortsee, also in den Gewässern nördlich der Landgrenze zwischen Alaska und dem Yukon.

Es handelt sich hierbei um eine Fläche von ungefähr 6250 Quadratsee-meilen. Laut kanadischem Standpunkt wurde die Grenze durch den Sankt Petersburger Vertrag von 1825 zwischen Großbritannien und Russland etabliert, welcher die Grenzen zwischen „Russisch-Amerika" (dem heutigen Alaska) und „britischen Besitztümern auf dem amerikanischen Kontinent" (dem heutigen Kanada) festlegte. Laut dem Vertrag liegt Alaskas östliche Grenze entlang des 141. westlichen Längengrades, welche „in ihrer Verlängerung bis zum gefrorenen Ozean" reichen soll (aufgrund der Unbeständigkeit des Meereises eine sehr ungenaue Definition). Im Gegensatz zu dieser Darstellung beharren die USA darauf, dass eine maritime Grenze bislang nicht festgelegt wurde und dass diese die Mittellinie zwischen der amerikanischen und kanadischen Küste sein soll (für weitere Details zu diesem Disput siehe Byers 2009, S. 98–105; Abb. 3.2).

Dänemark und Kanada beanspruchen jeweils für sich die 1,3 Quadratkilometer große Hans-Insel, welche im Kennedy-Kanal der Nares-Straße zwischen Kanadas Ellesmere-Insel und Grönlands Nordküste liegt. Der Disput ist der einzige Streit um Landterritorium in der Arktis. Die Insel ist unbewohnt, ohne Vegetation und bekannte Ressourcenvorkommnisse. Obwohl die Insel in möglicherweise ressourcenreichen Gewässern liegt, betrifft der Streit nur die Insel selbst. Die maritime Grenze zwischen Dänemark und Kanada in der Nares-Straße wurde 1973 durch ein Abkommen[2] festgelegt, allerdings wurde die Hans-Insel selbst dabei ausgelassen. Beide Seiten haben sich zuletzt im Mai 2018 auf einen Prozess zur Beilegung des Streites verständigt, allerdings bislang ohne Ergebnis. Dagegen machen Schlagzeilen über abwechselnde, von einer gewissen „Sportlichkeit" gekennzeichnete Besuche aus beiden Ländern mit dem Austausch von Flaggen und landesüblichen Alkoholika auf der Insel häufiger die Runde.

In der Festlegung der Rechte der Küstenstaaten bestimmt das SRÜ auch, wo diese Rechte enden und wo entweder diejenigen von Drittstaaten beginnen oder kein Staat souveräne Rechte ausüben darf. Drittstaaten dürfen demnach in erweiterten Festlandsockelgebieten Ressourcen in der Wassersäule ausbeuten. Außerdem genießen sie in den einzelnen Zonen verschieden ausgeprägte Durchfahrtsrechte für Schiffe unter ihrer Flagge. Während fremde Schiffe kein Durchfahrtsrecht in inneren Gewässern eines Küstenstaates haben, darf ein Küstenstaat in seinem Küstenmeer die friedliche Durchfahrt[3] fremder Schiffe nicht behindern.

---

[2]„Agreement between the Government of the Kingdom of Denmark and the Government of Canada relating to the Delimitation of the Continental Shelf between Greenland and Canada" vom 17. Dezember 1973.

[3]Eine Durchfahrt ist friedlich, wenn das durchfahrende Schiff keinerlei Gewalt oder Androhung von Gewalt ausübt oder andere Gefahren für die Sicherheit des Küstenstaates darstellt (Art. 19 SRÜ).

Unter bestimmten Umständen muss Schiffen im Küstenmeer auch das Recht auf die sogenannte Transitdurchfahrt gewährt werden. Dies gilt laut Art. 37 SRÜ für Meerengen, die der internationalen Schifffahrt zwischen der Hohen See oder AWZs dienen. Das Recht auf Transitdurchfahrt limitiert die Fähigkeit des Küstenstaates, Beschränkungen für die Durchfahrt fremder Schiffe durchzusetzen, da Transitdurchfahrt im Wesentlichen der Freiheit der Schifffahrt entspricht, die auf Hoher See herrscht.

Ob Schiffe Transitdurchfahrt genießen, ist häufig ein Streitpunkt zwischen Staaten, auch in der Arktis. So geht beispielsweise aus Art. 37 SRÜ nicht hervor, ob das Recht auf Transitdurchfahrt durch eine Meerenge erst dann besteht, wenn tatsächlich internationale Schifffahrt durch diese Meerenge stattfindet, oder ob es ausreichend ist, dass eine solche Schifffahrt stattfinden könnte. Diese Debatte betrifft Hoheitsgewässer im arktischen Archipel Kanadas, durch die die Routen der sogenannten Nordwestpassage (NWP) verlaufen, sowie Hoheitsgewässer vor Russlands Arktisküste mit Routen des Nördlichen Seewegs. Die USA behaupten, dass ihren Schiffen etwa auf der NWP Transitdurchfahrt zusteht, da die Durchfahrt durch das zurückgehende Meereis möglich wird. Kanada argumentiert dagegen mit dem Verweis auf die Bedeutung der Wasserstraße als „historische Gewässer", weshalb sie als innere Gewässer zu behandeln sind, und auf die Tatsache, dass keine regelmäßige internationale Schifffahrt durch diese Gewässer stattfindet. Aus diesem Grund seien Schiffen von Drittstaaten keine Transitdurchfahrtsrechte zuzugestehen.

Die Hohe See beginnt ab der 200-sm-Grenze der AWZs, schließt also alle Gewässer ein, die nicht zu den inneren Gewässern, dem Küstenmeer oder zur AWZ eines Staates gehören. Die Freiheit der Hohen See gilt für alle Staaten und umfasst unter anderem die Freiheit der Schifffahrt, des Überflugs, der Fischerei und der wissenschaftlichen Forschung. Die Nutzung der Hohen See muss friedlich sein, und kein Staat darf irgendeinen Teil der Hohen See seiner Souveränität unterstellen. Die Rechte der Staaten enden in Bezug auf den Meeresboden und -untergrund jenseits der erweiterten Festlandsockelgrenzen. Meeresboden und -untergrund werden ab hier als Tiefseeboden bezeichnet und machen gemeinsam mit ihren Ressourcen „das Gebiet" (im Englischen als *the area* bezeichnet) aus. Das Gebiet und seine Ressourcen sind das gemeinsame Erbe der Menschheit, über die kein Staat Souveränität oder souveräne Rechte ausüben darf.

Das SRÜ ist kein arktisspezifisches Dokument, sondern gilt für alle Meere und Ozeane. Aus diesem Grund ist es auch häufig als unzureichendes Governance-Instrument für die besonderen Belange der Arktisregionen kritisiert worden. Allerdings gibt es einen polarspezifischen Artikel im SRÜ, nämlich Art. 234 zu „Eisbedeckten Gebieten". Laut diesem kann ein Küstenstaat Maßnahmen zur Vermeidung von Meeresverschmutzung durch Schiffe in eisbedeckten Gebieten innerhalb der AWZ erlassen, wenn das dieses Gebiet „während des größten Teiles des Jahres bedeckende Eis Hindernisse oder außergewöhnliche Gefahren für die Schifffahrt schafft". Allerdings ist dieser Artikel sehr vage gehalten (was genau bedeutet beispielsweise „während des größten Teiles des Jahres"?) und daher häufig Gegenstand von Diskussionen. Im Großen und Ganzen wird das SRÜ allerdings durchweg als ein wichtiges Dokument für die Nutzung und Sicherung der Meere bewertet, indem es einen generellen „Fahrplan" für maritime Aktivitäten auch in der Arktis beschreibt.

Ein zweites wichtiges, arktisrelevantes Vertragswerk für maritime Aktivitäten in der Region sind die zahlreichen Abkommen der Internationalen Seeschifffahrtsorganisation (International Maritime Organization, IMO), einer Sonderorganisation der Vereinten Nationen (Abschn. 5.2). Besonders relevant sind hierbei das Internationale Abkommen zur Verhinderung mariner Verschmutzung von Schiffen von 1973 (International Convention for the Prevention of Marine Pollution from Ships, MARPOL), das Abkommen zur Verhinderung mariner Verschmutzung durch Müllabladung von 1972 (Convention on the Prevention of Marine Pollution by Dumping of Wastes and Other Matter, auch London Convention genannt) und das dazugehörige Protokoll von 1996, das Internationale Abkommen für die Sicherheit auf See (International Convention for the Safety of Life at Sea, SOLAS) von 1974 und das Internationale Übereinkommen über Vorsorge, Bekämpfung und Zusammenarbeit auf dem Gebiet der Ölverschmutzung (International Convention on Oil Pollution Preparedness, Response and Co-operation, OPRC) von 1990.

Seit Januar 2017 ist überdies der Internationale Code für in polaren Gewässern operierende Schiffe (International Code for Ships Operating in Polar Waters, oder kurz Polar Code) in Kraft. Diese Übereinkunft ist an die MARPOL- und SOLAS-Abkommen gebunden, wodurch sie rechtlich bindend für deren Vertragsparteien ist. Der Polar Code ist das Ergebnis jahrelanger Verhandlungen, um den besonderen Schutz- und Sicherheitsanforderungen von Mensch und Umwelt in Polargebieten Rechnung zu tragen. Kaum dass das Abkommen in Kraft getreten ist, wird vor allem von Umweltschutzorganisationen kritisiert, dass der Polar Code in Sachen Umweltschutz in der Arktis nicht weit genug geht. Besonders wird hierbei angeführt, dass die Nutzung und der Transport von Schweröl in der Arktis nicht verboten wurden, obwohl solch ein Verbot bereits in antarktischen Gewässern besteht (Abschn. 5.2).

Für Fischereiaktivitäten in der Arktis sind die Vereinbarungen der Ernährungs- und Landwirtschaftsorganisation der Vereinten Nationen (Food and Agriculture Organization, FAO) relevant. Hierzu gehören die Vereinbarung über die verstärkte Einhaltung internationaler Schutz- und Managementmaßnahmen durch Fischerei auf Hoher See (Agreement to Promote Compliance with International Conservation and Management Measures by Fishing Vessels on the High Seas) von 1993, der Verhaltenskodex für verantwortungsbewusste Fischerei (Code of Conduct for Responsible Fisheries) von 1995 und die Vereinbarung über den Schutz und das Management von weit wandernden Fischarten (Agreement on Conservation and Management of Straddling Fish Stocks and Highly Migratory Fish Stocks) von 1995.

Unter letzterer Vereinbarung wurden sogenannte Regionale Fischereimanagementorganisationen (Regional Fisheries Management Organizations, RFMOs) gegründet. Diese decken dem Namen entsprechend verschiedene maritime Regionen ab, denen unterschiedliche Vertragsparteien angehören. Die Schutz- und Vorsorgemechanismen sind allerdings unterschiedlich stark ausgeprägt. Außerdem decken einige RFMOs nur spezifische Fischarten ab, beispielsweise Thunfisch oder Lachsarten. Eine Reihe von RFMOs, namentlich die Kommission für die Fischerei im Nordostatlantik (North-East Atlantic Fisheries Commission, NEAFC), die Kommission für anadrome Fische des Nordpazifik (North Pacific Anadromous Fish Commission, NPAFC), die Organisation für die Fischerei im Nordwestatlantik (Northwest Atlantic Fisheries Organization, NAFO), die Organisation für die Erhaltung der Lachsbestände im Nordatlantik (North Atlantic Salmon Conservation Organization, NASCO) und die Internationale Kommission für die Erhaltung der Thunfischbestände im Atlantik (International Commission on the Conservation of Atlantic Tunas, ICCAT) ragen in ihrer Zuständigkeit allesamt auch in arktische Gewässer und sind daher für arktische Fischereiaktivitäten relevant.

Ein arktisspezifisches internationales Abkommen ist der Svalbard-Vertrag, der 1920 von neun Staaten unterzeichnet wurde. Der Vertrag regelt die Souveränität des Svalbard-Archipels und die friedliche Nutzung der dortigen Ressourcen. Der Archipel liegt östlich von Grönland zwischen der Grönlandsee im Westen, der Barentssee im Osten und der Norwegischen See im Süden. Mit dem Vertrag wurde Svalbard formal der Souveränität Norwegens unterstellt. Allerdings genießen die Vertragsstaaten das Recht, gleichberechtigt mit den Norwegern die Ressourcen des Archipels friedlich zu nutzen und dort Arbeit, Handel und Schifffahrt durchzuführen. Außerdem haben alle Bürger der Vertragsstaaten freien Zugang zur Inselgruppe. Gebiete des Archipels dürfen nicht zu Kriegszwecken genutzt werden. Norwegen stehen besondere Regelungsmöglichkeiten zur Verfügung, um sicherzustellen, dass Aktivitäten nicht zulasten der Umwelt gehen. Mittlerweile haben 46 Staaten den Vertrag unterzeichnet.

Konfliktfrei ist die Interpretation des Vertrags gleichwohl nicht. Besonders heikel ist die Tatsache, dass der Vertrag 62 Jahre vor dem SRÜ geschlossen wurde und die rechtlichen Konzepte des SRÜ zur Abgrenzung der verschiedenen maritimen Zonen damit nicht berücksichtigt wurden. Deutlich wird dies an der Frage, ob Norwegen den Vertragsstaaten die gleichen Rechte zur Ausbeutung der Ressourcen in der AWZ und einer möglicherweise in Zukunft erweiterten Festlandsockelgrenze des Svalbard-Archipels unter dem SRÜ zugestehen muss; der Svalbard-Vertrag selbst erwähnt nur die Inseln und Hoheitsgewässer[4] des Archipels. Norwegen verweigert dies bislang, wogegen andere Staaten – vor allem Russland – dies einfordern.

---

[4]Zum Zeitpunkt des Abschlusses des Svalbard-Vertrags betrugen diese traditionell 4 sm.

Im weiteren Sinne sind auch das Internationale Abkommen zur Regulierung des Walfangs von 1946 und die Biodiversitätskonvention von 1992 für die Arktis relevant. Walfang hat, wie eingangs bereits beschrieben, in der Arktis eine lange Tradition. Groß angelegte Walfangaktionen im 19. Jahrhundert haben große Walbestände in arktischen Gewässern erheblich dezimiert, während heute Walfang vor allem noch zur Subsistenzwirtschaft und als Teil der Kultur der indigenen Bevölkerung praktiziert wird. Das Walfangabkommen setzt rechtlich bindende Fangquoten für kommerziellen und Subsistenzwalfang. Alle Arktisstaaten sind Vertragsstaaten des Abkommens, nur Kanada hat das Abkommen 1982 verlassen. Die biologische Diversität in der Arktis ist einzigartig und Ökosysteme sind dort aufgrund der besonderen klimatischen und Umweltverhältnisse äußerst fragil. Die Biodiversitätskonvention mit den Zielen, die biologische Vielfalt überall auf der Welt zu schützen und ihre Bestandteile nachhaltig zu nutzen, ist daher auch für die Arktis von hoher Relevanz. Alle Arktisstaaten (außer den USA) haben die Konvention ratifiziert.

3.3   Regionale Institutionen

Eine zweite relevante räumliche Ebene der arktischen Governance umfasst Institutionen, die sich meist ausschließlich mit arktisspezifischen, regionalen Belangen befassen und in denen vorwiegend Arktisstaaten Mitglied sind. Die hervorstechendste Institution in diesem Bereich ist der Arktische Rat, welcher durchweg als wichtigstes politisches Forum für die Arktisregion bezeichnet wird (Nord 2016). Der Rat geht historisch aus einer Initiative Finnlands zu stärkerer Kooperation im Umweltbereich in der Arktis zurück. Der sogenannte Rovaniemi-Prozess wurde durch eine berühmte Rede Michail Gorbatschows in Murmansk im Jahre 1987 angestoßen, in der er unter anderem die Region als „Zone des Friedens" ausrief und für mehr Kooperation zwischen den Arktisstaaten warb. Finnland griff diesen Impetus auf, welcher nach einer Reihe von Konferenzen in Rovaniemi, Yellowknife und Kiruna seit 1989 zu der Verabschiedung der Arctic Environmental Protection Strategy (AEPS) im Jahre 1991 führte (Koivurova und Van der Zwaag 2007). Das Hauptziel der AEPS war die Stärkung der Forschungskooperation zwischen den Arktisstaaten zu Umweltverschmutzung in der Arktis, vor allem in Bezug auf schwer abbaubare organische Schadstoffe (Persistent Organic Pollutants, POPs), Ölverschmutzung, Schwermetalle, Lärm, Radioaktivität und die Übersäuerung der Meere. Zur Umsetzung dieses Zieles wurden mit dem Programm zur Beobachtung und Bewertung der Arktis (AMAP), der Arbeitsgruppe zum Schutz der arktischen marinen Umwelt (Protection of the Arctic Marine Environment, PAME), der Arbeitsgruppe zur Notfallprävention, -vorsorge und -abwehr (Emergency Prevention, Preparedness and Response, EPPR) und der Arbeitsgruppe zum Erhalt arktischer Flora und Fauna (Conservation of Arctic Flora and Fauna, CAFF) eine Reihe von Arbeitsgruppen geschaffen, die bereits die Grundstruktur des heutigen Arktischen Rates vorgaben (Abb. 3.3).

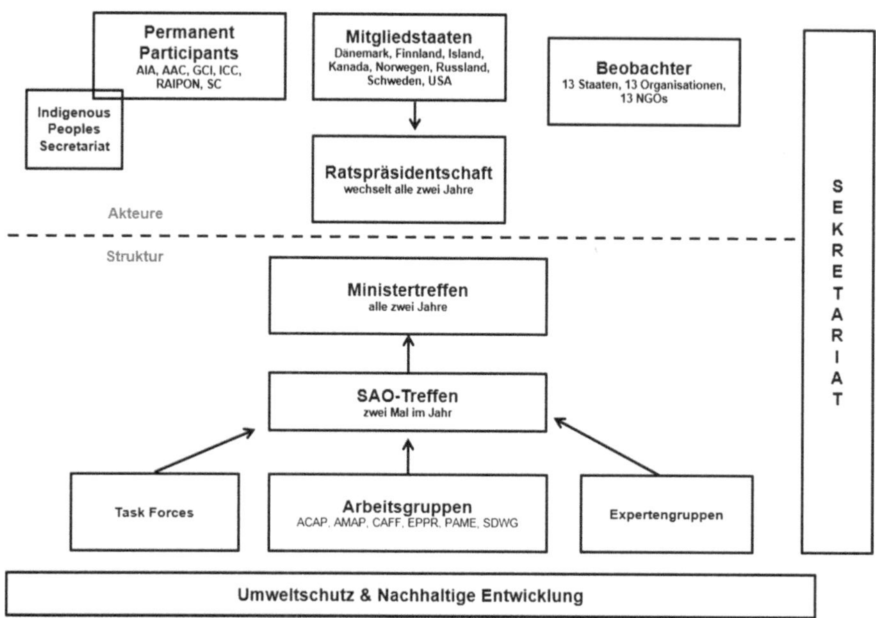

Abb. 3.3 Struktur und Akteure des Arktischen Rates. (Keil 2018, S. 3)

In den frühen 1990er Jahren verfolgte Kanada bereits ein weitergehendes Ziel arktischer Kooperation mit der Etablierung eines Arktischen Rates der acht arktischen Staaten.[5] Entsprechend der Ausrichtung der kanadischen Arktispolitik sollte der Rat neben Umweltaspekten vor allem Belange der arktischen Bevölkerung – von nachhaltiger Entwicklung bis zur Mitwirkung indigener Bevölkerungsgruppen reichend – auf der Agenda haben. Entgegen der ursprünglichen kanadischen Intention eines Arktischen Rates mit Rechtspersönlichkeit und breitem Mandat (inklusive Sicherheitsfragen) wurde auf Drängen vor allem der USA 1996 „nur" ein hochrangiges politisches Forum *(high level forum)* für intergouvernementale Zusammenarbeit geschaffen. Damit wurde mit dem Rat keine Internationale Organisation etabliert, sondern eine Plattform für die Förderung von Austausch, Koordination und Interaktion zwischen den arktischen Staaten unter Mitwirkung vor allem der arktischen indigenen Bevölkerung, wie es in der Gründungsakte des Rates, der Ottawa-Deklaration, heißt (English 2013).

Im Fokus der Arbeit des Rates stehen die beiden Säulen Umweltschutz – welche im Wesentlichen durch die von der AEPS übernommenen Arbeitsgruppen repräsentiert wird – und nachhaltige Entwicklung. Letzterem hat sich die Arbeits-

---

[5]Die Idee einer gemeinsamen Institution der Arktisstaaten kam bereits 1970 auf. Der kanadische Rechtswissenschaftler Maxwell Cohen schlug einen „Arctic Basin Treaty" als Antwort auf die Kontroverse um kanadische Souveränität in der Arktis vor, welche durch die Fahrt der amerikanischen *SS Manhattan* durch die Nordwestpassage im Jahr zuvor ausgelöst wurde.

gruppe für nachhaltige Entwicklung (SDWG) des Arktischen Rates angenommen, welche 1998 gegründet wurde und sich mit den Themen Gesundheit, sozioökonomische Entwicklungen und Herausforderungen vor allem für die indigene Bevölkerung, Energiesicherheit sowie Schutz und Förderung von Kultur und Sprache der indigenen Bevölkerung beschäftigt. 2006 wurde noch eine sechste Arbeitsgruppe eingesetzt, das Aktionsprogramm für arktische Schadstoffe (Arctic Contaminants Action Programme, ACAP), welches zuvor als Lenkungsausschuss von AMAP bestanden hatte. Sie setzt sich für verstärkte Reduktionen von Emissionen und anderen Schadstoffen in der Arktis ein.

Der Arktische Rat kennt drei unterschiedliche Mitgliedschaftskategorien: Mitgliedstaaten, Permanent Participants (PPs) und Beobachter (Abb. 3.3). Deren Status, die damit verbundenen Partizipationsrechte sowie der Beitrittsprozess sind im Gründungsdokument, der Ottawa-Deklaration von 1996 (Arctic Council 1996), in der Verfahrensordnung (Arctic Council 2013) sowie dem Leitfaden für Akteure mit Beobachterstatus (Arctic Council 2015) geregelt.

Die Ottawa-Deklaration legt fest, dass allein die acht Arktisstaaten vollwertige Mitglieder des Arktischen Rates sind. Der Status eines Permanent Participant ist indigenen Organisationen vorbehalten und wird gegenwärtig von der Aleut International Association (AIA), dem Arctic Athabaskan Council (AAC), dem Gwich'in Council International (GCI), dem Inuit Circumpolar Council (ICC), der Russian Association of Indigenous Peoples of the North (RAIPON) sowie dem Saami Council (SC) gehalten (Abschn. 2.3). In administrativen Fragen werden die PPs von dem Indigenous Peoples' Secretariat (IPS) mit Sitz in Tromsø unterstützt. Das Sekretariat koordiniert die Mitwirkung der PPs in Prozessen des Arktischen Rates und soll dafür sorgen, deren Einfluss auf die Arbeit des Forums möglichst zu erhöhen. Da die Anzahl der PPs zu jeder Zeit niedriger als die der Mitgliedstaaten sein soll, könnte grundsätzlich noch eine siebte Vertreterorganisation für indigene Interessen dem Rat beitreten. Derartige Bestrebungen gibt es allerdings derzeit nicht. Der Arktische Rat ist die einzige IGO weltweit, in der indigene Vertreter gleichberechtigt mit staatlichen Akteuren verhandeln und in alle Entscheidungsebenen und -prozesse des Rates vollumfänglich eingebunden werden müssen. Ihr Konsultativrecht endet erst bei der Abstimmung über Entscheidungen, die im Konsensverfahren von den acht Arktisstaaten getroffen werden. Diese Form der Partizipation wird in der Praxis auch durchweg in den verschiedenen Ebenen des Rates umgesetzt.

Neben den Arbeitsgruppen gibt es seit einigen Jahren auch Task Forces und Expertengruppen (Abb. 3.3), die für begrenzte Zeit eingesetzt werden, um dezidiert anlassbezogene Mandate zu erfüllen, beispielsweise zur Ausarbeitung von Abkommen zu internationaler wissenschaftlicher Kooperation, Seerettungsmaßnahmen und Kooperation bei Ölverschmutzungen. Oberhalb dieser Arbeitsebene finden regelmäßig Treffen zwischen hohen Regierungsbeamten als Vertreter der Arktisstaaten (der sogenannten Senior Arctic Officials, SAOs) statt.

Der Vorsitz des Rates wechselt alle zwei Jahre als Ratspräsidentschaft zwischen den Arktisstaaten nach einem festgelegten Turnus. Auf sogenannten Ministertreffen, auf denen sich Außenminister oder andere Minister der Arktisstaaten alle zwei Jahre treffen, finden die Bestandsaufnahme der abgelaufenen Ratspräsidentschaft sowie die Übergabe an die nächste statt. Die SAO-Treffen sowie Treffen der Arbeitsgruppen, Task Forces und Expertengruppen finden häufiger statt, in der Regel zweimal im Jahr (Abb. 3.3).

Wie bereits erwähnt, ist eine dritte Kategorie der Mitwirkung im Rat die der Beobachter, welche es bereits in der AEPS gab. Dieser Status kann nach Zustimmung aller acht Arktisstaaten an drei verschiedene Akteursgruppen vergeben werden: 1) nichtarktische Staaten, 2) intergouvernementale und interparlamentarische Organisationen sowie 3) NROs (Abschn. 2.4, 2.5). Dieser Status hält nur so lange an, wie darüber Konsens unter den acht Mitgliedstaaten herrscht. Außerdem räumt der Rat den Beobachtern weitaus weniger Partizipationsrechte ein als den PPs. Tab. 3.1 fasst die Entscheidungen über Anträge für einen Beobachterstatus in diesen drei Kategorien seit dem ersten Ministertreffen im Jahre 1998 zusammen. Manche Anträge auf einen Beobachterstatus wie die von Greenpeace und der EU waren in der Vergangenheit bis zuletzt nicht erfolgreich. Andere, wie beispielsweise die 2013 zugelassenen asiatischen Beobachterstaaten und Italien oder die 2017 zugelassene Schweiz, sind erst mit Verzögerung bewilligt worden. Die Arktisstaaten setzen bei der Bewertung der Anträge einen umfassenden Kriterienkatalog an. So werden erfolgreiche Anträge für den Beobachterstatus unter anderem daran gemessen, ob der Bewerber

- die Ziele des Arktischen Rates, wie in der Ottawa-Deklaration festgehalten, respektiert und unterstützt,
- die Souveränität, souveränen Rechte und Hoheitsbefugnisse der Arktisstaaten in der Region achtet,
- die Gültigkeit eines weitreichenden Rechtsrahmens, insbesondere des internationalen Seerechtes, für ein verantwortungsvolles Management des Arktischen Ozeans anerkennt,
- die Werte, Interessen, Kultur und Traditionen der arktischen indigenen Bevölkerung und anderer Bewohner der Arktis respektiert,
- den politischen Willen sowie die finanzielle Befähigung zeigt, zur Arbeit der PPs und anderer arktischer indigener Bevölkerungen beizutragen,
- eigene Interessen und für die Arbeit des Arktischen Rates relevante Expertise aufzeigt
- sowie ein konkretes Interesse und die Fähigkeit demonstriert, die Arbeit des Arktischen Rates zu unterstützen, einschließlich durch Partnerschaften mit Mitgliedstaaten und PPs mit dem Ziel, arktische Angelegenheiten in globale Entscheidungsinstanzen zu tragen (Arctic Council 2013, S. 14).

Tab. 3.1 Beitritte von Beobachtern zum Arktischen Rat.

Akteur	Beitritt	Typus
Deutschland	1998	Staat
Niederlande	1998	Staat
Polen	1998	Staat
Vereinigtes Königreich	1998	Staat
Standing Committee of the Parliamentarians of the Arctic Region (SCPAR)	1998	IParlO
Nordischer Ministerrat (NCM)	1998	IGO
Wirtschaftskommission für Europa der vereinten Nationen (UNECE)	1998	IGO
Umweltprogramm der Vereinten Nationen (UNEP)	1998	IGO
International Arctic Science Committee (IASC)	1998	NRO
International Union for Circumpolar Health (IUCH)	1998	NRO
Northern Forum	1998	NRO
World Wide Fund for Nature (WWF)	1998	NRO
Frankreich	2000	Staat
Internationale Föderation der Rotkreuz- und Rothalbmond-Gesellschaften (IFRC)	2000	IGO
Weltnaturschutzunion (IUCN)	2000	IGO
North Atlantic Marine Mammal Commission (NAMMCO)	2000	IGO
Advisory Committee on Protection of the Sea (ACOPS)	2000	NRO
Association of World Reindeer Herders (AWRH)	2000	NRO
Circumpolar Conservation Union (CCU)	2000	NRO
International Arctic Social Science Association (IASSA)	2000	NRO
Entwicklungsprogramm der Vereinten Nationen (UNDP)	2002	IGO
International Work Group for Indigenous Affairs (IWGIA)	2002	NRO
University of the Arctic	2002	NRO
Nordic Environment Finance Corporation (NEFCO)	2004	IGO
Arctic Institute of North America (AINA)	2004	NRO
Spanien	2006	Staat
China	2013	Staat
Indien	2013	Staat
Italien	2013	Staat
Japan	2013	Staat
Südkorea	2013	Staat
Singapur	2013	Staat
Schweiz	2017	Staat
Westnordischer Rat	2017	IParlO
Internationaler Rat für Meeresforschung (ICES)	2017	IGO

(Fortsetzung)

Tab. 3.1   (Fortsetzung)

Akteur	Beitritt	Typus
OSPAR-Kommission	2017	IGO
Weltorganisation für Meteorologie (WMO)	2017	IGO
National Geographic Society	2017	NRO
Oceana	2017	NRO

Mit der letzten Erweiterungsrunde auf dem 10. Ministertreffen in Fairbanks (Alaska) im Mai 2017 sind nun jeweils 13 Akteure in jeder Beobachterkategorie zugelassen. Alle drei Kategorien genießen identische Partizipationsrechte und -pflichten. Auch das unterscheidet den Arktischen Rat von vielen anderen internationalen Institutionen, in denen beispielsweise staatlichen und nichtstaatlichen Drittakteuren unterschiedliche Beteiligungsmöglichkeiten eingeräumt werden.

Hauptzweck des Beobachterstatus war seit jeher im wahrsten Sinne des Wortes die teilnehmende Beobachtung der Prozesse im Arktischen Rat. Insbesondere auf der politischen Ebene der Minister- und SAO-Treffen reduziert sich die Teilnahme der Beobachter oftmals auf die Rolle eines Zuschauers ohne die Möglichkeit der unmittelbaren Intervention[6] in Verhandlungen oder konkreten Projekten. Sie können hier nur minimalen Einfluss geltend machen, erfahren dafür aber den Sachstand der vom Rat anvisierten Ziele und Mittel für die Governance der Region. Die Verfahrensordnung des Rates sieht vor, dass Beobachter sich hauptsächlich auf der Ebene der Arbeitsgruppen, Task Forces und Expertengruppen einbringen, wo sie auch mehr direkte Partizipationsrechte genießen (Arctic Council 2013, S. 9).

Der Arktische Rat hat die Möglichkeiten der Mitwirkung auf der wissenschaftlichen Arbeitsebene im Jahr 2015 konkretisiert, um die Einbindung von Drittakteuren zu stärken. Der aktuelle Leitfaden für Akteure mit Beobachterstatus sieht demnach vor, dass Beobachter besser über Treffen, Vorgänge, laufende und geplante Projekte sowie geeignete Ansprechpartner auf der Arbeitsebene informiert werden sollen. Zudem sind die Vorsitzenden der Arbeits- und Expertengruppen sowie Task Forces angehalten, Beobachtern jede Möglichkeit der Partizipation einzuräumen, insbesondere in Form mündlicher oder schriftlicher Stellungnahmen, der direkten Diskussionsbeteiligung über Projekte und der Einbringung zusätzlicher relevanter Dokumente und Informationen. Und schließlich sind Beobachter aufgefordert, eigene Projektideen in die Arbeitsgruppen einzubringen[7] und sich konkret an laufenden Projekten zu beteiligen, sei es in Form der Einbindung von Wissenschaftlern und Experten, finanziellen Zuwendungen oder der Ausrichtung projektbezogener Workshops und Arbeitstreffen (Arctic Council 2015, S. 11–13). Trotz dieser Maßnahmen kommt

---

[6]Allerdings dürfen Beobachter auf Ministertreffen schriftliche Stellungnahmen einreichen.

[7]Dies muss allerdings in Kooperation mit einem Mitgliedstaat oder PP geschehen.

die jüngere politikwissenschaftliche Forschung zu dem Schluss, dass die Einbindung von Beobachtern in die Arbeitsgruppen des Rates extrem variiert und von Teilen der Beobachter nach wie vor stark vernachlässigt wird (Knecht 2017). So gelten beispielsweise Südkorea, die Niederlande und der WWF als vergleichsweise aktive und gut integrierte Beobachter, während Akteure wie Spanien, die Wirtschaftskommission für Europa (United Nations Economic Commission for Europe, UNECE) und das Entwicklungsprogramm der Vereinten Nationen (United Nations Development Programme, UNDP) sowie die Internationale Rotkreuz- und Rothalbmond-Bewegung (International Federation of Red Cross and Red Crescent Societies, IFRC) nur vereinzelt bis gar nicht an Arbeitsgruppentreffen teilnehmen. Auch Deutschland war bis zuletzt, obwohl seit 1998 Beobachter, nur mäßig in die Aktivitäten der Arbeitsgruppen eingebunden. Das hat sich mit der Einrichtung des Deutschen Arktisbüros in Potsdam im Januar 2017 sichtbar geändert, in deren Folge für alle sechs Arbeitsgruppen sowie für einzelne Task Forces und Expertengruppen Ansprechpartner und Experten unter anderem vom Umweltbundesamt (UBA), dem Bundesamt für Naturschutz (BfN), dem Deutschen Zentrum für Luft- und Raumfahrt (DLR), dem Alfred-Wegener-Institut Helmholtz-Zentrum für Polar- und Meeresforschung (AWI) und dem Institut für transformative Nachhaltigkeitsforschung (IASS) nominiert wurden. Damit rückt Deutschland einem der in den *Leitlinien deutscher Arktispolitik* von 2013 formulierten Kernziele näher, „die deutsche Beobachterrolle im Arktischen Rat zu stärken" (Auswärtiges Amt 2013, S. 2).

Seit seiner Gründung 1996 hat sich der Rat institutionell wie inhaltlich erheblich weiterentwickelt. Zur Verstetigung der Arbeit des Rates und zur Unterstützung des jeweiligen Vorsitzes wurde 2013 ein Ständiges Sekretariat (Arctic Council Secretariat) in Tromsø in Nordnorwegen eröffnet. Vorher war das Sekretariat immer in dem Land angesiedelt, das gerade die Präsidentschaft innehatte, wodurch jedes Mal aufs Neue Expertise aufgebaut werden musste, was dem „institutionellen Gedächtnis" des Rates beispielsweise in Form eines gut organisierten Archivs durchaus abträglich war. Der Impetus für das Ständige Sekretariat wurde durch die aufeinanderfolgenden Präsidentschaften von Norwegen, Dänemark und Schweden von 2006 bis 2013 gegeben, die sich für die Dauer ihrer Präsidentschaften ein gemeinsames Sekretariat in Tromsø einrichteten. Eine weitere wichtige Entwicklung ist die Erweiterung des Beobachterkreises; während bei der Unterzeichnung der Ottawa-Deklaration 1996 vier nichtarktische Staaten (Großbritannien, Deutschland, Polen und die Niederlande) sowie drei intergouvernementale und interparlamentarische Organisationen[8] und vier NROs[9] anwesend waren, haben heute jeweils 13 nichtarktische Staaten, intergouvernementale und interparlamentarische Organisationen sowie NROs Beobachterstatus im Arktischen Rat (Abschn. 2.4 und 2.5).

---

[8]Der Ständige Ausschuss der Parlamentarier der Arktischen Region (SCPAR), der Nordische Ministerrat (NCM), das Umweltprogramm der Vereinten Nationen (UNEP) und die Weltnaturschutzunion (International Union for Conservation of Nature, IUCN).

[9]Die International Union for Circumpolar Health (IUCH), das Internationale Arktische Wissenschaftskomitee (International Arctic Science Committee, IASC), der Beratende Ausschuss für den Schutz des Meeres (ACOPS) und der World Wide Fund for Nature (WWF).

Ebenfalls ein Meilenstein war die Aushandlung dreier rechtlich bindender Abkommen zwischen den Arktisstaaten im Rahmen des Arktischen Rates zu wichtigen, die gesamte Arktis betreffenden Sachverhalten. Es handelt sich um das Abkommen zu Such- und Rettungsoperationen in der Arktis (Agreement on Cooperation on Aeronautical and Maritime Search and Rescue in the Arctic, AMSAR) von 2011, das Abkommen zur Notfallvorsorge und Gefahrenabwehr bei marinen Ölverschmutzungen (Agreement on Cooperation on Marine Oil Pollution Preparedness and Response, MOPPR) von 2013 und das Abkommen zur Verbesserung der wissenschaftlichen Zusammenarbeit in der Arktis (Agreement on Enhancing International Arctic Scientific Cooperation, ASC) von 2017. Es ist zu betonen, dass diese Abkommen keine Abkommen des Arktischen Rates sind, da dieser aufgrund mangelnder Rechtspersönlichkeit solche nicht aktiv als Organ aushandeln kann. Vielmehr nutzen die Arktisstaaten den Rat in seiner Funktion als Forum, um die Abkommen untereinander auszuhandeln und zu beschließen.

Trotz der zahlreichen Weiterentwicklungen sieht sich der Rat auch großen Herausforderungen gegenüber, die teils bereits seit seiner Entstehung immer wieder diskutiert werden. Zu den häufig bemängelten Schwächen und Defiziten des Rates gehören unklare und teils überschneidende Kompetenzen zwischen den Arbeitsgruppen, ungenügende Informationen und Datenzugang zu den einzelnen Projekten der Arbeitsgruppen, Unklarheit über abgeschlossene und laufende Projekte und eine Überlastung des Rates durch zu viele Projekte sowie Finanzierungsschwierigkeiten und Abhängigkeit der Arbeitsgruppen von freiwilligen Beiträgen der Mitgliedstaaten. In allen diesen Bereichen sind vereinzelt Schritte unternommen worden, um die Defizite des Rates zu beheben, allerdings sind umfassende Reformen bislang ausgeblieben. Beispielsweise wird in den Arbeitsgruppen seit einigen Jahren ein stärkerer Fokus auf Zusammenarbeit über Arbeitsgruppen hinweg durch Identifizierung von gemeinsamen Themen und Projekten gelegt. Um den Status und Verlauf von Projekten nachzuverfolgen, wurde das Amarok Tracking Tool entwickelt. Schließlich wurde 2004 das Arctic Council Project Support Instrument (PSI) eingesetzt, wodurch Projekte zur Bekämpfung von Umweltverschmutzung in der Arktis finanziell gefördert werden.

Reformvorschläge für den Rat betreffen die Repräsentation verschiedener Akteursgruppen, den Umfang des Mandats und der Agenda des Rates sowie den Zweijahresturnus seiner Ratspräsidentschaften (Keil 2018). Zum Thema Repräsentation stellt sich vor dem Hintergrund des steigenden internationalen Interesses an der Arktis die Frage, welche Akteure in welcher Funktion im Rat vertreten sein sollen und wie viele Akteure der Rat verkraften kann. Diese Fragen sind vor allem vor dem Hintergrund der bereits erfolgten Aufnahme zahlreicher Beobachter in den letzten Jahren sowie einer nach wie vor langen Schlange von Beobachterbewerbungen zu sehen (Abschn. 2.4). Zudem gibt es ein Spannungsverhältnis zwischen den Erwartungen der Beobachter bezüglich ihrer Einflussmöglichkeiten und der Rolle, die die Arktisstaaten und PPs den Beobachtern zugestehen. Beispielsweise wird auf Ministertreffen den Beobachtern eine reine Beobachterrolle zugedacht, während in den Arbeitsgruppen erwartet wird, dass sie sich substanziell in die Arbeit des Rates einbringen (s. oben). Einige Beobachter haben hierauf konsterniert reagiert, da sie mit Mitteln und Ressourcen beitragen sollen, aber aus den wichtigen Entscheidungen des Rates herausgehalten werden und kaum Möglichkeit der Einfluss- oder zumindest Stellungnahme auf den SAO- und Ministertreffen haben.

Bezüglich des Umfangs des Mandats und der Agenda des Rates gibt es ein Spannungsverhältnis zwischen dem Wortlaut der Ottawa-Deklaration, nach dem der Rat lediglich ein „Forum" ist auf dem Umwelt- und Nachhaltigkeitsthemen der Arktisregion diskutiert werden und der Ansicht einiger Kommentatoren, dass sich der Rat mehr und mehr in Richtung einer vollwertigen Internationalen Organisation entwickeln sollte. Erste Schritte in diese Richtung sind mit der Etablierung des Ständigen Sekretariats sowie der Verabschiedung zwischenstaatlicher Vereinbarungen unter der Ägide des Rates bereits erfolgt. Eine anhaltende Debatte betrifft die Frage, ob der Rat entgegen der Ottawa-Deklaration aufgrund der veränderten (geo)politischen Gemengelage in der Region und darüber hinaus sich auch mit Sicherheits- und sogar Verteidigungsfragen auseinandersetzen sollte (Humrich 2015; Keil 2018, S. 5 f.). Während einige dies für geboten halten, warnen andere davor, den Rat in den Bereich der *high politics* zu führen, da damit die Gefahr einer Blockade des Rates bei Meinungsverschiedenheiten zwischen den Arktisstaaten steigt. Die Fokussierung des Rates auf „weiche" Kooperationsthemen wie Umweltschutz und nachhaltige Entwicklung würde hingegen dafür sorgen, dass arktische Kooperation auch in Zeiten von Konflikten in anderen Regionen, in denen Arktisstaaten involviert sind, fortgeführt werden kann.

An dem Zweijahresturnus der Ratspräsidentschaften wird aufgrund der damit einhergehenden mangelnden Kontinuität häufig Kritik geübt. Mit diesem System etabliere jeder Staat sein individuelles Programm mit eigenen Schwerpunkten nach nationalen Prioritäten. Während beispielsweise Kanada für seine Präsidentschaft von 2013 bis 2015 einen Fokus auf die wirtschaftliche Entwicklung arktischer Regionen wählte, konzentrierte sich die folgende US-Präsidentschaft von 2015 bis 2017 auf globale Themen wie den Klimawandel. Mit der Initiative von Norwegen, Dänemark und Schweden von 2006 bis 2013 wurde bereits versucht, dem Kontinuitätsproblem auch inhaltlich zu begegnen, allerdings hat es bislang keine institutionalisierten Bemühungen gegeben, den Rat inhaltlich langfristiger aufzustellen. Mit dem Ständigen Sekretariat wurde wenigstens im Sinne der Verwaltung des Rates etwas Beständigkeit geschaffen.

Außerhalb des Arktischen Rates haben die Küstenstaaten der Arktis, also die A5, überdies als eigenständige Formation fungiert, allerdings nicht in Form fest institutionalisierter Zusammenkommen, sondern in Ad-hoc- beziehungsweise themenspezifischen Zusammenkünften. Dies begann 2008 mit einem Treffen von Ministerialvertretern der fünf Staaten im grönländischen Ilulissat, welche in der Ilulissat-Deklaration mündete, die die besondere Rolle und Verantwortung der Küstenstaaten für maritime Belange der Region betont (Ilulissat-Deklaration 2008). Nach einem weiteren Treffen der A5 im kanadischen Chelsea in 2010 fanden keine weiteren generellen Treffen der A5 auf hoher ministerieller Ebene mehr statt. Dies ist ein Ergebnis der teilweise starken Kritik, mit der sich die Formation sowohl von ausgeschlossenen Akteuren – vor allem den anderen drei arktischen Staaten Island, Schweden und Finnland sowie den Vertretern indigener Organisationen und

Beobachtern im Arktischen Rat – als auch von Vertretern der A5 selbst, allen voran der damaligen US-Außenministerin Hillary Clinton, konfrontiert sah. Allerdings fanden weiterhin Treffen auf niedrigerer politischer Ebene und zu spezifischen Themen statt, insbesondere im Bereich Fischerei in Gebieten der Hohen See des Arktischen Ozeans. Dies gipfelte in der 2015 verabschiedeten, rechtlich nicht bindenden Oslo-Deklaration zur Verhinderung von ungeregelter Fischerei in der Hohen See des Arktischen Ozeans (Declaration Concerning the Prevention of Unregulated High Seas Fishing in the Central Arctic Ocean). Der Kernpunkt der Vereinbarung ist die Übereinkunft der Küstenstaaten, keinen kommerziellen Fischfang in der Hohen See des Arktischen Ozeans zu erlauben, der nicht durch Fischereimanagementorganisationen oder andere Regelungen abgedeckt ist. Da für dieses Gebiet bislang keine solche Regelungen bestehen, kommt die Vereinbarung einem Moratorium kommerziellen Fischfangs in der Hohen See des Arktischen Ozeans gleich. Seit 2015 haben die A5 Konsultationen bezüglich der Umsetzung des in der Deklaration vereinbarten Moratoriums unter Einschluss anderer Akteure, darunter Island, die EU, China, Japan und Südkorea, vollzogen. Dies mündete in der rechtlich bindenden Vereinbarung zur Verhinderung von ungeregeltem kommerziellen Fischfang in der Hohen See des Arktischen Ozeans (Agreement to Prevent Unregulated Commercial Fishing in the High Seas area of the Central Arctic Ocean, AHSFCAO) zwischen den neun Staaten und der EU vom Dezember 2017, für 16 Jahre keinen kommerziellen Fischfang in den Hohe-See-Gebieten des Arktischen Ozeans zuzulassen.

Neben dem Arktischen Rat und den A5 gibt es noch eine Reihe weiterer regionaler Institutionen in der arktischen Governance-Landschaft. Eine unter der Ägide des Arktischen Rates im Rahmen einer Task Force entwickelte Institution ist der 2014 gegründete Arctic Economic Council (AEC). Zunächst als Circumpolar Business Forum geplant (so auch der Name der Task Force), wurde unter der kanadischen Ratspräsidentschaft von 2013 bis 2015 eine unabhängige Organisation in Form des AEC etabliert. Die Aufgaben des AEC sind die Förderung von Geschäftsbeziehungen zwischen arktischen Staaten und die wirtschaftliche Entwicklung der Region. Obwohl institutionell unabhängig, berichtet der AEC dem Arktischen Rat zu Themen der wirtschaftlichen Entwicklung der Arktis. Der AEC umfasst Arbeitsgruppen zu den Themen Schifffahrt, Telekommunikationsinfrastruktur, verantwortungsbewusster Ressourcenabbau sowie traditionelles Wissen, Administration und Förderung klein- und mittelständischer Unternehmen. Der Exekutivausschuss des AEC überwacht die Strategie und Implementierung der Aktivitäten des Rates. Der Vorsitz des Exekutivausschusses wird immer von einem Vertreter des Arktisstaates gehalten, der auch den Vorsitz im Arktischen Rat innehat. Im Governance-Ausschuss kommen Vertreter der Arktisstaaten und der PP-Organisationen zusammen. Der AEC wird seit 2015 von einem eigenen Sekretariat in Tromsø unterstützt.

Eine weitere regionale Institution ist der 1993 etablierte Barents Euro-Arctic Council (BEAC), dem die Staaten Dänemark, Finnland, Island, Norwegen, Russland und Schweden sowie die Europäische Kommission angehören. Regionale Zusammenarbeit und nachhaltige Entwicklung für die Barentsregion sind die übergeordneten Ziele der Institution. Vor dem Hintergrund der militärischen

Aktivitäten während des Kalten Krieges soll die kontinuierliche Kooperation zwischen den Barentsstaaten Stabilität und Sicherheit in der Region garantieren. Der BEAC arbeitet in Form von Arbeitsgruppen zu wirtschaftlicher Zusammenarbeit, Umwelt, Rettungsmaßnahmen und Transport. Der Vorsitz des BEAC wechselt alle zwei Jahre zwischen den Mitgliedstaaten. Der BEAC sowie der Barents Regional Council (Abschn. 3.4) werden von dem International Barents Secretariat organisatorisch und administrativ unterstützt.

Der 1971 gegründete Nordische Ministerrat (Nordic Council of Ministers, NCM) dient der zwischenstaatlichen Zusammenarbeit zwischen den nordischen Staaten Dänemark, Norwegen, Schweden, Finnland, Island und der autonomen Gebiete der Färöer-Inseln, Grönland und Åland. Der Rat gliedert seine Arbeit in themenspezifische Gremien zu Arbeit, Energie, Fischerei, Landwirtschaft, Gleichberechtigung, Kultur, Umwelt, Gesundheit und soziale Themen, Forschung und Ausbildung sowie Finanzen. Diese Themen werden von sogenannten Committees of Senior Officials, in denen Staatsbedienstete aus den nordischen Ländern vertreten sind, bearbeitet. Die Präsidentschaft des Rates wechselt jedes Jahr zwischen den fünf nordischen Staaten. Nicht zu verwechseln mit dem NCM ist der Nordic Council. Dieser ist das interparlamentarische Pendant zu der intergouvernementalen Kooperation im Ministerrat. Der Nordic Council wurde bereits 1952 gegründet und besteht aus 87 gewählten Vertretern aus den fünf nordischen Staaten und den drei autonomen Gebieten. Der Rat erarbeitet nicht bindende Empfehlungen für die Regierungen der nordischen Staaten in verschiedenen Fachausschüssen, zum Beispiel zu wirtschaftlicher Entwicklung, Bildung und Kultur.

Auf parlamentarischer Ebene gibt es des Weiteren die Conference of Parliamentarians of the Arctic Region (CPAR), in der Parlamentarier aller acht Arktisstaaten sowie des Europaparlaments alle zwei Jahre zusammenkommen. Indigene Vertreter sind als PPs vertreten, und auch Beobachter haben Zugang zu dem Gremium. Die erste Konferenz fand 1993 statt. Die CPAR wird seit 1994 von einem Ständigen Ausschuss unterstützt, der sich mehrere Male pro Jahr trifft und die Kooperation zwischen den Konferenzen aufrechterhält. Als Ständiger Ausschuss der Parlamentarier der Arktischen Region (Standing Committee of Parliamentarians of the Arctic Region, SCPAR) nimmt der Ausschuss an Sitzungen des Arktischen Rates als Beobachter teil.

3.4 Subnationale Institutionen

Die dritte und letzte hier vorgestellte räumliche Ebene ist die der subnationalen Institutionen, welche Kooperation zwischen Akteuren unterhalb der Staatsebene einschließt, zum Beispiel regionale Organisationseinheiten wie Bundesstaaten oder Organisationen von Minderheiten. Von besonderer Bedeutung für arktische Governance sind die Organisationen der Indigenen Völker (Indigenous Peoples' Organizations, IPOs), nicht zuletzt aufgrund ihrer herausgehobenen Rolle als

PPs im Arktischen Rat. Die sechs IPOs im Arktischen Rat vertreten zwar einen Großteil der ca. 400.000 Indigenen der Arktis, aber nicht alle indigenen Gruppen (Abschn. 2.3 und 3.3). Institutionell sind die IPOs unterschiedlich aufgestellt, was durch ihre verschiedene historische Entwicklung, rechtliche Stellung in Bezug auf den Nationalstaat, räumliche Ausdehnung und Heterogenität ihrer Mitglieder sowie finanzielle und personelle Ausstattung bedingt ist. Institutionell werden die IPOs durch das IPS in Tromsø unterstützt.

Der 1993 gegründete Barents Regional Council (BRC) ist das interregionale Pendant zu dem intergouvernementalen Barents Euro-Arctic Council (BEAC) (Abschn. 3.3). Der BRC besteht aus 14 Regionen der BEAC-Mitgliedstaaten Finnland, Norwegen, Russland und Schweden. Die drei Arbeitsgruppen des BRC beschäftigen sich mit Umwelt, Transport und Logistik sowie Investitionen und wirtschaftliche Kooperation. Daneben gibt es gemeinsame Arbeitsgruppen zwischen BRC and BEAC, die sich mit Kultur, Forschung und Ausbildung, Energie, Gesundheit und soziale Themen, Tourismus und Jugend auseinandersetzen. Die indigene Bevölkerung der Region ist durch eine eigene Arbeitsgruppe für die Belange der Indigenen eingebunden. Außerdem sind indigene Vertreter im Barents-Regionalausschuss vertreten, einem Forum für Staatsbedienstete aus den Mitgliedstaaten, die die Treffen des BRC vorbereiten.

Zwei neuere Entwicklungen in thememspezifischen Bereichen der subnationalen Kooperation sind das Arctic Coast Guard Forum (ACGF) und der Arctic Security Forces Roundtable (ASFR). Das ACGF wurde 2015 nach einigen Anlaufschwierigkeiten aufgrund der Ukraine-Krise von den acht Arktisstaaten gegründet. Das Forum hat einen rotierenden Vorsitz synchron mit der Präsidentschaft des Arktischen Rates. Die Chefs der nationalen Küstenwachen treffen sich jährlich, und das Sekretariat sowie die Arbeitsgruppe „Gemeinsame Operationen" kommen nach Bedarf mehrmals im Jahr zusammen. Die Arbeitsgruppe befasst sich mit den Themen gemeinsame Operationen der Küstenwachen und Übungen sowie gemeinsame Nutzung von Ausrüstung. Der aktuelle Fokus des Forums liegt auf koordinierten Such- und Rettungsmaßnahmen. Der ASFR trifft sich seit 2011 einmal im Jahr. Er ist als mehrtägige Konferenz angelegt, die dem Informationsaustausch sowie der Förderung multilateraler Sicherheitsoperationen in der Arktis dient. Vertreter nationaler Militärstrukturen – zum Beispiel der Küstenwache, der Luftwaffe und der Armee – aus den Arktisstaaten, aber auch darüber hinaus, kommen bei diesen Treffen zusammen. Beispielsweise werden mögliche Konsequenzen aus der wachsenden menschlichen Aktivität in der Arktis diskutiert und wie Verteidigungs- und Zivilorgane zusammenarbeiten können, um diesen neuen Herausforderungen zu begegnen. Der Fokus liegt hierbei auf Lagebeobachtung und Aufklärung, humanitärer Unterstützung und Katastrophenschutz.

Zitierte Literatur

Arctic Council. (1996). Declaration on the establishment of the Arctic Council. Ottawa, Canada. http://www.arctic-council.org/index.php/en/document-archive/category/5-declarations?download=13:ottawa-declaration. Zugegriffen: 29. Jan. 2018.

Arctic Council. (2013). Arctic Council rules of procedure as revised by the Arctic Council at the 8th Arctic Council ministerial meeting, Kiruna, Sweden, 15 May 2013. https://oaarchive.arctic-council.org/bitstream/handle/11374/940/2015-09-01_Rules_of_Procedure_website_version.pdf?sequence=1. Zugegriffen: 29. Jan. 2018.

Arctic Council. (2015). Observer manual for subsidiary bodies as adopted by the Arctic Council at the eight Arctic Council ministerial meeting, Kiruna, Sweden, 15 May 2013, and addendum approved by the senior Arctic officials at the meeting of the senior Arctic officials, Anchorage, United States of America, 20–22 October 2015. https://oaarchive.arctic-council.org/bitstream/handle/11374/939/EDOCS-3020-v1A-2015-11-25-Observer-manual-with-addendum-finalized-after-SAO-Oct-2015.PDF?sequence=5&isAllowed=y. Zugegriffen: 29. Jan. 2018.

Auswärtiges Amt. (2013). *Leitlinien deutscher Arktispolitik: Verantwortung übernehmen, Chancen nutzen*. Berlin: Auswärtiges Amt.

Byers, M. (2009). *Who owns the Arctic? Understanding sovereignty disputes in the North*. Vancouver: Douglas & Mcintyre.

English, J. (2013). *Ice and water: Politics, people and the Arctic Council*. London: Allen Lane.

Humrich, C. (2013). Fragmented international governance of Arctic offshore oil: Governance challenges and institutional improvement. *Global Environmental Politics, 13*(3), 79–99.

Humrich, C. (2015). Sicherheitspolitik im Arktischen Rat? Lieber nicht! *S+F Sicherheit und Frieden, 33*(3), 143–149.

Ilulissat-Deklaration. (2008). http://www.oceanlaw.org/downloads/arctic/Ilulissat_Declaration.pdf. Zugegriffen: 2. Jan. 2018.

Keil, K. (2018). Im Spannungsfeld zwischen Kontinuität und Wandel: Der Arktische Rat als zentrales Forum der Arktiskooperation. *Zeitschrift der Leibnitz-Sozietät e. V., Leibnitz Online, 31*, 1–9.

Knecht, S. (2017). Exploring different levels of stakeholder activity in international institutions: Late bloomers, regular visitors, and overachievers in Arctic Council working groups. In K. Keil & S. Knecht (Hrsg.), *Governing Arctic change: Global perspectives* (S. 163–185). Basingstoke: Palgrave MacMillan.

Koivurova, T., & Van der Zwaag, D. L. (2007). The Arctic Council at 10 years: Retrospect and prospects. *University of British Columbia Law Review, 40*(1), 121–194.

Nord, D. C. (2016). *The Arctic Council: Governance within the far north*. London: Routledge.

UNEP/GRID-Arendal. (2011). *Continental shelf – The last maritime zone*. Arendal: UNEP/GRID-Arendal.

Young, O. R. (2005). Governing the Arctic: From cold war theater to mosaic of cooperation. *Global Governance, 11*(1), 9–15.

Young, O. R. (2012). Building an international regime complex for the Arctic: Current status and next steps. *The Polar Journal, 2*(2), 391–407.

Young, O. R. (2016). The shifting landscape of Arctic politics: Implications for international cooperation. *The Polar Journal, 6*(2), 1–15.

Weiterführende Literatur

Byers, M. (2013). *International law and the Arctic*. New York: Cambridge University Press.

Nord, D. C. (2016). *The Arctic Council: Governance within the far north*. London: Routledge.

Rottem, S. V., & Soltvedt, I. F. (Hrsg.). (2017). *Arctic governance: Law and politics* (Bd. 1). London: I.B. Tauris.

Wissenschaftliche Zugänge: Die Arktis im Fokus der Internationalen Beziehungen

4

4.1 Regionalismusforschung

Im Vorlauf zu einer theoretischen Auseinandersetzung mit den internationalen Beziehungen des Arktisraumes ist zunächst die Frage zu klären, ob es sich bei der Arktis überhaupt um eine eigenständige politische Region mit geografisch, historisch, kulturell oder politisch distinktiven Merkmalen und darauf aufbauend wiedererkennbaren sowie von anderen politischen Regionen oder Regimen unterscheidbaren politischen Beziehungen handelt. Diese Frage scheint angesichts einer etablierten institutionellen und normativen politischen Ordnung, in deren Zentrum die acht arktischen Staaten stehen, auf den ersten Blick obsolet, spricht doch allein die Existenz des *Arktischen* Rates für das Vorhandensein einer so bezeichneten Region.

Allerdings entzieht sich die Arktis bei genauerer Betrachtung bereits einer minimalistischen Konsensdefinition der Regionalismusforschung, wie sie beispielsweise von Joseph Nye eingeführt wurde. Nye (1968, S. vii) hatte in *International Regionalism* eine Region als eine begrenzte Anzahl von Staaten, die sowohl durch eine geografische Beziehung als auch gegenseitige Interdependenz miteinander verbunden sind, definiert. Die Konzeptualisierung der Arktis als politische Region entsprechend dieser Definition wird durch mindestens vier Umstände erkennbar erschwert. Zunächst gilt festzuhalten, dass die Arktis – wie sämtliche Regionalismen – ein soziales Konstrukt ist, das weder naturgegeben ist, noch sich durch andere Distinktionsmerkmale eindeutig und unterscheidbar materialisiert (Abschn. 4.6.2). Selbstverständlich ist die Arktis im Durchschnitt kälter, eisbedeckter, baumloser und unbewohnter als viele andere Regionen der Erde; dies sind durchaus symptomatische, wenn auch nicht ausschließliche Merkmale arktischer Lebenswelten. Vor allem ist und bleibt es Gegenstand anhaltender Diskussionen, wie weit südlich des geografischen Nordpols eine solche Trennlinie zur Demarkation einer Arktisregion zu ziehen ist. In vielen Definitionen der Arktis fällt eine solche Trennlinie funktional aus und richtet sich nach geologischen,

© Springer-Verlag GmbH Deutschland, ein Teil von Springer Nature 2018
K. Stephen et al., *Internationale Politik und Governance in der Arktis: Eine Einführung*, https://doi.org/10.1007/978-3-662-57420-1_4

meteorologischen oder (human)geografischen Gesichtspunkten wie Isothermen, Vegetationsgrenzen oder Breitengraden (Abschn. 1.1). Entsprechend wird in vielen Darstellungen der Begriff „Arktis" implizit oder explizit für unterschiedliche geografische Ausdehnungen verwendet, die mitunter nur die maritimen Gebiete des Arktischen Ozeans, in vielen anderen Fällen aber auch angrenzende Landmassen der Anrainerstaaten umfassen.

Zweitens ist das Definitionsmerkmal der geografischen Nähe ein ebenso relativer wie konfuser Maßstab. Das Gebiet nördlich des Polarkreises hat eine Größe von schätzungsweise 20 Millionen km^2 und ist damit in etwa 4,5-mal größer als das Gebiet der EU. Unter den Regionalorganisationen ist einzig das Hoheitsgebiet der Afrikanischen Union mit knapp 30 Millionen km^2 deutlich größer. Allerdings befinden sich die Mitgliedstaaten dieser Organisation, wie auch der meisten anderen, tatsächlich in unmittelbarer geografischer Nachbarschaft und bilden gemeinsame, ihre Territorialgebiete trennende Grenzen aus. In maritimen Regionen wie der Arktis ist das nicht zwangsläufig der Fall. Vielmehr ließen sich unter dem Gesichtspunkt der unmittelbaren geografischen Nachbarschaft ein nordamerikanischer Arktisteil entlang der gemeinsamen Küste Kanadas und des US-Bundesstaates Alaska sowie ein eurasischer Arktisverbund bestehend aus Russland, Norwegen, Finnland und Schweden unterscheiden. Auch wenn Alaska und Russland an der schmalsten Stelle der Beringstraße kaum 85 km trennen, so merken einige Autoren richtigerweise an, dass „eine Region mehr als nur unmittelbare Nachbarschaft der Gliedstaaten voraussetzt. Die Vereinigten Staaten und Russland zum Beispiel werden kaum als der gleichen Region zugehörig wahrgenommen, obwohl Russlands Ostküste äußerst nah an Alaska liegt. Viele Wissenschaftler beharren darauf, dass Mitglieder einer gemeinsamen Region neben dem Kriterium der Nähe auch kulturelle, ökonomische, sprachliche oder politische Verbindungen teilen" (Mansfield und Milner 1999, S. 591).

Kurzum, die geografische Nähe von Staaten begründet für sich betrachtet noch keine politische Gemeinschaft oder Region. Maßgeblich ist, wie stark die Staaten gesellschaftlich, politisch und wirtschaftlich miteinander verzahnt sind. Neben dem bereits erwähnten Fall Alaska-Russland ist ein weiteres Beispiel hierfür die durch gemeinsame Grenzen verbundenen, aber ansonsten politisch wie kulturell heterogen ausgeprägten nordischen Staaten und Russland. Geografisch, kulturell wie politisch gesondert betrachtet werden müssen darüber hinaus die Inseln Island sowie Grönland; durch letztere erhält Dänemark seinen Status als arktischer Staat. Grönland beispielsweise befindet sich geografisch näher am kanadischen Nunavut als an Europa, während die historischen, politischen, kulturellen und wirtschaftlichen Beziehungen zu Dänemark zweifelsfrei stärker ausgeprägt sind. So gesehen fungiert das Nordpolarmeer, wenn auch der kleinste unter den Ozeanen, nicht nur als verbindendes, sondern ebenso als Trennelement. Um diesem Umstand Rechnung zu tragen, ist die Verwendung des Plurals, im Sinne von „den arktischen Regionen" wie der europäischen Arktis, der russischen Arktis oder der nordamerikanischen Arktis, anstatt „der arktischen Region" im Singular, sinnvoll.

Darüber hinaus liegen drittens und ebenfalls anders als in den meisten Regionen nicht die gesamten Territorien der Arktisstaaten innerhalb des Polarkreises, sondern nur Teile davon. Für die USA trifft das nur auf einen der 50 US-Bundesstaaten, Alaska, zu und auch hier genau genommen nur auf einen kleinen Teil entlang der Beringstraße sowie der Tschuktschen- und Beaufortsee. Für Dänemark trifft dies wie bereits bemerkt nur auf das außenpolitisch durch Dänemark vertretene Grönland zu und auch hier wiederum nicht auf die gesamte Insel. Von allen anderen sechs Arktisstaaten liegen jeweils nur Teilabschnitte nördlich des Polarkreises. Dies führt trotz der weitgehenden Anerkennung aller acht Staaten als „arktische Staaten" zu offensichtlichen Diskrepanzen zwischen *Northerners* und *Southerners* in den Arktisstaaten.

Viertens und letztens gibt es im Arktisraum anders als in vielen anderen politischen Regionen infolge der heterogenen Interessensphären auch kaum Zentralisierungs- und Integrationstendenzen. Selbst ein Minimum an supranationaler Ordnung ist kaum erkennbar. Zwar gibt es mit dem Arktischen Rat eine Regionalorganisation, in der alle acht Arktisstaaten vertreten sind (Abschn. 3.3). Allerdings ist und bleibt der Arktische Rat seiner institutionellen Bestimmung nach ein Austauschforum und keine Internationale Organisation auf Grundlage eines internationalen Vertrags mit Hoheitsmandat und Durchsetzungskompetenz.

Dass wir dennoch in letzter Konsequenz von der Arktis als einer politischen Region sprechen können, liegt vor allem daran, dass sie von relevanten Akteuren – indigenen Bevölkerungsgruppen, Staaten und Institutionen wie dem Arktischen Rat – als ebensolche identifiziert, imaginiert, diskursiv konstruiert und ordnungspolitisch objektiviert wird: „Ausschlaggebend ist, wie politische Akteure die Idee einer Region und Vorstellungen von ‚regionness' wahrnehmen und interpretieren: Alle Regionen sind sozial konstruiert und damit politisch umkämpft" (Hettne 2005, S. 544). Eine Vielzahl zwischenstaatlicher Erklärungen, internationaler Vereinbarungen und politischer Mechanismen symbolischer wie auch verbindlicher Natur tragen den Begriff „Arktis" im Titel und forcieren damit die Gesamtregion oder einen Teil dessen zum Handlungsobjekt, beispielsweise in den Bereichen Wissenschaft, Technologie, Umweltregulierung, nachhaltige Entwicklung und Sicherheit auf See.

4.1.1   Die Arktis als politische Region

Klassischerweise wird in der IB-Forschung zu politischen Regionen zwischen Regionalismus und Regionalisierung unterschieden. Regionalismus kann dabei als ein politisches Projekt verstanden werden, „mittels dessen Staaten und nichtstaatliche Akteure kooperieren und ihre Strategien innerhalb einer bestimmten Region koordinieren [...] um gemeinsame Ziele in einem oder mehreren Politikbereichen zu verfolgen" (Fawcett 2004, S. 433). Diese Regionalismus-Definition entzieht sich dem starren und alleinigen Blick auf die Herausbildung supranationaler Organisationen wie zum Beispiel der EU, die ganz oder in Teilen durch Delegation autoritärer Befugnisse politische Aufgaben anstelle ihrer nationalstaatlichen Mitglieder übernehmen (in Fawcetts Worten „harter Regionalismus"), und erweitert den Analyserahmen um Formen regionaler Identitäts-, Gemeinschafts- und Netzwerkbildung auch in Ermangelung stark formalisierter IGOs („weicher Regionalismus").

Regionalisierung hingegen wird weitläufig als ein Prozess des verstetigten regionalen Austauschs infolge zunehmender Interdependenz zwischen Märkten und Gesellschaften unterhalb der staatlichen Ebene verstanden. Im Zentrum dieses Prozesses stehen somit nicht Staaten, sondern nichtstaatliche und private Akteure. Entsprechend wird Regionalismus daher oftmals als Top-down-Projekt konzipiert, das auf staatliche Initiativen zurückgeht, während sich Regionalisierungsdynamiken bottom-up entfalten und den Druck auf politische Entscheidungsträger zur Koordination und Kooperation innerhalb gemeinschaftlicher Regelsysteme über Grenzen hinweg erhöhen. Über kurz oder lang kann die Kohäsion dieser marktwirtschaftlichen und gesellschaftlichen Kräfte zur Herausbildung von integrativen politischen Ordnungen oder Regionalorganisationen führen, genauso wie diese, einmal etabliert, wiederum positiv auf Regionalisierungsprozesse einwirken können.

Trotz der analytischen Unterscheidbarkeit sollten beide Prozesse weder als Gegensätze noch als Singulärereignisse betrachtet werden, sondern als komplementäre Seiten ein und derselben Medaille. Zum einen lässt sich so eine Ausnahmeerscheinung der internationalen Politik wie der Arktische Rat genauer fassen und verorten, räumt er als intergouvernementales Forum doch nichtstaatlichen Akteuren wie den als PPs repräsentierten indigenen Bevölkerungsgruppen nahezu gleichwertige Mitbestimmungsrechte ein (Abschn. 2.3). Zum anderen verfügt die Disziplin der Internationalen Beziehungen so über ein valides Instrument zur Messung der Regionaldichte einer Region – oder was manche Autoren eben *regionness* nennen (Hettne und Söderbaum 2000). Hettne und Söderbaum unterscheiden verschiedene Grade von *regionness,* von einem geografisch abgrenzbaren regionalen Raum *(regional space)* ohne ausgeprägte und organisierte translokale Gemeinschaftsstruktur bis hin zur hypothetischen Annahme eines Regionalstaates *(region-state),* der vollwertig an die Stelle vormals souveräner Staaten tritt.

Gemessen an dieser Bandbreite möglicher Ausprägungen attestiert die Regionalismusforschung der Arktis unisono ein eher bescheidenes Maß an *regionness* mehr oder minder im Mittelfeld zwischen den beiden genannten Extremen. Der kanadische Politikwissenschaftler Franklyn Griffiths war Ende der 1980er Jahre der Erste, der versuchte, die Arktis als politische Region zu klassifizieren. Seinem Urteil nach befand sich der Hohe Norden zu dieser Zeit in einer Transitionsphase von einer minimal erkennbaren Region hin zu einer koordinierten regionalen Gemeinschaft (Griffiths 1988, S. 10). Erste multilaterale Abkommen zum Umweltschutz, zur Zusammenarbeit indigener Völker und zur nuklearen Abrüstung waren bereits vorhanden oder in Planung. Zwar hatte es Versuche einer Regionalintegration schon wesentlich früher gegeben, die bis in die 1970er Jahre zurückreichen. Damals initiierte Kanada den Versuch, einen Arctic Basin Council zwischen den fünf Anrainerstaaten des Arktischen Ozeans zu gründen. Diese Idee wurde aber erst später, nach der bedeutenden Rede Michail Gorbatschows zur Errichtung einer friedfertigen und kooperativen Arktiszone im August 1987 in der russischen Hafenstadt Murmansk, wieder aufgenommen und um die subarktischen Staaten Island, Finnland und Schweden sowie den Vorschlag eines Arctic Region Council zur wissenschaftlichen Kooperation erweitert (Keskitalo 2007, S. 198). Nach Auffassung von Griffiths blieb es aufgrund der strategischen Bedeutung der Region zu Zeiten des Kalten Krieges allerdings unwahrscheinlich, dass Integrationsprozesse in der Region in absehbarer Zeit über dieses Maß hinaus fortschreiten könnten.

Tatsächlich hat sich auch nach Ende des Ost-West-Konflikts die Kooperation in der Arktis lange Zeit nur verstetigt und auf immer neue Politikbereiche ausgedehnt, ohne dabei einen allzu integrativen Charakter zu entwickeln. Die im Juni 1991 verabschiedete AEPS und der fünf Jahre später folgende Arktische Rat stellten die Kooperation in der Region zwar auf ein nie da gewesenes Fundament und ermöglichten einen regelmäßigen Gesprächs- und Interessensaustausch auf hoher politischer und technischer Ebene. Jedoch hat der Arktische Rat in seiner zu Gründungszeiten vorgesehenen Form immer noch unverändert Bestand. Insbesondere Kanada sprach sich früh für die Gründung des Arktischen Rates als einer „ordentlichen" Internationalen Organisation aus, musste aber aufgrund des Widerstands der wenig begeisterungsfähigen USA von ihrem Vorschlag Abstand nehmen, um überhaupt die Etablierung einer zirkumpolaren Institution zu ermöglichen. Reformprozesse des Rates beschränken sich bis heute auf organisationsinterne Abläufe, die Einbindung von Stakeholdern, interorganisationale Beziehungen mit anderen regionalen und internationalen Institutionen sowie die Außenkommunikation mit dem Ziel der Effektivitätssteigerung unter dem bestehenden Mandat, berühren aber nicht das institutionelle Design des Forums (Abschn. 3.3).

Die Gründe für die schwach ausgeprägte *regionness*[1] der Arktis sind aus Perspektive der Regionalismusforschung sowohl auf der Ebene des zwischenstaatlich induzierten Regionalismus als auch der substaatlichen, zwischengesellschaftlichen Regionalisierung zu suchen (Knecht 2013). Auf Ebene der transnationalen Beziehungen werden Regionalisierungsdynamiken durch die relativ geringe Bevölkerungsdichte, eine schwache Infrastruktur und mangelnden grenzüberschreitenden Austausch zwischen arktischen Gesellschaften erschwert. Viele Gemeinden nördlich des Polarkreises, vor allem in der nordamerikanischen und russischen Arktis, leben in relativ autonomen Subsistenzwirtschaften, die lokalen Wirtschaftszweige sind (noch) wenig diversifiziert und stellen nur in geringem Maße Produkte her, die in anderen arktischen Regionen nachgefragt werden. Der *Arctic Human Development Report* (AHDR) von 2014 beschreibt die Arktis ökonomisch als „keine integrierte Region, sondern eher eine Region unterschiedlicher Wirtschaftssysteme mit ähnlichen Merkmalen" (Huskey et al. 2014, S. 151). Nicht nur die ökonomischen, sondern auch die politischen, gesellschaftlichen sowie kulturellen Systeme der Arktisstaaten unterscheiden sich enorm und wirken einer verstärkten, sich selbst tragenden Regionalisierung entgegen (Lyck 2015).

Auf der zwischenstaatlichen Ebene ist arktische Kooperation weitestgehend auf kollektive Handlungsprobleme wie der Bereitstellung öffentlicher Güter beschränkt und das zuvorderst, wenn auch nicht ausschließlich, in den Bereichen

---

[1]Der Verweis auf eine „schwach ausgeprägte *regionness*" der Arktis ist nicht zwangsläufig gleichbedeutend mit einem schwachen Governance-Regime für die Region (Abschn. 4.2).

der Umweltpolitik und der nachhaltigen Entwicklung. Viele andere Regionen bauen auf dem Fundament gemeinsamer Sicherheitsinteressen, Handel oder Marktintegration auf. In der Arktis allerdings werden solche Themen von nationalem Interesse – manche sprechen auch von Themen der *high politics* – bewusst ausgespart, was die heutige Kooperation im Hohen Norden überhaupt erst ermöglicht hat. Die Substanz des arktischen Regionalismus hat ihren Ursprung „in einem anderen Sektor als praktisch jede andere Region: Es ist ein regionales Sicherheitskomplex gebaut um die gegenseitige Abhängigkeit in Fragen der *Umwelt*sicherheit" (Exner-Pirot 2013, S. 122, Hervorhebung im Original). In der arktischen Kooperation ging es, anders gesagt, meist um Zusammenarbeit in von vornherein konsensualen Themenbereichen mit hoher Interessensüberschneidung, nicht um die Überwindung von Differenzen in Bereichen mit unterschiedlichen oder gegensätzlichen Interessen. Damit ist die Region seit dem 1989 einsetzenden Rovaniemi-Prozess überaus erfolgreich gefahren (Abschn. 3.3), allerdings bleibt der arktische Regionalismus damit in Themenbreite und Integrationstiefe zwangsläufig eingeschränkt, sofern weder von der staatlichen noch der gesellschaftlichen Ebene Impulse zur Vertiefung der Integration ausgehen.

Die drei in jüngerer Zeit erfolgten, rechtlich verbindlichen Abkommen zwischen den acht Arktisstaaten – das Abkommen zu Such- und Rettungsoperationen in der Arktis (AMSAR) von 2011, das Abkommen zur Notfallvorsorge und Gefahrenabwehr bei marinen Ölverschmutzungen (MOPPR) von 2013 und das Abkommen zur Verbesserung der wissenschaftlichen Zusammenarbeit in der Arktis (ASC) von 2017 – bedeuten ebenfalls keine vertiefte Integration, sondern eine neue Stufe intergouvernementaler Kooperation, die die Unterzeichnerstaaten nicht zwingend bindet, sondern deren Handlungsautonomie sogar erweitert. Zumindest für das AMSAR- und das MOPPR-Abkommen gibt es internationale Äquivalente[2], die regionale Initiativen nicht zwingend notwendig machen. Christoph Humrich (2018, S. 227) sieht sie daher primär als Mechanismus für eine „autonomieschonende Zuständigkeitsverlagerung in eine Arena [...], in der nur die Arktisstaaten entscheiden können". Diese „meerespolitische Regionalisierung" arktischer Governance ist nicht nur eine funktional notwendige Reaktion auf neu identifizierte ordnungspolitische Herausforderungen, sondern muss auch im Spannungsfeld von Paradigmenwechseln, insbesondere einer zunehmenden Internationalisierung durch Drittakteure, betrachtet werden.

---

[2]Im Falle des AMSAR ist es das Chicagoer Abkommen über die internationale Zivilluftfahrt (Convention on International Civil Aviation) der Internationalen Zivilluftfahrtorganisation (International Civil Aviation Organization, ICAO) von 1944 und das Übereinkommen über den Such- und Rettungsdienst auf See (International Convention on Maritime Search and Rescue, SAR) der Internationalen Seeschifffahrtsorganisation (IMO) von 1979. Für das MOPPR ist es das Internationale Übereinkommen über Vorsorge, Bekämpfung und Zusammenarbeit auf dem Gebiet der Ölverschmutzung (International Convention on Oil Pollution Preparedness, Response and Co-operation, OPRC) der IMO von 1990 (Humrich 2018, S. 227).

4.1.2 Die Arktis im Spannungsfeld von Paradigmenwechseln

Die Debatte um den Stellenwert der Arktis als politische Region sowie des Arktischen Rates im Zentrum ihrer Governance-Ordnung vollzieht sich im Spannungsgeflecht geopolitischer sowie institutioneller Paradigmenwechsel. Zunächst stechen in Bezug auf den geopolitischen Paradigmenwechsel zwei Diskurse heraus, die die jüngere IB-Forschung zur Arktis dominiert haben: einerseits die globale Arktis versus die regionale Arktis und andererseits die Annahme eines arktischen Exzeptionalismus versus eines arktischen Normalismus.

In den vergangenen Jahren hat der Begriff „globale Arktis" *(global Arctic)* enorm an Zulauf gewonnen. Das ist vor allem auf zwei Ursachen zurückzuführen. Zum einen erscheint die Arktis nicht länger als blinder (oder weißer) Fleck auf der politischen Landkarte, sondern hat sich umwelt-, wirtschafts- und sicherheitspolitisch aus der Randständigkeit in die Mitte der internationalen Beziehungen und in das Bewusstsein einer breiteren Öffentlichkeit emanzipiert. Als unmittelbare Folge hat sich, zweitens, das historisch ohnehin schon hohe Maß an Interesse nichtarktischer Akteure an der Region noch einmal intensiviert.

Geprägt wurde der Begriff „globale Arktis" nach eigener Aussage vom Thematic Network on Geopolitics and Security, einer Themengruppe der Universität der Arktis (University of the Arctic, UArctic) unter Leitung von Prof. Lassi Heininen, im Frühjahr 2014 (Heininen und Finger 2017, S. 2). Heininen und Finger suchten den Begriff sowohl als empirisches Statement wie auch als analytisches Instrument zum besseren Verständnis der mehrdimensionalen und multifaktoriellen geopolitischen Gegebenheiten, mit denen die Arktisregion unter dem Einwirken der Globalisierung konfrontiert ist, zu etablieren, wobei der Begriff der Globalisierung wiederum unterbelichtet bleibt. Hauptzweck des Begriffs sei es vielmehr zu verdeutlichen, dass der Regionalismus-Diskurs der 1990er Jahre über die Arktis als eine „eigenständige Region" nicht länger ausreichend sei, um gegenwärtige Prozesse arktischer Geopolitik erklären zu können (Heininen und Finger 2017, S. 3). Damit wird vor allem auf die Arbeit von Oran R. Young (1992, S. 229–248) Bezug genommen, der die Arktis bereits in den frühen 1990er Jahren als ebensolche bezeichnet hatte.

Als Schlagwort für die Wechselwirkung zwischen der Arktis und weiter südlich gelegenen Regionen mag der Begriff „globale Arktis" zutreffend sein, als analytisches Konzept aber ist er es weitaus weniger, solange im Kern die Prozesse, Triebfedern und Auswirkungen dieser dynamischen Wechselbeziehung theoretisch vage und empirisch unterbelichtet bleiben. Andernfalls impliziert er lediglich eine Gleichzeitigkeit – nicht notwendigerweise Gegensätzlichkeit – von Globalismus und Regionalismus, ohne die politikwissenschaftliche Forschung zur Arktis entscheidend voranzubringen. Die globale und die regionale Arktis müssen kein Widerspruch sein. Zwar weist der Begriff „globale Arktis" auf den Umstand hin, dass die Entwicklungen im Hohen Norden weder für sich allein betrachtet werden sollten, noch in ihren Auswirkungen regional eingehegt sind. Dass die Arktis wie jede andere keine von globalen Entwicklungen und Spannungen isolierte Region ist, ist jedoch weder eine neue Erkenntnis, noch wird sie im Begriff „globale Arktis" neuartig substanziiert.

Exkurs: Polarwirbel
Inmitten eines der kältesten Wintereinbrüche, die die Vereinigten Staaten seit Jahrzehnten getroffen hatten, twitterte US-Präsident Donald J. Trump am 28. Dezember 2017: „In the East, it could be the COLDEST New Year's Eve on record. Perhaps we could use a little bit of that good old Global Warming that our country, but not other countries, was going to pay TRILLIONS OF DOLLARS to protect against. Bundle up!" Was Trump angesichts meterhohen Schneefalls, eingefrorener Telefonleitungen und des Verkehrschaos an der US-Ostküste als Beleg für seine skeptische Haltung zur globalen Erwärmung nahm, ist Wissenschaftlern um das Potsdam-Institut für Klimafolgenforschung (PIK) zufolge genau ein Nebenprodukt desselben. Normalerweise wird die arktische Kaltluft von dem sogenannten Polarwirbel (polar vortex) mehrere Kilometer über der Arktis gehalten. Infolge steigender Temperaturen im Norden wird der Polarwirbel allerdings zusehends geschwächt, wodurch Teile der Polarluft nach Süden „ausbrechen" und kältere Winter in Nordamerika, Europa und Asien verursachen können (Kretschmer et al. 2017).

Vor allem aber hat das Paradigma der globalen Arktis, anders als von den oben genannten Autoren behauptet, die Regionalismusforschung in den Arktisstudien mitnichten obsolet gemacht. So erscheint der Schluss voreilig, dass der Status quo arktischer Geopolitik (Abschn. 4.3) sich mit dem zunehmenden Interesse nichtarktischer Akteure entscheidend verändert hätte und das neue Machtgefüge zuungunsten der acht Arktisstaaten ausfallen würde. In der Tradition des politischen Realismus (Abschn. 4.4) machen einige Arbeiten einen Macht- und Diskurstransfer hin zu global aufstrebenden Akteuren, den „neuen Polarmächten" wie insbesondere China, aus und weisen ihnen eine zunehmend bedeutsame Rolle in der politischen Ordnung der Arktis zu (Brady 2017). Die Region verkomme entsprechend zum „Spielball" für erstarkende Seemächte und globale Geopolitik.

Dabei übersieht diese Forschungsagenda, dass sich mit dem verstärkten Interesse an der Arktis weniger die Spielregeln geändert haben, sondern nur die Anzahl der Spieler. Das birgt gewiss Gefahren in Hinblick auf die steigende Komplexität und Bandbreite an Interessen in multilateralen Verhandlungen über ordnungspolitische Abkommen, kann den Governance-Rahmen der Arktis aber auch nachhaltig stärken. Staaten wie China und Indien sind aufgrund ihrer hohen CO_2-Emissionen sowie der Produktion von kurzlebigen klimawirksamen Schadstoffen (Short-Lived Climate Pollutants, SLCPs) wie Ruß und Methan ohne Zweifel von Bedeutung für den nachhaltigen und effektiven Schutz der Arktis. Die Einbindung dieser Staaten in die regionale Struktur sowie den Arktischen Rat erweitert sukzessive und funktional den Kreis der Stakeholder um jene Akteure, die der Arktische Rat global in seiner Arbeit anzusprechen versucht.

Das stellt letztlich auch infrage, wer in den internationalen Beziehungen der Arktis eigentlich wen und mit welchen Mitteln beeinflusst. Allzu schnell stellt eine Mehrzahl an Studien zum globalen Interesse an der Arktis auf einzelne Attribute politischer Akteure wie China, Japan oder Indien ab, sei es die ökonomische oder die militärische Macht dieser Staaten, lässt dabei aber die strukturellen Gegebenheiten arktischer Governance außer Acht. Das Seerechtsübereinkommen der Vereinten Nationen genauso wie die historisch gewachsene politische Ordnung bedeuten eine ungebrochene Vormachtstellung der Arktisstaaten in allen Belangen arktischer Politik. Der Beobachterstatus im Arktischen Rat wird bisweilen als Einfallstor für traditionell als nichtarktisch angesehene Staaten in die regionale Ordnung gesehen. Allerdings bleibt als Beobachter nicht nur die Einflussmöglichkeit auf Prozesse und Entscheidungen des Arktischen Rates marginal. Auch kommt die Anerkennung des Status zu dem Preis, dass China und andere, entsprechend der Aufnahmekriterien des Rates, die Souveränität, souveränen Rechte und Kompetenz der Arktisstaaten in der Region anerkennen und respektieren müssen (Arctic Council 2013, S. 14). Es ist nicht grundlos anzunehmen, dass der Einfluss arktischer Staaten auf nichtarktische Akteure deren Einfluss auf die Region überwiegt.

Ihren Führungsanspruch haben die A8 in den letzten Jahren mit einer Reihe verbindlicher regionaler Abkommen untermauert (Abschn. 3.3). Damit haben sie gleichzeitig unbewusst das Narrativ verstärkt, dass die Arktis in der internationalen Politik eine ganz und gar außergewöhnliche und einzigartige Region ist, in der allen Widrigkeiten zum Trotz der Kooperationswille gegenüber dem Machtpoker dominiert.

Das Paradigma des „arktischen Exzeptionalismus" lässt sich in zwei Richtungen ausdifferenzieren. Die weitaus offensichtlichere Variante beschreibt die Arktis als eine einzigartige Region im Sinne ihrer klimatischen, biologischen und vegetativen Verhältnisse. Genauso wie die Antarktis ist die Arktis ein extremer Raum mit erheblich erschwerten Lebensbedingungen, denen nur vergleichsweise wenige Bewohner[3] trotzen. Nur hier fallen die Temperaturen auf bis zu $-67,8\ °C$[4]. Nur hier gibt es einen ganzjährig eisbedeckten Ozean. Nur hier gibt es eine Baumgrenze, gefolgt von Weiten „weißer Wüste". Nur hier gibt es das größte lebende Landraubtier der Erde, den *Ursus maritimus* (Eisbär). Die Mischung aus vermeintlich unbekannter, unberührter und unwirtlicher Natur macht für viele die Faszination dieser Region aus und war und bleibt der Grund für die magische Anziehungskraft der Arktis für Entdecker, Extremsportler, Touristen und Abenteuerlustige (Abschn. 1.2). Diese Romantisierung der Arktis hat allerdings wenig mit der Lebenswirklichkeit vieler ihrer Bewohner zu tun und verklärt zudem den Blick auf Probleme und Widersprüche in der Governance der Region.

Vor allem dient die Romantisierung des naturräumlichen Exzeptionalismus nicht als Rechtfertigung für die zweite Lesart eines politischen Exzeptionalismus der

---

[3]Die Antarktis ist der einzige unbesiedelte Kontinent der Erde, jedoch Arbeitsstätte für mehrere Tausend Wissenschaftler im Jahr.

[4]Diese gegenwärtig von der Weltorganisation für Meteorologie (WMO) als niedrigste anerkannte Temperatur in einem bewohnten Ort wurde am 6. Februar 1933 im heute nicht einmal 500 Einwohner zählenden Oimjakon in der russischen Republik Jakutien gemessen. Die niedrigste je gemessene Temperatur überhaupt liegt bei $-98,6\ °C$ und wurde auf Grundlage von Satellitendaten für den 23. Juli 2004 nordwestlich der russischen Wostok-Station in der Ostantarktis ermittelt.

Arktis. Dieser Argumentation zufolge ist der gegenwärtige Stand internationaler Diplomatie und Kooperation im Hohen Norden eine bemerkenswerte Ausnahme, die in der internationalen Politik ihresgleichen sucht. Einige Befürworter dieser Schule verstehen die Arktis als „eine einzigartige Region losgelöst von globalen politischen Entwicklungen und vorwiegend charakterisiert als […] ein a-politischer Raum regionaler Governance, funktionaler Kooperation und friedlicher Koexistenz" (Käpylä und Mikkola 2015, S. 5). Exzeptionalisten verweisen damit vor allem auf den Umstand nachhaltig andauernder, friedfertiger, konstruktiver und effektiver Zusammenarbeit zwischen staatlichen Akteuren mit unterschiedlichen Interessen und Strategien in einer Region, in der es infolge der politischen Gemengelage und geopolitischer Prädispositionen eher nicht zu erwarten wäre. Gerade mit Blick auf die beteiligten Akteure, unter ihnen Russland, die USA und China, und deren globale Wirtschafts- und in manchen Konfliktherden diametral angelegten Sicherheitsinteressen sei internationale Kooperation in der Arktis methodisch gesprochen ein Fall unter ungünstigsten Umständen *(least-likely case)*.

> **Exkurs: Friedensnobelpreis für den Arktischen Rat?**
> Eine Initiative von rund 60 Sozialwissenschaftlern erachtete im Januar 2018 Form und Funktion des Arktischen Rates für derart erfolgreich und besonders, dass sie den Rat für den Friedensnobelpreis vorschlugen. In ihrem Schreiben an das Nobelkomitee betonen die Unterzeichner neben dem Beitrag des Arktischen Rates zur Klima- und Umweltforschung vor allem den Dialog und die Kooperation zwischen Russland und seinen westlichen Partnern und darauf aufbauend den Vorbildcharakter des Rates als „Modell für die Förderung der Brüderlichkeit zwischen Nationen" (Quinn 2018).

Die Ursachen für die Annahme eines politischen Exzeptionalismus können entsprechend des Paradigmas „regionale versus globale Arktis" auf zwei Ebenen angelegt werden: einmal innerhalb und einmal außerhalb der Region. Intraregional zeichnet sich das Lagebild durch konkurrierende Territorial- und Ressourcenansprüche, unterschiedliche Ordnungsvorstellungen und voneinander abweichende Priorisierungen in den Außenpolitiken und -strategien aus. Staaten haben die Arktis zuvorderst als eine Art neues Refugium zur Energiesicherheit, Durchsetzung ihrer wirtschaftspolitischen Interessen und Ausdehnung ihrer machtpolitischen Ansprüche auf globaler Ebene für sich entdeckt, was auf den ersten Blick mit der Realisierung kooperativer Lösungsansätze unvereinbar scheint. In anderen maritimen Räumen wie dem Südchinesischen Meer zum Beispiel bleibt der Stand multilateraler Kooperation infolge ähnlicher Entwicklungen hinter dem der Arktis bisher weit zurück, weshalb das arktische Regime auch als gangbares Modell für diese Region genannt wird (Tai et al. 2015).

Zudem stehen in der Arktis mit Dänemark, Island, Norwegen, Kanada und den USA fünf NATO-Staaten Russland gegenüber. Der Nordatlantikvertrag von 1949 schließt die arktischen Gebiete der NATO-Mitglieder, immerhin gut 50 %

des staatlichen Territoriums in der Region, mit ein, sodass sämtliche Bestimmungen des Vertrags zur Gefahrenabwehr sowie der gemeinsamen Verteidigung im Bündnisfall nach Artikel 5 auch auf die Arktis Anwendung finden (Conley 2014). Es ist vor diesem sicherheitspolitisch brisanten Hintergrund zu verstehen, dass das Gründungsdokument des Arktischen Rates, die Ottawa-Deklaration vom 19. September 1996, in einer Fußnote jedwede Befassung mit Themen militärischer Sicherheit im Rat von vornherein ausgeschlossen hat. Das wird hin und wieder gerne als Schwachstelle der regionalen Governance-Ordnung ausgemacht, kann aber womöglich auch die Position des Arktischen Rates stärken, „unter seiner Schirmherrschaft völkerrechtliche Abkommen als Rahmen für die Kooperation zu den regionalen Sicherheitsherausforderungen zu initiieren und einen offenen Kanal für Kommunikation und Kooperation auch in Krisenzeiten zu bieten" (Humrich 2015, S. 147; Abschn. 3.3).

Als weiteres Argument für die schlechten Voraussetzungen arktischer Zusammenarbeit bringen Exzeptionalisten die politischen Beziehungen der Arktisstaaten in anderen Bereichen und Regionen außerhalb des Polarkreises vor (Abschn. 4.3). So wurden im Zuge militärischer Auseinandersetzungen außerhalb der Region, wie beispielsweise während der Georgien-Krise im August 2008 oder der russischen Intervention auf der Krim und in der Ostukraine im Frühjahr 2014, Befürchtungen laut, diese extraregionalen Konflikte könnten sich bis auf den Hohen Norden auswirken und Jahre konstruktiver Zusammenarbeit unterminieren, was wiederum im weiteren Verlauf ein mögliches Sicherheitsdilemma begünstigen könnte (Etzold und Steinicke 2015). Allerdings sind bis heute substanzielle Auswirkungen auf die regionale Kooperation und Stabilität ausgeblieben.

Die politikwissenschaftliche Arktisforschung hat eine Reihe klassischer IB-Theorien darauf verwendet, um zu erklären, warum regionale Kooperation im Hohen Norden entstanden ist (Abschn. 4.6), warum sie auch unter erschwerten Bedingungen Bestand hat (Abschn. 4.5) oder warum die bisherigen Errungenschaften multilateraler Abkommen in der arktischen Diplomatie brüchig sind und schon bald ein Ende nehmen könnten (Abschn. 4.4). Alle drei Theorieschulen haben stark widersprüchliche Ergebnisse hervorgebracht und tun sich insgesamt schwer damit, den hohen Grad an arktischer Kooperation vollumfassend und plausibel zu erklären. Das macht das Studium der Arktis genau deswegen so interessant wie kompliziert. Im Grunde steht die politikwissenschaftliche Forschung hier vor einem Dilemma: Ist die Arktis eine einzigartige und außergewöhnliche politische Region, entzieht sie das womöglich der Anwendbarkeit gängiger Theorien und es müssten daher neue Erklärungsansätze jenseits der etablierten IB- und Governance-Forschung gesucht werden. Zudem würde damit ihre Eignung für die vergleichende Regionalismusforschung aufgrund ihres Ausnahmestatus erheblich sinken und Erkenntnisse aus der Arktisforschung könnten nicht ohne Weiteres auf andere politische Konstellationen und Regionen der Welt übertragen werden. Allerdings betonen doch gerade Exzeptionalisten gerne den Vorbildcharakter der Arktis für regionale Kooperation auch in anderen Breitengraden. Ist die Arktis hingegen keine einzigartige und außergewöhnliche Region, sondern ein ganz gewöhnlicher Fall unter vielen und mit diesen vergleichbar, so hätte die bisherige Arktisforschung unzureichende Ergebnisse hervorgebracht und müsste die von ihr verwendeten Konzepten, Theorien und Methoden hinterfragen.

Einer neueren Lesart der Exzeptionalismus-Perspektive zufolge befinden sich die politischen Beziehungen in der Arktis im fortwährenden Zustand eines ausgehandelten Exzeptionalismus *(negotiated exceptionalism)*. Unter diesem Begriff wird die Möglichkeit gefasst, dass der Exzeptionalismus der Arktisregion auf einem intendierten und politisch gewollten Kompromiss zwischen den Arktisstaaten beruht, in der Region kooperativer als in anderen Regionen vorzugehen und diesen Kompromiss auch gegenüber äußeren Einflüssen abschotten zu können (Exner-Pirot und Murray 2017, S. 51). Der so entstandene Exzeptionalismus sei demnach ein Exzeptionalismus per Vereinbarung, nicht infolge politisch geordneter, historisch gewachsener oder schlicht glücklicher Umstände.

Diese Sichtweise ist mit Vorsicht zu genießen, verfällt sie doch dem Idealismus, dass Staaten nur den politischen Willen zur Kooperation aufbringen müssten, um ihre Unterschiede und Differenzen im Sinne des Gemeinwohls zu überwinden. Fraglich bleibt, warum dies allein auf die Arktis zutreffen sollte und inwiefern sich dieses Modellprojekt verallgemeinern ließe.

4.2 Regimeforschung und Multilevel Governance

Die Frage nach dem Bedeutungsgehalt geopolitischer Paradigmenwechsel einer globalen Arktis sowie eines arktischen Exzeptionalismus kann letztendlich nicht losgelöst von einem weiteren Paradigmenwechsel ordnungspolitischer Art betrachtet werden. Ist das gegenwärtige Governance-Regime stabil und widerstandsfähig genug, um Konflikte innerhalb der Region oder einen Spill-over von außerhalb abzumildern und in kooperative Bahnen zu lenken? Kann das Regime öffentliche Güter wie eine saubere Umwelt oder Biodiversität langfristig gewährleisten? Wenn arktische Kooperation weitestgehend nur auf einem ausgehandelten Kompromiss beruht, wie lange hält dieser? Oder ist das System vielmehr zum Scheitern verurteilt, sobald sich die Möglichkeit ergibt, nationale Interessen im Alleingang gegenüber anderen wirksam und anhaltend durchzusetzen? Und wie gut ist das System in Zeiten einer globalen Arktis darauf vorbereitet, die sich schnell wandelnden Herausforderungen der Region und das neu entstandene Interesse von Akteuren wie China, Japan und Indien zu absorbieren?

4.2.1 Der Ruf nach einem verbindlichen Vertragsregime

In der Beantwortung dieser Fragen stehen sich zwei Lager gegenüber. Das erste Lager hält die gegenwärtige politische Ordnung für unzureichend und zu schwach für die Aufrechterhaltung eines stabilen, friedvollen und wirkungsvollen Regimes; das zweite Lager hält es für einen flexiblen und effektiven Regimekomplex. Befürworter einer grundlegenden Reform halten das derzeitige Regime für ein „Flickwerk aus unverbindlichen politischen Reaktionen mit dringendem Bedarf nach einem übergreifenden verbindlichen Vertragsrahmen" (Rothwell 2008, S. 251). Dieser könnte zum Beispiel in der Aufwertung der Rolle und Funktion des Arktischen Rates auf Grundlage des gegenwärtig existierenden Governance-Systems bestehen (Keil 2018). Auch die Bundesregierung begrüßt in seinen *Leitlinien deutscher Arktispolitik* eine stärkere Institutionalisierung des Arktischen Rates und fordert zudem ein flexibleres System der Einbindung von Akteuren mit Beobachterstatus mit mehr Partizipationsmöglichkeiten dort, wo diese zu konkreten Problemlösungen beitragen können (Auswärtiges Amt 2013, S. 14).

Die Idee einer institutionell stärker verankerten Organisation ist nicht neu und wurde von einigen Experten bereits in den frühen 1990er Jahren für die bevorstehende Gründung des Arktischen Rates empfohlen, besonders nachdrücklich durch den kanadischen Rechtswissenschaftler Donat Pharand (1992). Damals wie heute sieht der Vorschlag vor, den Rat als „vollwertige" Internationale Organisation mit rechtsverbindlicher Politikgestaltungsmacht und gegebenenfalls mit geeigneten Streitschlichtungsmechanismen auszustatten, um das Governance-Regime robuster und durchsetzungsfähiger zu machen (Nord 2016). Der Arktische Rat in seiner aktuellen Form, so das Argument, könne nationale Politiken der Arktisstaaten mithilfe wissenschaftlicher Gutachten, Politikempfehlungen und des Aufzeigens von Erfolgsmodellen lediglich beeinflussen, aber keine regional umfassenden politischen Entscheidungen formulieren und durchsetzen.

Einige andere gehen einen Schritt weiter und halten selbst institutionelle Reformmaßnahmen für ungenügend. Sie fordern die Ablösung des gegenwärtigen Mehrebenensystems arktischer Governance *(multilevel governance)* durch einen regional angelegten, rechtlich verbindlichen Schutzvertrag in Anlehnung an das Antarktische Vertragssystem, um dem arktischen Wandel entschieden zu begegnen und die Region präventiv vor weiteren Eingriffen zu bewahren (Rothwell 2008). Ein solcher Vertrag würde den Handlungsspielraum der Arktis- sowie von Drittstaaten massiv einschränken, womöglich einen Teilverzicht international garantierter Souveränitätsrechte unter dem Seerechtsübereinkommen nach sich ziehen und den Arktischen Ozean samt seiner Hohen-See-Gebiete unter internationale Kontrolle stellen.

Zu bedenken ist allerdings, dass eine tief greifende Reform der regionalen Ordnungsstruktur hin zu einem regionalen Vertragswerk nicht nur einen politischen Konsens zwischen den acht Arktisstaaten voraussetzt, der gegenwärtig nicht absehbar ist, sondern auch auf einem einmalig ausgehandelten Status quo fußen würde, der dem rapiden Wandel und möglichen, noch nicht absehbaren Entwicklungen im Hohen Norden nicht genügend Rechnung tragen könnte. Anders als zu Zeiten des Vorschlags von Donat Pharand aus dem Jahre 1992 haben sich einige Umstände geändert, die die Effektivität eines stärker formalisierten Regimes deutlich beschneiden würden. So ist das globale Interesse an der Region in den vergangenen Jahrzehnten stetig gewachsen. Ein rechtsverbindliches Regime zwischen den Arktisstaaten wäre exklusiv und würde eine Vielzahl staatlicher und nichtstaatlicher Akteure außen vor lassen, deren Einbindung in Fragen des Klima- und Umweltschutzes sowie des Ressourcenmanagements aber unabdingbar ist. Auch bleibt auf Grundlage der starken Wechselbeziehungen zwischen regionalen und globalen Klima- und Umweltprozessen und der Produktion von Schadstoffen vornehmlich südlich des Polarkreises äußerst fraglich, welche Wirkung ein rein regionales Schutzregime überhaupt entfalten könnte. Möglichkeiten, auf neuartige Entwicklungen adäquat und zeitnah zu reagieren, würden zudem massiv eingeschränkt. Unter diesen Voraussetzungen hat der unten beschriebene arktische Regimekomplex durchaus seine nennenswerten Vorteile.

4.2.2　Der arktische Regimekomplex

Die Arktis ist genauso wenig *terra nullius*, also im übertragenen Sinne Niemandsland, wie die Region ein rechtsfreier Raum ist. Selbst unter der geläufigen Annahme eines anarchischen Staatensystems ohne verbindliche supranationale Ordnungsinstanz gibt es in der internationalen Politik Spielregeln – und ebensolche Spielregeln gibt es auch in der Arktis. Kritiker der bestehenden Governance-Ordnung richten ihren Fokus allzu stark allein auf die schwache ordnungsgebende Gewalt des Arktischen Rates und verlieren damit das Gesamtbild des arktischen Institutionengefüges aus dem Blick (Kap. 3). Der Arktische Rat ist nur ein Teil, wenngleich ein zentraler, des sich herausbildenden Regimekomplexes mit arktisspezifischen und arktisrelevanten Institutionen auf der subnationalen, regionalen und internationalen Ebene.

Dieses Institutionengefüge bildet, was Oran R. Young das arktische Regimekomplex oder Mosaik nennt. Definiert wird es von Young (2005, 2012a, S. 394) als eine „Reihe elementarer Regime oder Elemente, die auf denselben Politikbereich oder dasselbe räumlich definierte Gebiet zutreffen, die zueinander in einer nicht-hierarchischen Beziehung stehen und die miteinander interagieren in dem Sinne, dass das Wirken eines jeden einzelnen Elementes die Funktion jedes anderen beeinflusst". Er bettet seine Definition bewusst in die Regimetheorie an, der zufolge ein Regime als solches zu verstehen ist, wenn die gegenseitigen Handlungserwartungen von politischen Akteuren zunehmend um thematisch fokussierte politische Prinzipien, Normen, Regeln und Entscheidungsverfahren herum konvergieren (Krasner 1983). Ein Regimekomplex bezeichnet damit eine sinnhafte und zielgerichtete Ordnungsstruktur und eben kein „Flickwerk" (Rothwell 2008, S. 251).

Solche Regimekomplexe bilden sich gewöhnlich entlang *politikbereichs*spezifischer Koordinierungsprobleme aus, wie beispielsweise in Bezug auf globalen Handel, Klimaschutz, die Nichtverbreitung von Massenvernichtungswaffen, Menschenrechtsschutz, Fischerei oder die Bewahrung biologischer Vielfalt. In der Arktis ist in den vergangenen Jahren hingegen ein *raum*spezifischer Regimekomplex entstanden. Dieser funktional ausdifferenzierte Komplex etabliert infolge der Gleichzeitigkeit von Globalismus und Regionalismus ein Mehrebenensystem, in dem Teilaspekte arktischer Governance besser auf der internationalen Ebene, andere auf der zirkumpolaren Ebene und wieder andere auf der subnationalen Ebene adressiert werden, um effektiv sein zu können (Stokke 2011, S. 843). Die Betrachtung des arktischen Regimekomplexes anhand der verschiedenen Governance-Ebenen verdeutlicht die große räumliche Ausdehnung, die Vielzahl der teilnehmenden Akteure, die mannigfaltige inhaltliche Ausrichtung und die Bandbreite der Rechtsformen arktisspezifischer und arktisrelevanter Institutionen (Kap. 3).

Was aber heißt das für die Regierbarkeit der Arktis? Ein wesentlicher Vorteil eines aus vielen Einzelteilen bestehenden Governance-Systems mit vielerlei verschiedenen Komponenten ist zunächst seine Flexibilität und Anpassungsfähigkeit. Dies ist vor allem für eine sich in rapidem Wandel befindliche Region wie der Arktis von signifikanter Bedeutung. Institutionen, die unter der Prämisse eines ganzjährig weitestgehend gefrorenen Arktischen Ozeans gegründet wurden, müssen in Zeiten des Klimawandels und Sommern mit erheblich niedrigerer Eisausdehnung als noch vor wenigen Jahrzehnten angepasst werden können. Sowohl die Zielrichtung vieler Arktisinstitutionen ändert sich mit den neuen klimatischen Gegebenheiten als auch der betroffene und folglich möglichst inkludierte Akteurskreis sowie die Geschwindigkeit, mit der Herausforderungen angegangen werden müssen.

Dass es für die Arktis keinen allumfassenden Arktisvertrag als häufig vorgeschlagene Alternative zum aktuellen Mosaiksystem gibt, bringt einige Vorteile mit sich: Rechtlich bindende Verträge sind schwerfällige Instrumente, die in der Regel lange Zeit brauchen, um verabschiedet zu werden, und manchmal noch länger, bis sie aufgrund ausreichender Ratifizierungen in Kraft treten können. Sobald in Kraft, sind sie oft schwer umzusetzen, zum Beispiel aufgrund mangelnder Präzision und Unklarheit darüber, welche konkreten Ge- und Verbote sich für Akteure aus den Verträgen ergeben. Nicht zuletzt sind sie schwer an neue Umstände und Entwicklungen anzupassen, zum Beispiel aufgrund von mangelnden Mechanismen zur Reform oder wegen hoher Hürden wie erneuter Abstimmung oder Ratifikation.

Viele Institutionen im arktischen Regimekomplex basieren nicht auf rechtlich bindenden Verträgen, sondern befinden sich im Bereich des sogenannten *soft law,* wo für Akteure keine rechtlichen Konsequenzen aus Nichteinhaltung eines Abkommens entstehen (gleichsam sind politische Konsequenzen zum Beispiel in Form von Vertrauensverlust und Rufschädigung durchaus wirksame Anreize für die Einhaltung internationaler Vereinbarungen). Die rechtliche Unverbindlichkeit führt häufig dazu, dass Abkommen eine höhere Präzision in ihrer Ausformulierung von Geboten und Verboten aufweisen, was der Überprüfung der Umsetzung von Vereinbarungen zuträglich ist und generell zu „tieferer" Kooperation führen kann (Abbott et al. 2000).

Ein interagierendes Mehrebenensystem mit vielen Institutionen von der lokalen bis zur internationalen Ebene, welches zudem offen ist für die potenzielle Teilnahme zahlreicher staatlicher wie nichtstaatlicher Akteure kann vielerlei Zwecken dienen und daher vielen Akteuren und Interessen Rechnung tragen. In Zeiten neuartiger Interessenlagen aufgrund der sich ändernden regionalen wie globalen Bedeutung arktischer Politikfelder ist es von Vorteil, neue Akteure und Interessen in bestehende Institutionen aufnehmen zu können. Die Konzentration der Hauptorgane arktischer Governance, vor allem des Arktischen Rates, auf Politikbereiche ohne große strategische Relevanz (oft als *low politics* bezeichnet) schützt außerdem die Kontinuität arktischer Kooperation bis zu einem gewissen Grad vor geopolitischen Turbulenzen in anderen Regionen.

Die Konzentration auf einige, aber nicht alle Politikbereiche in einer Institution (wie das Auslassen von militärischer Sicherheit im Arktischen Rat) birgt sicherlich die Gefahr, dass sie außerhalb der politischen Agenda bleiben, obwohl sie wichtig sind. Ein Mosaiksystem ist aber auch hier flexibel. Da diese Ordnung sich durch eine relative Offenheit und Diversität von Kooperationsformen auszeichnet, muss nicht alles einer oder wenigen Institutionen aufgebürdet werden, wie beispielsweise dem Arktischen Rat. Stattdessen können neue Kooperationsformen auf geeigneten Ebenen und in geeigneter Form geschaffen werden, wie das Arctic Coast Guard Forum (ACGF) für Kooperation zwischen den Küstenwachen der Arktisstaaten oder der Arctic Security Forces Roundtable (ASFR) für Sicherheits- und Militärfachleute der Arktis- und Drittstaaten.

Die Komplexität und Vielschichtigkeit des arktischen Governance-Systems in seiner heutigen Form bergen aber auch einige Nachteile. Zunächst bringt ein solches System einen gewissen Grad an Unübersichtlichkeit mit sich, was es für neue und außenstehende Akteure schwierig macht, das System zu verstehen und Einflussmöglichkeiten abzuschätzen.

Eine weitere Gefahr besteht in der Fragmentierung des Governance-Gefüges (Humrich 2013), welche im schlimmsten Fall zu einer Kakofonie von inkohärenten und konfliktträchtigen Gemengelagen zwischen Institutionen führt. Konfliktträchtige Fragmentierung zeichnet sich durch unverbundene Institutionen aus, deren zentrale Zielvorstellungen miteinander in Konflikt stehen. Dies führt in der Regel auch zu einer Konkurrenz zwischen Institutionen, welche durch verschiedene Akteure unterstützt werden. Fragmentierung geht auch mit einer generellen Unklarheit über die Arbeitsteilung einher, welche Institution für was (und für was nicht) zuständig ist. Außerdem ist es schwierig auszumachen, ob alle wichtigen Bereiche von Kooperation abgedeckt sind oder ob Lücken in Bezug auf Politikfelder, Akteurseinbindung und Effektivität von Institutionen bestehen. Einerseits kann es also zu einer Überlappung von Kompetenzen kommen, und andererseits können manche Kooperationsfelder gänzlich unbesetzt bleiben. Im Kern ist Fragmentierung vor allem aufgrund mangelnder Integration inhaltlich miteinander verwandter Themengebiete, die in verschiedenen Institutionen behandelt werden, problematisch.

Des Weiteren bringt ein Regimekomplex im Gegensatz zu einem einheitlichen Vertragssystem eine gewisse Unverbindlichkeit mit sich, was dazu führt, dass nicht immer alle Akteure bei allen Themen und Kooperationsformen dabei beziehungsweise in geeigneter Form beteiligt sind. Somit besteht die Gefahr, dass wichtige Akteure ausgeschlossen bleiben (oder bleiben wollen) und Kooperationsziele dadurch verfehlt werden. Das System lädt außerdem zu einer Strategie des „Rosinenpickens" ein, da die Vielfalt an Institutionen es ermöglicht, nur dort Ressourcen in Kooperation zu investieren, wo es nationalen Interessen dienlich ist. Tab. 4.1, die die Mitgliedschaft der im Arktischen Rat vertretenen arktischen und nichtarktischen Staaten in weiteren arktisspezifischen und arktisrelevanten Institutionen illustriert, verdeutlicht in diesem Zusammenhang drei wichtige Aspekte des arktischen Regimekomplexes: 1) Eine Vielzahl an Institutionen und Organisationen auf der regionalen und internationalen Ebene ist für die Governance der Arktis von Bedeutung. 2) Globale Institutionen überwiegen im Gegensatz zu regionalen Elementen des Komplexes, sind aber weitaus weniger regionalspezifisch. 3) Nicht alle arktisrelevanten Akteure sind in gleichem Maße in das Mehrebenensystem

Tab. 4.1   Mitgliedschaft in arktisspezifischen und -relevanten Institutionen. (Auswahl auf Grundlage der Mitgliedschaft im Arktischen Rat)

	Vollmitglieder Arktischer Rat								Beobachterstaaten Arktischer Rat													
	DK	FI	IS	CA	NO	RU	SE	US	CN	DE	FR	GB	IN	IT	JP	NL	PL	CH	SG	ES	KR	EU
Arktisspezifische Institutionen																						
AEC																						
Svalbard																						
ACPB																						
AMSAR																						
MOPPR																						
ASC																						
AHSFCAO																						
ACGF																						
ASFR																						
Arktisrelevante Institutionen																						
Souveränitäts- und Hoheitsrechte																						
SRU																						
ISA																						
Internationale Organisationen																						
IMO																						
EU	2																					
BEAC																						
NCM						1			1	1							1					
Umwelt																						
Paris																						
Stockholm	2																					
Minamata																						
OSPAR																						
Copenhagen																						
IMO MARPOL																						
IMO London																						
IMO London Prot																						
IMO OPRC																						
IMO Polar Code																						
Fischerei																						
FAO	3																					
NEAFC																						
NPAFC																						
NAFO																						
NASCO																						
ICCAT																						
Sicherheit																						
IMO SOLAS																						
NATO																						
Wissenschaft																						
IPCC																						
WMO																						
ICES																						
PICES																						

Legende:

■ Vollmitglied   ▦ Assoziiertes Mitglied/Beobachterstatus   [1] Bestehende Kooperationsvereinbarung   [2] Grönland und Färöer-Inseln ausgenommen   [3] Färöer-Inseln mit Assoziationsstatus eingebunden und können folglich nicht in gleichem Maße Einfluss auf das Regime nehmen. Die arktisspezifischen Institutionen mit hoher Relevanz für regionale Governance, in denen hauptsächlich und zum Teil exklusiv die acht Arktisstaaten kooperieren, räumen diesen Staaten eine privilegierte Position im arktischen Regimekomplex ein.

In diesem Sinne könnte eine komplexe Governance wie in der Arktis einem gemeinsamen übergeordneten Ziel abträglich sein. Obwohl flexibler und leichter anzupassen, laufen rechtlich nicht bindende Abkommen Gefahr, aufgrund der mangelnden Durchsetzungskraft nicht das gewünschte Kooperationsziel zu erreichen. Rechtlich bindende Verträge mit klaren Verbindlichkeiten und Sanktionen im Falle des Verstoßes könnten in diesem Sinne effektiver sein, vor allem wenn es um Kooperationsbereiche geht, wo notwendige Schritte häufig gegen nationale Interessen gerichtet sind, wie beispielsweise im Umwelt- und Klimaschutz. Viele wichtige Abkommen zur Arktis sind, wie oben ausgeführt, zudem nicht arktisspezifisch, aber aufgrund ihrer geografischen Ausdehnung oder inhaltlichen Ausformung arktisrelevant. Arktisrelevante Institutionen bergen das Risiko, dass ihre nicht auf die Arktis speziell ausgerichteten Regelungen zu vage oder unpassend für die besonderen Eigenschaften der Arktisregion sind. Vor allem das Seerechtsübereinkommen der Vereinten Nationen (SRÜ) mit ihrem Anspruch, für alle Weltmeere zu gelten, wird häufig in dieser Hinsicht kritisiert (Abschn. 3.2).

4.3 Neoklassische und kritische Geopolitik

Im Versuch, die neuzeitlichen Transformationsprozesse im Arktisraum und deren Auswirkungen auf die regionale politische Ordnung zwischen den Arktisstaaten analytisch greifbar zu machen, erlebt das Konzept der Geopolitik bei Außenpolitikern, Akademikern und Medienvertretern gleichermaßen seit geraumer Zeit eine Renaissance. Allein für das Jahr 2017 lassen sich bei Google Scholar unter der Kombination der englischen Suchbegriffe *Arctic* und *geopolitics* über 1.000 Titel finden. Noch zehn Jahre zuvor war es kaum ein Drittel und für die 1990er Jahre tendiert die Trefferquote beinahe gegen null. Die Arktis reiht sich damit in eine Liste neuer geopolitischer Hotspots des 21. Jahrhunderts ein, zu der neben dem Hohen Norden unter anderem auch das Südchinesische Meer, Osteuropa sowie der Nahe und Mittlere Osten gezählt werden können. Sie alle stehen im Zeichen vermeintlich geopolitischer Dynamiken, denen zufolge allen diesen Regionen eine gewisse Fragilität anhaftet und sie damit für die internationale Friedens- und Sicherheitspolitik von nicht zu vernachlässigender Relevanz sind.

Die Arktis steht in Teilen des wissenschaftlichen Diskurses um diese geopolitischen Hotspots stellvertretend für das Wiedererstarken von *power politics* und einen global geführten Kampf zwischen etablierten und aufstrebenden globalen Mächten wie den USA, Russland, China und Indien um Einflussnahme, Territorialansprüche und verbliebene Ressourcenvorkommen. Als *the world's last energy frontier,* die einen Großteil der noch unentdeckten fossilen Rohstoffe beherbergen soll (Abschn. 5.1.1), steht der Hohe Norden dabei ganz besonders im Fokus geopolitischer Analysen.

Der sprunghafte Anstieg einer explizit geopolitischen Auseinandersetzung mit der politischen Ordnung im Arktisraum seit den frühen 1980er Jahren entbehrt bei genauerer Betrachtung nicht eines gewissen Anachronismus, fällt doch die „geopolitische Wende" in eine Zeit, in welcher der offensichtliche Antagonismus zwischen Russland einerseits und den vier anderen Anrainerstaaten des Arktischen Ozeans, allesamt NATO-Mitgliedstaaten, andererseits weitestgehend aufgehoben schien. Prägte dieser Antagonismus die Ost-West-Beziehungen weite Teile des 20. Jahrhunderts hindurch bis in die Ära des Kalten Krieges, auch und insbesondere im Arktisraum als strategische Pufferzone, so trat an seine Stelle seit Mitte der 1980er Jahre verstärkt ein regionales Ordnungssystem, das sich durch Verrechtlichung im Zuge des 1982 beschlossenen Seerechtsübereinkommens der Vereinten Nationen (SRÜ), eine zunehmende Institutionalisierung der zwischenstaatlichen Beziehungen um die 1989 initiierte AEPS und daraus folgend den 1996 gegründeten Arktischen Rat sowie außenpolitische Öffnung auf beiden Seiten des Arktischen Ozeans auszeichnete (Kap. 3). Im Oktober 1987 legte Michail Gorbatschow, seinerzeit Generalsekretär der Kommunistischen Partei der Sowjetunion (KPdSU), mit einer Rede in der Hafenstadt Murmansk den Grundstein für eine Wende in den arktischen Beziehungen, indem er insbesondere mit Blick auf eine erhebliche Reduzierung des Bestands an Nuklearwaffen in der Arktisregion erklärte: „Die Sowjetunion ist für eine radikale Reduzierung der militärischen Konfrontation in der Region. Lasst uns den Norden der Erde, die Arktis, zu einer Friedenszone machen. Lasst den Nordpol einen Friedenspol sein" (Gorbatschow 1987).

Auf Grundlage dieser drei einsetzenden Entwicklungen – internationale Regelsetzung, Verstetigung institutioneller Kooperation sowie außenpolitische Öffnung – entstand in der Zeit nach Ende des Kalten Krieges eine stabile, friedvolle und von zunehmendem gegenseitigen Vertrauen geprägte politische Ordnung zwischen den acht Arktisstaaten sowie weiteren Akteuren der internationalen Gemeinschaft zum besseren Schutz der Region und seiner einheimischen Bevölkerung. Was also hat sich auf der strukturellen Ebene oder in den politischen Beziehungen der Arktis geändert, das eine Rückbesinnung auf Konzepte und Theoreme klassischer Geopolitik nach Meinung vieler Beobachter plausibel und erklärungsstark erscheinen lässt?

4.3.1   Konzept und Begriffsgeschichte einer arktischen Geopolitik

Der Begriff der Geopolitik stellt die bisherige politische Ordnung in der Arktis infrage beziehungsweise hält das bestehende Regime für zu schwach, um möglichen Territorial- und Ressourcenkonflikten und den damit verbundenen Risiken eines Sicherheitsdilemmas (Abschn. 4.4) entgegenzuwirken. Wie viele Begriffe und Konzepte in den Sozialwissenschaften entzieht sich auch der auf den schwedischen Staatswissenschaftler Rudolf Kjellén (1864–1922) zurückgehende Begriff der Geopolitik einer eindeutigen, konsensfähigen Definition. So schnell die Frontier-Mentalität im Kontext der Arktis auch bedient wird, so dürftig fällt oft die konzeptionelle Auseinandersetzung mit dem Begriff der Geopolitik aus.

Dieser Mangel an konzeptueller Tiefe ist in dreierlei Hinsicht problematisch: Die Geopolitik ist nach wie vor ein in weiten Teilen der IB-Forschung gemiedener, weil historisch beladener und mit geodeterministischen Herrschaftsideologien konnotierter Begriff. In der Raumideologie der Nationalsozialisten und deren geistigen Urhebern wie Friedrich Ratzel (1844–1904) und Karl Haushofer (1869–1946) stand der Begriff der Geopolitik für den Zugewinn von „Lebensraum" durch territoriale Expansion insbesondere nach Osten (Wegge und Keil 2018). Sofern, und gerade wenn, der Begriff der Geopolitik lediglich implizit und unreflektiert verwendet wird, weckt er historische Assoziationen von Auseinandersetzung und Kampf um territoriale Zugewinne zulasten anderer Akteure. Darüber hinaus sind weite Teile der Arktisforschung mit dem Begriff der Geopolitik stark überdehnt, während eine explizite Auseinandersetzung mit dem Begriff und seinen Grundlagen nach wie vor aussteht. Dabei ist zunächst festzuhalten, dass es nicht die *eine* Geopolitik gibt und sich das Konzept einer eindeutigen Definition auch nach jahrzehntelangem Diskurs sowie der jüngeren Welle geopolitischer Forschung entzieht. Vielmehr ist unter Geopolitik ein Gedankengebäude zu verstehen, das mehrere Traditionen und Denkansätze aus den Internationalen Beziehungen, und hier insbesondere des Neorealismus, sowie der politischen Geografie unter einem Dach vereint. Schließlich verliert der Begriff der Geopolitik im Zuge einer weit verbreiteten Unterspezifizierung und Reduzierung auf den Zusammenhang geografischer Determinanten und staatlichem Handeln schnell seine analytische Anziehungskraft oder setzt sich dem Vorwurf außenpolitischer Ideologisierung aus, indem er ohne nähere Bestimmung politisches Handeln in einen geografischen, territorialen Kontext setzt. Vor diesem Hintergrund ist alle (Außen-)Politik zugleich Geopolitik, weil staatliches Handeln nie ungebunden von Zeit und Raum erfolgt, sondern diese als latente Variablen allgegenwärtig sind. Somit wird das Präfix *Geo* in Geopolitik ad absurdum geführt, sofern Geopolitik vereinfacht als „die Analyse der internationalen Beziehungen aus einer räumlichen oder geografischen Perspektive" (Parker 1998, S. 5) verstanden würde, ohne Kausalzusammenhänge und Wirkungsrichtung zwischen geografischen Variablen und politischem Handeln von Akteuren explizit zu machen.

Vor diesem Hintergrund handelt es sich bei dem Konzept der Geopolitik je nach Anwendung mehr um eine außenpolitische Strategie oder um eine Methode zur Analyse staatlichen Handelns im Kontext geografischer Determinanten als um eine Theorieschule. Tatsächlich vermag sich die heutige *neoklassische* Geopolitik kaum von ihren ideologischen Vordenkern wie Halford Mackinder (1861–1947), Alfred Thayer Mahan (1840–1914) und Nicholas Spykman (1893–1943) zu lösen, sondern überführt unkritisch deren Betrachtungsweise ontologisch sowie erkenntnistheoretisch in die heutigen strukturellen Gegebenheiten der internationalen Politik, ohne den veränderten sozialen, wirtschaftlichen, kulturellen, historischen und politischen Kontexten Rechnung zu tragen.[5]

---

[5]So sprechen manche Autoren unter Rückgriff auf die Terminologie und Heartland-Theorie Mackinders von der Arktis als dem „nächsten geografischen Dreh- und Angelpunkt" des 21. Jahrhunderts (Antrim 2010; Mackinder 1904).

Deren Arbeiten fußten auf den Grundannahmen eines organischen Staatszentrismus, Geodeterminismus und politischen Realismus. Die neoklassische Geopolitik kann als verlängerter Arm der neorealistischen Denkschule der internationalen Beziehungen mit militärstrategischem Anstrich bezeichnet werden, „als schicksalhafte Realpolitik im naturalistischen Gewand" (Helmig 2007, S. 31).

4.3.2   Arktische Geopolitik erster und zweiter Generation

So schwer eine exakte Begriffsbestimmung arktischer Geopolitik fällt, so wenig homogen oder linear gestaltet sich der Diskurs über diese. Grob lassen sich in der vergangenen Dekade zwei Generationen neoklassischen geopolitischen Denkens in der Arktisforschung identifizieren: eine erste Phase zwischen 2008 und 2013, die ein unmittelbares, intraregionales Konfliktszenario infolge potenziell unvereinbarer Territorial- und Ressourcenansprüche entwarf, sowie seit dem Frühjahr 2013 eine zweite Phase, die den indirekten Einfluss peripherer und globaler Entwicklungen auf die Zusammenarbeit arktischer Staaten im Hohen Norden hervorhebt (Knecht 2015). Während die drei wesentlichen Grundannahmen der geopolitischen Analyse in beiden Generationen identisch sind, stehen sich die von ihnen formulierten Ursache-Wirkungs-Zusammenhänge diametral gegenüber.

Entsprechend ihrer methodischen Verwendung als Strategie- oder Analysekonzept denn als theoretische Schule ist der Ursprung der „geopolitischen Wende" in den Arktisstudien auch weniger im akademischen Diskurs zu verorten als vielmehr in der breiteren Resonanz der populärwissenschaftlichen Literatur sowie einer Reihe von Veröffentlichungen in für außenpolitische Kreise relevanten Fachzeitschriften. In einem einflussreichen und viel zitierten Artikel in *Foreign Affairs* aus dem Frühjahr 2008 warnte der Autor Scott G. Borgerson davor, dass sich das ökonomische Potenzial der Region in einem weitestgehend unregulierten Raum ohne eindeutige Besitz- und Anspruchsverhältnisse zu einer „toxischen Gemengelage" entwickle, in welcher arktische Staaten auf militärische Mittel zur Wahrung und Durchsetzung ihrer nationalen Interessen zurückgreifen könnten (Abschn. 4.4.1). Ohne diplomatische Lösungen zur Beilegung konkurrierender Besitzansprüche, so Borgerson, könnte ein „bewaffneter, zügelloser Wettlauf um die Ressourcen der Region ausbrechen" (Borgerson 2008, S. 65). Bereits die verwendete Zwischenüberschrift *The Coming Anarchy* weist darauf hin, dass Borgerson Anarchie nicht als maßgebliches strukturelles Merkmal der internationalen Ordnung im Sinne des Neorealismus betrachtete, sondern tatsächlich als Modus Operandi in der Außenpolitik der Arktisstaaten.

Auch in der deutschsprachigen IB-Forschung ist das geopolitische Paradigma bislang wenig reflektiert, sondern unkritisch rezipiert worden. Der Fokus liegt hier beispielsweise in der Bedeutung der Arktis für deutsche Wirtschaftsinteressen als neu entdeckte „Schatzkammer" (Haftendorn 2012), um die ein „geostrategischer Machtpoker gespielt wird, dessen höchster Einsatz der Krieg ist" (Marx 2010, S. 109). Im biologischen Sinne eines wachsen wollenden Staatsorganismus, wie er bei Friedrich Ratzel zu finden ist, trachteten die Anrainerstaaten nur danach,

„die Polarregion ihrem Staatsgebiet einzuverleiben" (Matz 2010, S. 27). Zwar hat die übertriebene Darstellung eines nördlichen Konfliktszenarios durchaus dazu beigetragen, die Arktis und ihre Bedeutung auf die Agenda der internationalen Politik(wissenschaft) zu heben; fundiert und sachdienlich sind bisherige Analysen der politischen Entwicklungen in der Region allerdings nicht immer. Der lange erwartete Kampf um die Arktis – er ist bis heute ausgeblieben.

Diese erste Generation geopolitischer Forschung entwarf ein Konfliktszenario, in dem sie die drei Komponenten Umweltveränderungen, Ressourcenvorkommen und Territorialansprüche miteinander in Bezug setzte. Diese drei Komponenten sind keinesfalls eigenständig zu fassen, sondern Teil eines dynamischen Dreiecks, welches in seiner Gesamtheit und Wechselwirkung für das Zustandekommen des geopolitischen Paradigmas konstitutiv ist. Dieses Verständnis scheint nicht immer eindeutig und hat in der bisherigen Forschung zu Verwirrung geführt. So beziehen Autoren das Konzept der Geopolitik auf ganz verschiedene Teilaspekte dieses Dreiecks und sprechen im Zuge dessen entweder von „geopolitics of climate change" (Zellen 2009), „geopolitics of Arctic melt" (Ebinger und Zambetakis 2009), „geopolitics of Arctic oil" (Hough 2012) oder der Geopolitik der maritimen Schifffahrt (Blunden 2012).

Allerdings löste erst das zeitgleiche Auftreten aller drei Komponenten ab dem Jahr 2007 den Anstieg geopolitischer Forschung aus. Das US-amerikanische National Snow and Ice Data Center (NSIDC) verzeichnete für September 2007 ein neues Rekordtief der arktischen Meereisbedeckung seit Beginn der Satellitenaufzeichnung im Jahre 1979. Nur wenig später veröffentlichte der United States Geological Survey (USGS) eine Prognose, wonach 13 % der weltweit noch unentdeckten Öl- und 30 % der noch unentdeckten Gasvorkommen in arktischen Gewässern vermutet werden (Bird et al. 2008). Breite öffentliche Resonanz erhielten diese Rahmenfaktoren allerdings erst durch die russische *Arktika 2007*-Expedition, die neben geologischen Forschungen auch eine russische Flagge aus Titan in den Meeresboden unterhalb des geografischen Nordpols stemmte. Diese Aktion wurde sowohl in den Medien als auch unter westlichen Politikern als der Auftakt eines bevorstehenden Konkurrenzkampfes um den Nordpol interpretiert, in dem es nun darum gehe, eigene Hoheitsansprüche in der Arktis schnellstmöglich abzustecken und gegen Ansprüche anderer Anrainerstaaten mit allen Mitteln, auch militärischen, zu verteidigen.

Exkurs: Kanadas Reaktion auf den russischen Vorstoß 2007
Die historische Tragweite der russischen Expedition im August 2007 verglich der Sprecher des Staatlichen Instituts für Arktis- und Antarktisforschung, Sergej Baljasnikow, mit dem Hissen der US-Flagge auf dem Mond knapp vier Jahrzehnte zuvor (Spiegel Online 2007). Der damalige kanadische Außenminister Peter MacKay reagierte auf das russische Vorgehen entrüstet mit den Worten: „Wir befinden uns nicht im 15. Jahrhundert. Man kann nicht einfach durch die Welt laufen, Flaggen in den Boden stecken und sagen ‚Wir beanspruchen dieses Territorium'" (zitiert in Chivers 2007). Bedenkt man, dass es sich bei Arktika 2007 um eine wissenschaftliche Expedition

zur Sammlung geologischer Daten handelte und das Setzen einer Flagge in internationalen Gewässern keinerlei rechtlichen Anspruch begründet, muss die Aktion als ein provokanter, aber nicht ganz ernst gemeinter Medienstunt interpretiert werden.

Im Fokus der ersten Generation neoklassischer Geopolitik standen dementsprechend in erster Linie potenzielle Grenzstreitigkeiten, Unklarheiten über den Status von Teilgebieten der Arktis sowie konkurrierende Ansprüche über die Festlegung der äußeren Grenze des Festlandsockels über die Ausschließliche Wirtschaftszone von 200 sm hinaus. Diese bei der Festlandsockelgrenzkommission anhängigen beziehungsweise noch einzureichenden Anträge bergen gegenwärtig das einzige ernstzunehmende territoriale Konfliktpotenzial in der Region, deren Beilegung im Rahmen bi- oder multilateraler Verhandlungen sich aber noch Jahre, wenn nicht gar Jahrzehnte, hinziehen dürfte (Abschn. 3.2).

Die Demarkationslinien zwischen benachbarten Staaten sind hingegen im Falle maritimer Grenzen weitestgehend und im Falle der Landgrenzen gänzlich unstrittig. Entgegen des konfliktbehafteten Narrativs einer regelarmen, eroberbaren sowie eroberungswürdigen *terra nullius*-Arktis ist die große Mehrzahl der maritimen Grenzlinien im Arktischen Ozean bereits gesetzt. In Tab. 4.2 sind die jeweiligen Vereinbarungen zwischen den betroffenen Vertragsparteien zusammengefasst. Rechtlich bisher nicht eindeutig geregelt sind gegenwärtig noch die maritimen Grenzen der USA zu Kanada und Russland sowie der Grenzverlauf im Falle der Hans-Insel im Kennedy-Kanal zwischen dem Nordwesten Grönlands und der kanadischen Ellesmere-Insel (Exkurs „Dispute in der Arktis" in Abschn. 3.2). Hinzu kommt der unklare Status der Nordwestpassage (NWP), die Kanada als innere Gewässer unter dem SRÜ ansieht und von anderen Akteuren wie den USA und der EU als Meeresstraße mit dem Recht auf Transitdurchfahrt betrachtet wird (Abschn. 3.2). Die Vereinbarung der USA und Russlands über die maritime Grenze in der Beringsee von 1990 wird zwar bis heute von beiden Parteien respektiert, wurde aber kurz vor dem Zusammenbruch der Sowjetunion geschlossen und von Russland als ihrem Rechtsnachfolger nie ratifiziert. Der maritime Grenzverlauf zwischen den USA und Kanada in der Beaufortsee ist bis heute strittig.

Trotz etwaiger offener Status- und Rechtsfragen spricht eine Reihe von Faktoren gegen das Szenario eines neuartigen Konfliktherdes Arktis und eine Zunahme zwischenstaatlicher Spannungen in der Region. Gern übersehen wird von Verfechtern neoklassischer Geopolitik, dass sich geschätzte 90 % der in arktischen Gewässern vermuteten Öl- und Gasvorkommen in nationalen Hoheitsgewässern und damit in unbestrittener Zuständigkeit eines der fünf Anrainerstaaten befinden (Abschn. 5.1.1). Kein arktischer Anrainerstaat hat in Bezug darauf jemals die staatliche Souveränität oder territoriale Integrität eines anderen Anrainerstaates infrage gestellt. Stattdessen haben bereits 2008 die A5 in einer gemeinsamen Erklärung, der Ilulissat-Deklaration, betont, dass allein das internationale Seerecht für die ordentliche Streitbeilegung möglicher überlappender Ansprüche maßgeblich ist

Tab. 4.2 Maritime Grenzabkommen im Arktischen Ozean.

Vertragsparteien	Jahr	Titel
Kanada-Dänemark (Grönland)	1973	Agreement between the Government of Canada and the Government of the Kingdom of Denmark relating to the delimitation of the continental shelf between Greenland and Canada
Dänemark (Grönland)- Island	1997	Agreement between the Government of the Kingdom of Denmark along with the Local Government of Greenland on the one hand, and the Government of the Republic of Iceland on the other hand in the delimitation of the continental shelf and the fishery zone in the area between Greenland and Iceland
Dänemark (Grönland)- Norwegen (Jan Mayen)	1995	Agreement between the Kingdom of Denmark and the Kingdom of Norway concerning the delimitation of the continental shelf in the area between Jan Mayen and Greenland and concerning the boundary between the fishery zones in the area
Dänemark (Grönland)- Norwegen (Svalbard)	2006	Agreement between the Government of the Kingdom of Norway on the one hand, and the Government of the Kingdom of Denmark together with the Home Rule Government of Greenland on the other hand, concerning the delimitation of the continental shelf and the fisheries zones in the area between Greenland and Svalbard
Dänemark (Grönland)- Island-Norwegen (Jan Mayen)	1997	Agreement between the Government of the Kingdom of Denmark along with the Local Government of Greenland on the one hand, and the Government of the Republic of Iceland on the other hand on the Delimitation of the Continental Shelf and the Fishery Zone in the Area between Greenland and Iceland
Island-Norwegen (Jan Mayen)	1981	Agreement between Iceland and Norway on the continental shelf between Iceland and Jan Mayen
Norwegen-Russland	1957	Agreement between the Royal Norwegian Government and the Government of the Union of Soviet Socialist Republics concerning the sea frontier between Norway and the USSR in the Varangerfjord
Norwegen-Russland	2007	Agreement between the Russian Federation and the Kingdom of Norway on the maritime delimitation in the Varangerfjord area

(Fortsetzung)

Tab. 4.2 (Fortsetzung)

Vertragsparteien	Jahr	Titel
Norwegen-Russland	2010	Treaty between the Russian Federation and the Kingdom of Norway concerning maritime delimitation and cooperation in the Barents Sea and the Arctic Ocean
Russland-USA	1990	Agreement between the United States of America and the Union of Soviet Socialist Republics on the maritime boundary

(Ilulissat-Deklaration 2008). Auf dieser Grundlage und, wie die Vereinbarung sich liest, „im Wunsch, einen Beitrag zur Sicherung der Stabilität und Stärkung der Kooperation in der Barentssee und dem Arktischen Ozean zu leisten" (Kingdom of Norway and the Russian Federation 2010), einigten sich im September 2010 Russland und Norwegen nach mehr als 40 Jahren Uneinigkeit auf diplomatischem Wege über den Verlauf ihrer gemeinsamen maritimen Grenze (Moe et al. 2011).

Im Zuge der vorgenannten ökonomischen und politisch-rechtlichen Realitäten im Arktisraum hat das geopolitische Paradigma der ersten Generation an Überzeugungskraft verloren. Stellvertretend für das vermeintliche Ende geopolitischen Denkens im Kontext der Arktis steht jener Scott Borgerson, der die erste Generation mit seinem Artikel in *Foreign Affairs* aus dem Jahr 2008 ursprünglich mit eingeleitet hatte. In einem neuerlichen Artikel in *Foreign Affairs* aus dem Jahr 2013 relativierte Borgerson seine ursprünglichen Ansichten fast lakonisch mit dem Hinweis:

> Etwas Lustiges ist auf dem Weg hin zur arktischen Anarchie passiert. Statt die Positionen zu verhärten, hat die Möglichkeit wachsender Spannungen die Länder angespornt, ihre Differenzen friedlich beizulegen. Das gemeinsame Interesse am Profit war stärker als der Instinkt, um Territorium zu konkurrieren. Die arktischen Staaten haben das Säbelrasseln zugunsten einer Vielzahl beeindruckender Kraftakte zur Kooperation aufgegeben und damit die Pessimisten Lügen gestraft (Borgerson 2013).

Trotz der Entmystifizierung des geopolitischen Konfliktmechanismus der ersten Generation hat der Arktisraum als Projektionsfläche für geopolitische Forschung ihren Stellenwert in den internationalen Beziehungen kaum eingebüßt. Vielmehr hat sich eine zweite Generation neoklassischen geopolitischen Denkens in der Arktisforschung entwickelt, die die Ursache-Wirkungs-Beziehung der ersten Generation auf den Kopf stellt. Während die erste Generation das Konfliktpotenzial primär innerhalb der Region sah und deren Auswirkungen auf die globale politische Ordnung fürchtete, fokussiert die zweite Generation hingegen auf internationale Entwicklungen und Konfliktlinien und leitet daraus Konsequenzen für die arktischen Beziehungen ab (Rahbek-Clemmensen 2017). Die Gefahr eines solchen Spill-over in die Arktis ist spätestens mit Beginn der Ukraine-Krise und der Annexion der Halbinsel Krim durch Russland im März 2014 immer wieder formuliert worden.

In der Theorie lassen sich drei Mechanismen identifizieren, wie sich ein solcher negativer Spill-over vollziehen kann: geografisch, funktional oder institutionell. Im Falle eines geografischen Spill-over würden sich Konfliktlinien über eine begrenzte Region hinaus verschieben, was im weiteren Verlauf eine Konflikt- und Gewaltspirale in angrenzenden Regionen begünstigen könnte. Beispielsweise hat die Ukraine-Krise ab 2014 insbesondere in den Russland benachbarten, baltischen und skandinavischen Staaten das Sicherheitsbedürfnis in dem Maße stimuliert, dass Nicht-NATO-Mitglieder wie Finnland und Schweden in Reaktion auf die Aggression Russlands die seit Jahrzenten in der Öffentlichkeit kontroverse mögliche Mitgliedschaft in dem Verteidigungsbündnis wieder deutlich stärker diskutieren. Bereits im Bündnis befindliche Nationen wie Estland, Lettland, Litauen oder Polen forderten zudem die Stationierung zusätzlicher NATO-Truppen an der Ostflanke Europas, die in Form nicht dauerhaft präsenter, sondern regelmäßig durchwechselnder europäischer und amerikanischer Truppenkontingente dort zwischenzeitlich teilweise Realität geworden ist.

Ein funktionaler Spill-over würde die politischen Beziehungen zwischen Staaten im weiteren Sinne in Mitleidenschaft ziehen. Dies kann, muss aber nicht, auf den Bereich der Sicherheitspolitik beschränkt sein. So könnten regionale Konflikte zu internationalen Sanktionen führen, wie im Falle der Ukraine-Krise unter anderem seitens der USA, Kanadas und der EU gegen Russland verhängt. Auch der Entschluss Frankreichs vom September 2014, den Vertrag über die Auslieferung von zwei Hubschrauberträgern der Mistral-Klasse an Russland zu kündigen, war eine unmittelbare Folge des russischen Vorgehens in der Ukraine. Ein institutioneller Spill-over schließlich würde die zeitweise Unterbrechung oder gar Einstellung der politischen Zusammenarbeit in gemeinsamen Organisationen bedeuten, wie dies im Ostseerat (Council of the Baltic Sea States, CBSS) geschehen ist, dem neben den baltischen Staaten unter anderem auch Russland und die Europäische Kommission angehören. Seitdem der letzte für den Juni 2014 im finnischen Turku geplante CBSS-Gipfel abgesagt wurde, fanden in diesem Forum mit Stand März 2018 keine hochrangigen Ministertreffen mehr statt.

In der Arktis sind derartige Entwicklungen zur Überraschung vieler bis dato weitestgehend ausgeblieben. Weder haben sich Konfliktlinien gen Norden verschoben oder sind die zwischenstaatlichen Beziehungen in anderen Politikbereichen merklich in Mitleidenschaft gezogen worden, noch ist die Zusammenarbeit im Arktischen Rat negativ beeinflusst worden. Alles in allem zeigt sich die arktische Kooperation relativ unbeeindruckt und unbeeinflusst vom intraregionalen Konfliktpotenzial genauso wie von etwaigen extraregionalen Spill-over-Dynamiken. Ganz im Gegenteil scheint die regionale Ordnung stabiler denn je zu sein, wie die Serie beschlossener rechtsverbindlicher Abkommen in den Bereichen Suchrettung, Ölverschmutzung und wissenschaftliche Kooperation seit 2011 nahelegt (Abschn. 3.3).

Exkurs: Auswirkungen der Ukraine-Krise auf die Arktis
Das allgemein positive Stimmungsbild zum Stand arktischer Kooperation unterliegt einigen Eintrübungen. So trafen die Sanktionen der USA und der EU gegen Russland infolge der Ukraine-Krise auch einige Joint Ventures in der russischen Offshore-Förderung und -Exploration, unter anderem zwischen Rosneft und dem amerikanischen Mineralölkonzern ExxonMobil in der südlichen Karasee, zwischen Rosneft und dem italienischen Unternehmen Eni in der russischen Barentssee und dem Schwarzen Meer, zwischen Rosneft und dem norwegischen Energiekonzern Statoil ebenfalls in der Barentssee sowie dem Ochotskischen Meer und zwischen Gazprom Neft und Royal Dutch Shell in der Tschuktschensee, der Ostsibirischen See und der Petschorasee. Die gemeinsamen militärischen Übungen „Northern Eagle", die seit 2004 (seit 2008 mit Norwegen) alle zwei Jahre zwischen der amerikanischen, norwegischen und russischen Marine in der Barentssee und dem Europäischen Nordmeer stattfanden, sowie „FRUKUS" zwischen Frankreich, Großbritannien, Russland und den USA, wurden im Frühjahr 2014 eingestellt. Im Arktischen Rat finden auf hoher politischer Ebene zwar weiterhin regelmäßig Treffen nach Plan statt, allerdings ist die russische Delegation zu den halbjährlichen Treffen der Senior Arctic Officials (SAOs) seit der Ukraine-Krise auf das absolute Minimum von einer Person zusammengeschrumpft.

Die internationalen Beziehungen in der Arktis sind weitaus besser als ihr Ruf, und einiges spricht dafür, dass die Arktis als ein Konfliktraum lediglich konstruiert wird, um bestimmten politischen Interessen zu dienen oder gewissen Handlungs- und Denkweisen Rechtfertigung zu verschaffen. Dies ist die Analyseebene der sogenannten kritischen Geopolitik, die im folgenden Abschnitt näher beleuchtet wird.

4.3.3   Kritische Geopolitik

Seit den 1980er Jahren hat sich in der politischen Geografie und den internationalen Beziehungen eine Gegenströmung zur neoklassischen Geopolitik entwickelt, die die theoretischen Grundannahmen des Staatszentrismus, Geodeterminismus und politischen Realismus und vor allem deren oftmals impliziten Gebrauch zur Legitimierung nationaler Interessen in der Außenpolitik infrage stellt. Die verschiedenen methodischen Schulen, die seit dieser Zeit entstanden sind, lassen sich unter dem Sammelbegriff „kritische Geopolitik" zusammenfassen. Ihnen gemein ist, dass sie zu verstehen versuchen, „wie im Diskurs der Akteure geopolitische Weltbilder sprachlich konstruiert werden, wie in Form geografischer Regionalisierungen und Abgrenzungen neue politische Räume entworfen werden und wie diese diskursiven Konzepte dann in der politischen Arena ihre Wirksamkeit entfalten" (Albert et al. 2003, S. 515). Etwas vereinfacht gesagt, distanziert sich die kritische Geopolitik von der Annahme der neoklassischen Geopolitik, dass Raum einen entscheidenden Einflussfaktor für außenpolitisches Handeln darstellt, indem analysiert wird, wie die diskursive Produktion von Raum einen entscheidenden Einflussfaktor für außenpolitisches Handeln darstellt. Dabei ist zu erwähnen, dass die kritische Geopolitik keineswegs die Möglichkeit sich materialisierender Konflikte über Territorien oder Ressourcen als solche ausschließt.

Während aus Sicht einer neoklassischen Geopolitik die materiellen Eigenschaften geografischer Faktoren oder Objekte im Mittelpunkt stehen, sind es für die kritische Geopolitik ihre jeweils repräsentativen Qualitäten selbst beziehungsweise die Art und Weise, wie diese in der außenpolitischen Beratung durch Experten oder Think Tanks *(formal geopolitics),* in der Gesellschaft und den Medien *(popular geopolitics)* oder der Regierungspraxis *(practical geopolitics)* als politische Mittel gebraucht werden (Ó Tuathail und Agnew 1992). Die kritische Geopolitik bewegt sich damit im Windschatten postmoderner und poststrukturalistischer Ansätze in der Forschung der internationalen Beziehungen, die die soziale Realität und ihre Objekte nicht als naturgegeben konstituiert sehen, sondern stets in Abhängigkeit sprachlicher Bedeutungszuschreibungen (Helmig 2007, S. 34–37). Damit werden als objektiv oder naturgegeben dargestellte Raumkonzeptionen nicht nur angreifbar. Vielmehr weisen Befürworter einer kritischen Geopolitik auf die Möglichkeit sowie damit verbundene politische Implikationen hin, dass Raumkonzeptionen mittels Sprache hergestellt und auch wieder geändert werden können. Wie Mathias Albert (2015, S. 227) vermerkt, ist „struktureller Wandel untrennbar mit einem Wechsel der Semantik verknüpft, welche strukturellem Wandel oftmals vorausgeht oder diesen zum Ausdruck bringt. [...] In stark vereinfachenden Worten: Sprich lange und bedeutungsvoll genug über Arktische ‚frontiers‘ und einen neuen ‚Kalten Krieg‘ und es erwachsen eine Frontier-Mentalität sowie eine höhere Empfänglichkeit für Versuche der Versicherheitlichung".

Die kritische Geopolitik stellt ein starkes und breit gefächertes Gegengewicht zur neoklassischen Geopolitikschule in der Arktisforschung dar. Die diskursive und repräsentative Macht von Raumkonstruktionen beginnt bereits bei der Bestimmung der Arktis und ihrer Grenze selbst (Abschn. 4.1) sowie in der Frage, welches Bild die Arktisstaaten von diesem Raum mithilfe gezielter Framings zu erzeugen versuchen (Abschn. 4.6.2). So legt beispielsweise der Titel der kanadischen Arktisstrategie von 2009 – überschrieben mit „Unser Norden, unser Erbe, unsere Zukunft" – das Bild nahe, die Arktis gehöre allein Kanada, habe immer Kanada gehört und sollte Kanada auch immer gehören. Aus Sicht der kritischen Geopolitik ergibt sich die Frage, für wen welche Raumkonstruktionen zu welchem Zweck erzeugt werden sollen. In der neoklassischen Geopolitik liegt der Fokus ausschließlich auf staatlichen Akteuren, und der unmittelbare Adressat außenpolitischen Handelns ist im internationalen Staatensystem zu suchen. Neoklassische Geopolitiker würden die kanadische Arktisstrategie vornehmlich als ein Leitlinienpapier für außenpolitisches Handeln und damit als eine Botschaft an andere Arktisstaaten mit konkurrierenden Ansprüchen wie Dänemark oder Russland verstehen. Kritische Geopolitiker hingegen würden darüber hinaus in der Strategie einen Legitimierungsversuch für außenpolitisches Handeln sehen und entsprechend den Adressatenkreis auch auf nationale Akteure ausweiten, deren Zustimmung zur politischen Fahrtrichtung gewonnen werden soll.

Die kritische geopolitische Arktisforschung hat mindestens vier Framings identifiziert, die – gewollt oder ungewollt – bestimmte Bilder der Arktis erzeugen: die Arktis als Ressourcen-Frontier, die Arktis als Konfliktzone zwischen Großmächten, die Arktis als gefährdete Heimat indigener Völker und die Arktis als einmaliges, sensibles und bedrohtes Ökosystem (Abschn. 4.6.2). Diese Framings sind durchaus miteinander vereinbar, die Arktis kann (und ist es auch) zeitgleich eine Ressourcenstätte, eine Kontaktzone, Heimat und Ökosystem sein. Die Konstruktion und Dekonstruktion geopolitischer Leitbilder gewinnen allerdings an Bedeutung, wenn daraus Zielvorgaben, praktische Lösungsansätze und politische Ordnungsvorstellungen erwachsen, die in der Folge inkompatibel sind oder einander widersprechen. Der Konflikt wird besonders deutlich an der vielfach geäußerten und schwer zu fassenden Wortverbindung der „nachhaltigen Entwicklung", in dessen Zusammenhang manche Akteure die Betonung auf den Begriff der ökologischen Nachhaltigkeit legen und andere auf den Begriff der wirtschaftlichen Entwicklung (Kristoffersen und Langhelle 2017). Die Arktis als Ressourcen-Frontier ruft nach einem möglichst wirtschaftsfreundlichen Ordnungsrahmen, der auf gegenseitig verbindliche Regelsetzung, eine vorhandene Infrastruktur und internationale Kooperation baut. Ein solches System könnte aber die Heimstätte und das Ökosystem Arktis weiter gefährden. Das Framing der Arktis als gefährdete Heimat betont daher die Notwendigkeit, den indigenen Bewohnern der Arktis weitreichende Souveränitäts- und Mitbestimmungsrechte zuzugestehen und bereits vorhandene zu respektieren. Das Framing eines sensiblen Ökosystems Arktis wiederum sieht ein umfassendes und effektives Umweltschutzregime, in welchem die Förderung arktischer Ressourcen sowie der Eingriff des Menschen – teilweise auch der indigener Bevölkerungen – möglichst ausscheiden, als unverzichtbar an. Alle diese Narrative und ihre jeweiligen Ziele zu verhandeln und miteinander in Einklang zu bringen, gleicht einer Quadratur des Kreises. Mitentscheidend für die zukünftige politische Ordnung der Arktis ist deshalb auch, welches dieser Framings sich durchzusetzen vermag.

Was also taugt der Blick durch die geopolitische Kristallkugel für die Analyse und Szenarienbildung der politischen Ordnung in der Arktis? Sowohl die Prämissen als auch die Implikationen des geopolitischen Paradigmas neoklassischer Lesart und des politischen Realismus haben sich in den vergangenen Jahren als weitestgehend unzutreffend erwiesen. Die Region ist nach wie vor ein Hort funktionaler, stabiler und auf den Grundsäulen des Friedens und des Vertrauens beruhender Kooperation. Die arktischen Staaten haben sich in ihrer regionalen Zusammenarbeit, allen voran im Arktischen Rat, bisher wenig bis gar nicht von der Rhetorik eines aufkeimenden Kalten Krieges beeindrucken lassen. Dennoch hängt das Damoklesschwert eines geopolitischen Konflikts nach wie vor über der Region. Die wirklich drängenden Fragen arktischer Governance im 21. Jahrhundert, wie zum Beispiel einer nachhaltigen Klima- und Umweltpolitik sowie einer sozial und ökologisch verträglichen

Wirtschafts- und Ressourcenpolitik unter Berücksichtigung der Interessen der indigenen Bevölkerung und deren Einbindung in politische Entscheidungsprozesse, drohen dahinter zurückzustehen oder für sicherheitspolitische Zwecke der geopolitischen Agenda vereinnahmt zu werden.

4.4   Neorealismus und klassische Security Studies

Wie kaum eine andere Theorie der Internationalen Beziehungen ist der Realismus mit dem Ost-West-Konflikt des 20. Jahrhunderts verbunden. Ihr maßgeblicher Vertreter Hans J. Morgenthau legte 1948 unter dem Eindruck des Scheiterns des Völkerbundes und des Zweiten Weltkrieges, der Gründung der Vereinten Nationen und dem Heraufziehen der Systemkonfrontation zwischen Kommunismus und Kapitalismus in seinem Werk *Politics Among Nations* die Grundlagen. Eine kritische Auseinandersetzung und Weiterentwicklung zum Neorealismus erfuhr die Theorie in späteren Jahren insbesondere durch Kenneth Waltz (1979). Der Realismus betrachtet Staaten als die relevanten Akteure in einem anarchischen, von Konkurrenz geprägten internationalen Raum, wo sie Außenpolitik zur möglichst maximalen Sicherstellung ihrer nationalen (Macht-)Interessen betreiben. Bündnisse und Mitgliedschaften in internationalen Organisationen werden von den Akteuren dabei allein aus dem Kalkül heraus verfolgt, auf diesem Wege eine effektivere Verfolgung dieser Interessen zu erreichen, als dies außerhalb von ihnen möglich wäre. Die Staaten sind dabei gewissermaßen *Black Boxes*: Innergesellschaftliche Analysen, ergo solche, die die nationalstaatliche Untersuchungsebene unterschreiten, werden aus dieser Perspektive als kaum relevant erachtet und entsprechend nicht betrieben. Aus realistischer Sicht ist Außenpolitik überwiegend Sicherheits- und Militärpolitik. Kriegerische Auseinandersetzungen gelten dem Realisten dabei als niemals gänzlich, sondern im Idealfall nur als so weit wie möglich vermeidbar.

4.4.1   Machtprojektionen im Eis? Annahmen des Realismus für die internationale Arktispolitik

Für die Nationalstaaten als Akteure spielt in dieser Betrachtungsweise somit nicht nur die langfristige Sicherstellung von Ressourcen eine wesentliche Rolle, sondern auch ihre Fähigkeit zur Projektion militärischer Potenziale, einschließlich der Bildung von Allianzen, der Aufrüstung und der gegenseitigen Abschreckung. Im Ergebnis verbleibt der internationale Raum des Realismus trotz herrschender Unordnung nur deshalb vergleichsweise friedlich, weil die darin mit entsprechendem Militärpotenzial befindlichen Akteure aggressives Verhalten gegeneinander scheuen, da sie in diesem Falle stets dem Risiko der militärischen Niederlage und des gänzlichen Verlusts ihrer Interessensspielräume ausgesetzt sind (Hofmann et al. 2007, S. 226 ff.). Charakteristisch ist dabei einerseits die Endlichkeit der Gesamtheit der Interessensspielräume: Was der eine Akteur gewinnt, ist stets gleichzeitig der Verlust eines anderen – die internationale Politik im Realismus ist ein Nullsummenspiel. Andererseits führt die zentrale Abstützung auf Militärpotenziale in den internationalen Beziehungen zu einem Überbietungswettkampf zwischen den Staaten: Sie treten in einen fortlaufenden Rüstungswettlauf ein, da sie nur in der kontinuierlichen Erweiterung und Modernisierung ihrer Arsenale die Chance zur Behauptung sehen. Dies kann zu einem Sicherheitsdilemma führen. Es ist unerheblich, ob Staaten im Rahmen einer solchen Wettlaufsituation offensive oder lediglich defensive Intentionen verfolgen. Allein durch das stete „Mitrüsten" aller Akteure vergrößert sich die Gefahr der militärischen Konfliktaustragung angesichts der stetig wachsenden Militärpotenziale fortlaufend, da sie durch das Fehlen einer globalen Ordnungsmacht in der anarchischen Staatenwelt nach der Sichtweise des Realismus keine wirksame Einhegung erfährt.

Mit dem Realismus und dessen militärpolitischen Implikationen eng verknüpft ist ein Analysestil, der bezeichnenderweise unter dem Begriff „Security Studies" bekannt ist. Er entwickelte sich bereits zu Beginn des Kalten Krieges in den 1950er Jahren, als in der nicht nur wissenschaftlichen, sondern insbesondere auch der politikberatenden Forschung durch die aufkommenden Denkfabriken (*Think Tanks*) die außenpolitischen Entscheidungspfade und Möglichkeiten der Interessendurchsetzung der Blockakteure faktisch mit der Stärke und Leistungsfähigkeit ihrer Streitkräfte im Allgemeinen und ihrer strategischen und taktischen Nuklearkomponenten im Besonderen gleichgesetzt wurden. Die Auflistung und Bewertung der Militärpotenziale in qualitativer und quantitativer Hinsicht sowie die Untersuchung ihrer Doktrinen sind in diesen Ansätzen der wesentliche methodische Zugang der Analysten (Buzan und Hansen 2009, S. 27 ff., 68 ff.). Anschauliche Beispiele hierfür lieferten etwa die Arbeiten der US-Denkfabrik RAND Cooperation zur nuklearen Kriegführung jener Epoche.

Welchen Stellenwert hat das Theoriegebäude des Realismus und Neorealismus für das Verständnis der Arktispolitik? Wie bereits angedeutet, scheinen sich seine wesentlichen Grundannahmen förmlich aufzudrängen, wenn wir beginnen, ausgehend vom in gängigen Medienberichten über die Arktis vermittelten Bild, tiefer in die Analyse einzusteigen. Jene laufen zumeist auf drei in der Öffentlichkeit entsprechend weit verbreitete Thesen hinaus, die aus der empirischen Betrachtung der ökonomischen, völkerrechtlichen und militärischen Lage des Hohen Nordens abgeleitet werden: Erstens gebe das zurückweichende Eis in der Arktis einen rechtsfreien Raum frei, in dem nach für den Realismus typischer Vorstellung zwischenstaatlicher Anarchie konkurrierende nationale Interessen an Territorien und essenziellen Ressourcen ohne übergeordnetes Regelungsregime aufeinandertreffen. Im „Wettlauf um die Arktis" mögen sich daher die Interessenten nach Belieben bedienen und der Stärkste unter ihnen mag gewinnen. Zweitens bedeute in der sich klimabedingt zwar zusehends öffnenden, letztlich aber doch räumlich und ressourcenmäßig endlichen Arktis jeder Gewinn des einen stets den Verlust eines anderen: Auch die Arktis sei demnach ein klassisches Nullsummenspiel. Und drittens flankierten die Anrainerstaaten ihre regionalen Interessen seit einigen Jahren mit stetig wachsender militärischer Präsenz, bis hin zum Eintritt in einen arktischen Rüstungswettlauf. All dies deutet, nach dem Realismus folgerichtig, auf eine stetig steigende Gefahr zwischenstaatlicher Eskalation zwischen den Anrainerstaaten und eine zunehmende Wahrscheinlichkeit eines militärischen Schlagabtauschs hin.

Wesentlich stimuliert durch die russische Flaggensetzung am Meeresgrund des Nordpols im Jahre 2007 entwickelte sich nicht nur im deutschsprachigen Raum, sondern generell in Europa und Nordamerika eine recht umfangreiche Szene von Kommentatoren, die den roten Faden des Realismus – ob nun wissenschaftlich beabsichtigt oder publizistisch eher zufällig – für die Arktis aufgriffen und verbreiteten. Faktisch prägt diese Sichtweise heute einen nicht unerheblichen Teil der öffentlichen Wahrnehmung des Hohen Nordens. Dies schließt nicht allein die zahllosen Zeitungsartikel ein, die sich ohne große Mühe im Rahmen einer Onlinerecherche mit gängigen Suchmaschinen finden lassen und die mit Überschriften wie etwa „The new Cold War: Militaries eying for Arctic resources" (Fox News 2012), „Cold War-style conflict heating up over Arctic" (Ritter 2014), „Putin's Arctic Invasion" (Daily Mail 2007), „Russlands kalter Krieg am Nordpol" (Smirnova 2013) oder „So will China schleichend die Arktis erobern" (Erling 2018) aufwarten. Sie spiegelt sich auch in tiefer gehenden Analysen wider, beispielsweise in der in Bezug auf die Streitkräftepräsenz in der Arktis und ihre Auswirkungen auf eine friedliche Kooperation wenig optimistischen Haltung des kanadischen Politikwissenschaftlers Rob Huebert. Dessen Analysen der Interessenpolitik der Arktisstaaten und ihrer örtlichen Streitkräftepotenziale mündet unter anderem in der Feststellung, dass die Anrainer zwar „vom Frieden reden, sich aber für den Konflikt vorbereiten" würden (Huebert 2010). Annähernd ein Jahrzehnt ist seit der russischen Flaggensetzung mittlerweile vergangen, und die Beobachtung der Arktispolitik in diesem Zeitraum erlaubt uns heute eine erste, offene Zwischenbilanz zu den drei Thesen vom ordnungsfreien internationalen Raum, vom Nullsummenspiel und vom arktischen Wettrüsten zu ziehen.

4.4.2 Interessenwettläufe und Militarisierung? Das Erklärungspotenzial des Realismus für die Arktispolitik

Der Blick auf die arktische Governance, ihre Vielzahl von Regimen und deren in bereits mehreren Anwendungsfällen demonstrierte Wirksamkeit – hier sei insbesondere an den Arktischen Rat und die unter seiner Ägide verhandelten Abkommen zu Such- und Rettungsoperationen, marine Ölverschmutzungen und Wissenschaftskooperation erinnert – zeigt, dass es bislang mitnichten allein das Recht des Stärkeren war, das die Arktispolitik geprägt hat: Interessenverfolgung geschieht in der Region bislang sehr wohl auf diplomatischem Wege und im Rahmen anerkannter und etablierter Institutionen und nicht etwa durch unilaterale Machtpolitik und Einschüchterungskulissen. Von einer „politischen Anarchie" zu sprechen, ist in Bezug auf die Arktis entsprechend wenig zutreffend. Das arktische Öl und Gas mit seiner bisher nur sehr mühsamen und kostspieligen Gewinnung zeigen darüber hinaus, dass die Region keineswegs den Charakter eines Nullsummenspiels haben muss: Auch wenn die augenblicklichen Weltmarktpreise für Energierohstoffe ohnehin die Rentabilität prominenter multinationaler Förderprojekte wie etwa des Shtokman-Gasfeldes (Abschn. 5.1.1) erheblich einschränken, so sind derartige Kooperationen zwischen mitunter teilstaatlichen Förderunternehmen ein Beleg dafür, dass es in der Arktis sehr wohl einen gemeinsamen Gewinn geben kann, der größer ist als die Gewinnmöglichkeiten, die einzelne Akteure ohne Kooperation und Bündelung ihrer Ressourcen hätten. Die internationale Politik in der Arktis kann aus dieser Warte durchaus als ein zumindest potenzielles Positivsummenspiel wahrgenommen werden – eine Konstellation, die mit den Grundgedanken des Realismus kaum vereinbar ist (Abschn. 4.5).

Nicht weniger erkenntnisreich ist ein solcher Abgleich mit den Annahmen des Realismus auch für die Betrachtung der Militärpotenziale. Deren rein quantitative Bewertung zeigt, dass nach einer Phase nur minimaler militärischer Aktivität in den 1990er Jahren seit etwa Mitte der 2000er Jahre wieder eine sichtbare Steigerung der militärischen Präsenz seitens der A5 feststellbar ist. Ausdrücklich ist diese nicht als „Militarisierung", sondern präziser als „Re-Militarisierung" zu bezeichnen, denn die Arktis war schon vor und während des Zweiten Weltkrieges, in besonderem Maße aber während des Ost-West-Konflikts, eine Region signifikanten militärischen Interesses. Für die Potenzialanalyse im Stil einer klassischen, die Truppenstärken vergleichenden Security Study ist es nicht ganz unproblematisch, die Tendenz zur Wiederverstärkung der arktischen Streitkräfte der A5 mit eindeutigen Zahlen zu belegen. Dies ist weniger ein Problem der Rohdatenlage selbst, da die beteiligten Nationen trotz aller militärischen Geheimhaltung generell recht offen mit ihren Stationierungen, ihrer Übungstätigkeit und ihren militärischen Zukunftsplänen für die Arktis umgehen. Schwieriger ist vielmehr, in der Analyse ein Kriterium festzulegen, wann genau ein militärisches Potenzial tatsächlich ein *arktisches* militärisches Potenzial wird und entsprechend zu berücksichtigen ist: Wie etwa bewertet man die mehreren Tausend Reservisten beziehungsweise Nationalgardisten der US-Streitkräfte in Alaska, die zwar geografisch in relativer Nähe zum Polarkreis disloziert sind, aber keine durchgehende Befähigung zum Einsatz in der zentralen Arktis besitzen? Wie geht man mit Ausrüstungsgütern wie etwa Flugzeugen um, die zwar in der Arktis verwendet werden können, aber nicht explizit für die Arktis allein beschafft wurden? Inwieweit zählen Küstenwachschiffe und Eisbrecher zu den Potenzialen, auch wenn sie nicht unmittelbar den Streitkräften zur Verfügung stehen?

Angesichts derlei Unwägbarkeiten verwundert es nicht, dass die verschiedenen, bereits existierenden Studien im Detail zu nicht ganz deckungsgleichen Ergebnissen hinsichtlich der arktischen Truppenstationierungen gelangen (z. B. Haftendorn 2011; Rudd 2010; Lehrke 2014). In der generellen Tendenz jedoch kommen die bislang in diese Richtung unternommenen Erhebungen zum selben Ergebnis: Sowohl hinsichtlich der Organisationsstruktur der Streitkräfte als auch ihrer personellen und materiellen Ausstattung zu Lande, zur See und in der Luft findet ein eindeutiger Wiederaufwuchs der Militärpotenziale der Anrainerstaaten am Polarkreis statt. Er umfasst neben der Aufstellung oder Umgliederung arktischer Kommandos oder Brigaden auch die Neubeschaffung von für die Einsatzbedingungen des Hohen Nordens besonders geeignetem Großgerät, wie etwa von eistauglichen Booten und Schiffen oder von besonders robusten Transportflugzeugen. Hinzu kommen neue Aufklärungs- und Führungstechnik sowie erweiterte oder verbesserte Infrastruktur. Besonders Russland investiert an seiner langen arktischen Küste in erheblichem Umfang in Versorgungshäfen und Landepisten und sichert diese mit Bodentruppen und Flugabwehrsystemen. Auch wenn der Umfang der heutigen Präsenz nach wie vor an jenen aus den Tagen des Kalten Krieges nicht heranreicht, so stellt er dennoch nicht nur für die praktische Sicherheitspolitik, sondern auch für die politikwissenschaftliche Analyse der Region eine nicht zu vernachlässigende Variable dar (Bartsch 2015a, S. 146 ff.; Braune 2016, S. 116 ff.).

Der Realismus kennt für einen solchen militärischen Aufwuchs nur eine Erklärung: Die Wiederverstärkung der Truppen in der Arktis deutet ihm zufolge kurzfristig auf die Bereitschaft der Anrainer zur militärischen Durchsetzung ihrer Interessen, mittelfristig auf ein Eintreten in einen neuen Rüstungswettlauf und langfristig auf eine letztlich unausweichliche Konfrontation in der Arktis hin. Dieser Befund jedoch passt nicht zum ansonsten durchweg positiven Bild der Verrechtlichung und praktisch erfolgreichen Kooperation der Anrainer, die in der Arktis bislang zu beobachten war. Für die Erforschung der internationalen Beziehungen in der Region stellt die Betrachtung dieses Widerspruchs zwischen beobachtbar kooperativem Verhalten der Akteure und dem gleichzeitigen Ausbau ihrer militärischen Kapazitäten daher eine der spannendsten und mitunter strittigsten Fragestellungen dar: Kann es – wenn nicht die der Projektion außenpolitischer Handlungsmacht und Eskalationsbereitschaft – auch andere Erklärungen für den Streitkräfteaufwuchs im Hohen Norden des vergangenen Jahrzehnts geben? Warum blieb die Region trotz der Wiederaufrüstung bislang friedlich, auch wenn sich das Verhältnis zwischen Russland und seinen westlichen Nachbarn zeitgleich an anderen Schauplätzen der Welt signifikant verschlechterte?

Eine schlüssige Auflösung dieses Widerspruchs gelingt mit dem Realismus allein nicht. Sie ist vielmehr jenseits seiner Postulate in konkreten Sachzusammenhängen zu suchen. Dies sind zunächst die in der Arktis vorzufindenden räumlichen Bedingungen sowie der Stabilisierungs- und Kooperationseffekt der Streitkräfte in diesem Zusammenhang. Vor allem aber ist es die schlichte Unmöglichkeit, in der Arktis ein nach realistischen Maßstäben sinnvolles Operationsziel für offensives Streitkräftehandeln zu definieren. Den Anrainerstaaten bleiben zunächst schon allein aufgrund der auch bei anhaltender Erwärmung noch immer höchst widrigen nautischen und Witterungsbedingen, der extremen Entfernungen und der besonderen Anforderungen an Mensch und Material von vornherein kaum andere Institutionen als das Militär, um überhaupt in der zentralen Arktis staatliche Hoheitsrechte und auch -pflichten wahrnehmen zu können. Das Auftragsspektrum der Streitkräfte im Hohen Norden umfasst zu einem sehr wesentlichen Teil grenzpolizeiliche beziehungsweise zivilbehördlich-unterstützende Aufgaben, wie etwa die Überwachung des Seeverkehrs einschließlich der Kontrolle von Umweltauflagen oder die Bereitstellung von Kapazitäten für den Such- und Rettungsdienst. Eine zunehmend sichtbare Präsenz ihrer Streitkräfte auf und über dem Polarmeer ist damit zunächst einmal die legitime Aufgabe der Anrainerstaaten und allein noch kein Zeugnis einer unverhältnismäßigen Militarisierung der Region. Dort, wo sich das Eis zurückzieht, werden – schon allein weil mehr offener Seeraum denn je zu überwachen ist – Anpassungen bei Stärke, Gliederung und Ausrüstung der Sicherheitskräfte notwendig, ohne dass ein weitergehendes Machtprojektions- oder gar aggressiv-expansionistisches Interesse dahinterstecken würde. Ohnehin erscheint das Motiv der Bekämpfung polizeilicher Sicherheitsprobleme wie etwa von Schmugglern, Terroristen und anderen Kriminellen, die durch eine erwärmende Arktis ein neues Einfallstor in die Arktisstaaten gewinnen sollen, angesichts nach wie vor wesentlich kürzerer und einfacherer Wege nach Europa und Nordamerika doch sehr weit hergeholt. Anders mag es vermutlich zukünftig bei der Bekämpfung von Umweltkriminalität aussehen.

Gegen eine eskalierende Spirale spricht auch das grenzüberschreitende Kooperationspotenzial, das Militär und Küstenwachen im Hohen Norden bereits vielfach entfaltet haben. Das Musterbeispiel hierfür stellte die Zusammenarbeit der norwegischen und russischen Streitkräfte in der Barentssee dar, in der sich der weitreichende wirtschaftliche und gesellschaftliche Austausch der beiden Nationen in der Barentsregion auch im Sicherheitssektor widerspiegelte. Seit der Ukraine-Krise 2014 ist die militärische Kooperation zwischen den westlichen Anrainern und Russland zwar unterbrochen, da alle NATO-Staaten seither sämtliche Streitkräftekooperationen mit Russland bis auf Weiteres ausgesetzt haben. Die Kooperation der Grenztruppen Russlands und Norwegens in der Region zwischen Kirkenes und Murmansk ist aber weiterhin unverändert eng. Ob der beobachtbare militärische Aufwuchs seitens der Anrainerstaaten den Charakter eines „Rüstungswettlaufs" hat, erscheint ebenfalls des Hinterfragens wert. So sind etwa die Veränderungen bei den jeweiligen Streitkräften schon rein numerisch von so unterschiedlicher Art und unterschiedlichem Ausmaß, dass dies kaum für einen direkt zusammenhängenden Überbietungswettkampf militärischer Kapazitäten spricht. Man vergleiche etwa die Bemühungen Dänemarks rund um Grönland mit jenen Russlands in seiner westlichen Arktis, wo dem Aufwuchs um mehrere Tausend russischer Soldaten in zwei arktischen Brigaden gerade einmal ein Dutzend dänischer Soldaten mit Hundeschlitten im Norden Grönlands „gegenüberstehen". Auch ist nicht alles neue Militärgerät der A5 der jüngsten Zeit stets allein mit Blick auf die Arktis in Auftrag gegeben worden: Die geplante Beschaffung von modernen Kampfflugzeugen des Typs F-35 durch die USA, Kanada, Norwegen und Dänemark etwa wurde in einer ganzen Reihe von Publikationen als ein Beleg für ein arktisches Wettrüsten angeführt. Die F-35 wurden allerdings von den genannten Nationen keineswegs eigens in Erwartung einer bevorstehenden militärischen Eskalation über dem Polarmeer bestellt, sondern sind Bestandteil eines bis weit in die 1990er Jahre zurückreichenden Programms zum Ersatz ihrer alternden F-16- und F/A-18-Flotten. Dieses wurde damit bereits zu einer Zeit eingeleitet, als von einem etwaigen Konflikt im Hohen Norden noch lange keine Rede war (Bartsch 2015b, S. 25). Tatsächlich ist es nicht selten auch kein brandneues, sondern sogar überaus betagtes Militärgerät, das in der Arktis zum Einsatz kommt: Bei den Fernaufklärungsflugzeugen etwa, die ein wesentliches Element in der Überwachung des riesigen nördlichen Seegebiets ausmachen, sind die verwendeten Baumuster Russlands und der NATO nach wie vor Konstruktionen aus den 1950er und 1960er Jahren.

Nimmt man dennoch die Erwartung eines militärischen Konflikts in der Arktis einmal für bare Münze und malt sich ein solches Szenario gedanklich aus, so wird deutlich, wie widerspruchsbehaftet dessen Herleitung wäre. Denn unterstellt man aus der Perspektive des Realisten, dass die Akteure eine primär militärisch abgestützte Interessenverfolgung betreiben, so muss man zu dem Schluss kommen, dass gerade ein aggressives militärisches Auftreten diesen Interessen keineswegs zuträglich wäre, sondern ihre Erfolgsaussichten im Gegenteil sogar schmälern würde. Kein politisches Ziel im Kontext etwaiger Ressourcenausbeute existiert, das für einen der Anrainerstaaten mit offensiven militärischen Mitteln sinnvoll zu erreichen wäre. Denn wie sollte das konkrete Ziel einer solchen militärischen Operation in der Arktis aussehen? Die feindliche Inbesitznahme unwirtlicher Eilande oder gar treibender Eisschollen kann kaum als ernsthaft lohnenswertes Vorgehen gelten. Stattdessen würden die Kosten eines solchen Handelns seinen denkbaren Nutzen bei Weitem übersteigen. Die bislang ohnehin schon kaum rentable Rohstoffförderung und der zivile Seeverkehr, die bereits jetzt mit zahlreichen naturräumlichen Widrigkeiten zu kämpfen haben, würden gänzlich unmöglich werden, wenn die Region zusätzlich zum Schauplatz einer militärischen Auseinandersetzung würde und jegliche bislang für alle Beteiligten nachweislich vorteilhafte Kooperation zum Erliegen käme. Die Okkupation von Arealen, die außerhalb der durch das Seerechtsübereinkommen der Vereinten Nationen (SRÜ) in der Arktis legitimierten Ansprüche liegen, wäre ein klarer Bruch internationalen Rechts, der eine entsprechende Reaktion der Weltgemeinschaft hervorrufen würde. Den Vertrauens- und Gesichtsverlust in der internationalen Politik, den ein etwaiger Aggressor durch eine solche Verhaltensweise erleiden würde, rechtfertigen die vermutlich sehr rohstoffarmen, jenseits der nationalen Schelfküsten gelegenen Meeresgebiete der Arktis mit hoher Wahrscheinlichkeit nicht (Bartsch 2015b, S. 25).

Insbesondere bei der Analyse der russischen Militärpolitik im Hohen Norden ist es zunächst durchaus zutreffend, sie realistisch als Politik außenpolitischer Stärke und Machtdemonstration zu begreifen. Doch bereits im nächsten Analyseschritt verliert der Realismus selbst hier seine Erklärungskraft, da er, wie eingangs geschildert, die innerstaatliche Perspektive auf das russische *policy-making* ausblendet. Gerade russische Arktispolitik aber ist in wesentlichen Zügen innenpolitisch motivierte Symbolpolitik: Auch wenn der Hohe Norden kein immanenter militärischer Konfliktraum ist, so ist er dennoch eine geradezu prädestinierte Projektionsfläche außenpolitischer Entschlossenheit und Handlungsmacht. So erklärt sich die arktische Militärpolitik Moskaus, die ohne die Existenz einer faktischen Bedrohung durch einen externen Gegner dennoch unbeirrt auf weiteren Truppenaufwuchs setzt. Für das vom Rohstoffexport abhängige Land ist eine konfrontative Abkehr von den arktischen Nachbarn hingegen eigentlich schon aus reinem Eigeninteresse ausgeschlossen. Zu wichtig sind der ungehinderte Zugang zu den globalen Rohstoff- und Finanzmärkten sowie Joint Ventures mit westlichen Firmen, etwa bei der Ausstattung mit hoch entwickelter Offshore-Bohrtechnik.

Andererseits schwingt in der öffentlichen Darstellung der russischen Arktispolitik in der lokalen Medienöffentlichkeit, weit stärker noch als bei den westlichen Anrainern, stets ein heroischer Stolz auf die Bezwingung des sibirischen Nordens in der Zarenzeit und der Ära der UdSSR mit. Russland als größter Anrainer der Arktis ist nicht primär in der internationalen Politik, sondern noch vielmehr den eigenen Bürgern gegenüber darauf bedacht, seine nationale Souveränität im Norden zu unterstreichen und als arktischer Akteur ersten Ranges wahrgenommen zu werden. So werden militärische Präsenz und Stärkedemonstrationen als patriotische Signale und Beweise nationaler Einsatzbereitschaft inszeniert (Bartsch 2015c, S. 142). Die Analyse solcher innerstaatlicher Konstruktionsprozesse jedoch entzieht sich dem Methodenkoffer des Realismus völlig.

Die bisherigen realistischen Analyseansätze in der Arktis liefern uns ein Beispiel dafür, wie sich in der wissenschaftlichen Untersuchung eine vordergründig zu beobachtbaren Entwicklungen einer Region passend erscheinende Theorie bei genauerer Prüfung deutlich weniger erklärungsmächtig zeigt, als zunächst zu vermuten wäre. Der Werkzeugkasten realistischer Studien, namentlich militärischer Potenzialanalysen und Security Studies, eignet sich zwar im Kleinen bei der punktuellen Zusammenfassung sehr spezifischer Sachverhalte, so etwa hinsichtlich der rein numerischen Wiederverstärkungen der Streitkräfte der Anrainerstaaten. Hier stellen sie unbestreitbar einen wertvollen, da mitunter nur durch äußerst kleinteilige und mühsame Recherche herstellbaren, Beitrag zu unserem analytischen Gesamtbild dar. Die Grundannahmen des Realismus als Ganzes hingegen tragen in der Arktis kaum: Zu viele, für die jüngsten Entwicklungen sehr wesentliche Aspekte finden in ihnen keinen Niederschlag, wie etwa die zahlreich stattfindenden Kooperationsformate im ökonomischen, ökologischen und wissenschaftlichen Bereich, die von einem gemeinsamen Gewinn kooperierender Akteure künden und die Vorstellung eines Nullsummenspieles als nicht zutreffend belegen. Die keineswegs zwangsläufig in zwischenstaatlicher Auseinandersetzung mündenden Gründe der Präsenz von Streitkräften in der Arktis vermag der Realismus nicht oder allenfalls nur am Rande zu erfassen. Auf den Themenkomplex der Sicherheit wird am Ende dieses Buches daher noch einmal genauer zurückzukommen sein (Abschn. 5.3).

4.5   Neoliberaler Institutionalismus

Die häufige Unzulänglichkeit des (Neo-)Realismus (Abschn. 4.4) macht den Ansatz des neoliberalen Institutionalismus zu einer prominenten Denkschule der Internationalen Beziehungen. Der Ansatz bietet einen gewissen Optimismus in Sachen Staatenkooperation und Frieden in Abgrenzung zum Pessimusmus des Neorealismus hinsichtlich der dauernden Gefahr eines militärischen Schlagabtauschs zwischen Staaten (Keating 2014). Dieser Optimismus speist sich vor allem aus den zentralen Bestimmungsfaktoren des neoliberalen Institutionalismus: Interdependenz zwischen Staaten sowie Bedeutung internationaler Institutionen und nicht Machtverteilung im internationalen System wie im Neorealismus.

4.5.1 Interdependenz und Institutionen – Annahmen des neoliberalen Institutionalismus für die internationale Arktispolitik

Im Zentrum des neoliberalen Institutionalismus steht die Klärung der Frage, wie häufig zu beobachtendes Kooperationsverhalten zwischen Staaten im anarchischen System zu erklären ist. Daraus geht bereits hervor, dass der neoliberale Institutionalismus die Anarchieannahme im internationalen System mit dem Neorealismus teilt, und zwar in dem Sinne, dass eine zentrale Autorität fehlt, die kollektive Entscheidungen durchsetzen kann (Keohane 1984). Allerdings kann im neoliberalen Institutionalismus eine gewisse Ordnung in die Anarchie gebracht werden, da davon ausgegangen wird, dass Staaten durch gegenseitige Abhängigkeitsverhältnisse miteinander verbunden sind (Krasner 1983). Das anarchische System wird sozusagen zu einem gewissen Grad durch Interdependenz zwischen den Staaten geordnet.

Aus Interdependenz ergibt sich wiederum ein gemeinsames Interesse an Kooperation, um absolute Gewinne zu erzielen und beispielsweise Gemeingüter zu erhalten. Interdependenz bedeutet in diesem Zusammenhang, dass ein Staat bei der Verwirklichung seiner Ziele auf andere Staaten angewiesen ist. Staaten können demnach viele ihrer Ziele ohne die Kooperation mit anderen Staaten weniger effizient erreichen als durch internationale Kooperation (Keohane und Nye 2001). Im Einklang mit der Annahme rational handelnder Akteure, die Kosten und Nutzen abwägen, kann Kooperation also gelingen, solange alle Beteiligten die Kooperationsgewinne als größer ansehen als die Kooperationskosten (Keohane 1984).

Aus der Interdependenzannahme ergibt sich, dass der Einfluss eines Staates durch die problemspezifische Abhängigkeit zu anderen Staaten bedingt ist. Diese kann in unterschiedlichen Bereichen sehr verschieden ausfallen. Mit dieser Annahme verliert die militärische Macht ihren Status als alleiniger Bestimmungsfaktor der Stellung eines Staates, da sich militärische Stärke nicht automatisch in andere Bereiche übersetzen lässt.[6] Da Sicherheit nun nicht mehr die alleinige Priorität von Staaten sein muss, ermöglicht dies ihnen die Verfolgung absoluter Ziele im Gegensatz zum Neorealismus, wo nur relative Gewinne – also wie viel ein Staat im Vergleich zu anderen Staaten gewinnt – im Mittelpunkt stehen können. Das Nullsummenspiel des Neorealismus wird also durch die Möglichkeit eines Positivsummenspieles ersetzt.

Gleich dem Neorealismus stellt die Staatenwelt das zentrale Modell des internationalen Systems im neoliberalen Institutionalismus dar, welche die Staaten als die einzig relevanten Akteure in den Mittelpunkt der internationalen Beziehungen stellt. Im Gegensatz zum Neorealismus, wo ein dezentralisiertes und anarchisches Selbsthilfesystem das beherrschende Merkmal ist, sind dies im neoliberalen Institutionalismus die Rolle und Bedeutung von Institutionen, die Staaten zur

---

[6]Man spricht auch davon, dass militärische Macht nicht fungibel ist.

Kooperation zwischen ihnen errichten. Durch Institutionen kann also eine weitere Abschwächung der bedrohlichen Kräfte der Anarchie erfolgen.

Der oben dargestellten Logik folgend, ergibt sich eine Nachfrage nach internationalen Institutionen, wenn unilaterales Handeln zu suboptimalen Ergebnissen führt. Solch unkoordiniertes Handeln tritt beispielsweise in einem allzu freien Markt auf, wodurch öffentliche Güter trotz entsprechender Nachfrage nicht oder nicht ausreichend zur Verfügung gestellt werden. Ein weiteres Beispiel ist die private Übernutzung öffentlicher Güter, häufig als die „Tragödie der Allmende" bezeichnet. Überfischung in internationalen Gewässern, die allen Staaten zur Nutzung offen stehen, ist ein gängiges Beispiel.

Institutionen bieten außerdem eine Möglichkeit, das Sicherheitsdilemma (Abschn. 4.4.1) zwischen Staaten zu lösen, da sie durch die wiederholte Interaktion zwischen Staaten – bedingt durch gegenseitige Abhängigkeiten und kodifizierte Kooperation in Institutionen – den *shadow of the future* ermöglichen. Dieser „Schatten der Zukunft" – ein Begriff aus der Spieltheorie (Axelrod 1984) – steht für die realistische Antizipation von Akteuren, dass sie in ähnlichen oder anderen Konstellationen in der Zukunft wieder aufeinandertreffen und erneute oder wiederholte Kooperation stattfindet. Solche Erwartungen an die Zukunft beeinflussen dann auch aktuelle Entscheidungen; beispielsweise könnten Akteure von allzu aggressiven und kategorischen Forderungen absehen, da sie bei einer wiederholten Interaktion in der Zukunft, wo sie eventuell in einer schwächeren Position sind, mit ebenso „harten" Forderungen anderer Akteure konfrontiert wären.

Institutionen bieten also die Möglichkeit der Interpretation, Kontrolle und Sanktion von Akteursverhalten im ansonsten anarchischen Staatensystem, da sich Staaten in Institutionen immer wieder miteinander auseinandersetzen und daher bei ihrem aktuellen Handeln die Zukunft berücksichtigen müssen (Keohane 1984). Nicht zuletzt senken Institutionen Transaktionskosten zwischen Staaten und erleichtern somit Kooperation. Zwischenstaatliche Institutionen können demnach als dauerhafte und miteinander verbundene Regel- und Normensysteme (formell und informell) verstanden werden, die Verhaltensanweisungen vorschreiben, Aktivitäten beschränken und Verhaltenserwartungen bestimmen (Krasner 1983). Aufgrund all dieser Funktionen werden Institutionen im neoliberalen Institutionalismus denn auch als Akteure im eigenen Recht anerkannt und nicht bloß als Instrumente der Staatenwelt zur Durchsetzung nationalstaatlicher Interessen.

Das zentrale Problem für internationale Kooperation ist auch im neoliberalen Institutionalismus die Unsicherheit, ob sich Staaten wirklich an ihre Vereinbarungen halten, also letztendlich die Anarchie im internationalen System. Während im Neorealismus ein Hegemon oder allenfalls begrenzende Allianzen im Sinne eines Mächtegleichgewichts die Lösung für das Kooperationsproblem darstellen, setzt der neoliberale Institutionalismus auf internationale Institutionen, die es Staaten ermöglichen, absolute Gewinne zu erzielen, die sie unilateral nicht verwirklichen könnten. Zur weitestgehenden Sicherstellung, dass sich Staaten an ihre Vereinbarungen halten, müssen jedoch aufwendige Überwachungs- und Verifikationsverfahren in Institutionen eingebaut werden, um genug Sicherheit zwischen den Staaten zu schaffen, um sich auch wirklich auf Kooperation einzulassen.

Ob Kooperation wirklich gelingt und Insitutionen erfolgreich sind, ist Gegenstand breiter Debatte in der Institutionen- und Kooperationsforschung. Eine Herangehensweise ist die spieltheoretische Modellierung sozialer Situationen, die Aufschluss gibt über die Chance der Zusammenarbeit und institutionelle Lösungen zur Herstellung von Kooperation aufzeigt (Keohane 1984; Zürn 1992).

Welchen Stellenwert hat der neoliberale Institutionalismus nun für die Erklärung der Arktispolitik? Die folgende Analyse erläutert anhand von drei zentralen Beispielen das Erklärungspotenzial des Ansatzes für die Arktis. Erstens ermöglicht der Ansatz eine Analyse der konkreten Interessen und der entsprechenden Kosten-Nutzen-Abwägungen der Arktisstaaten in Bezug auf verschiedene arktische Politikfelder. Diese Interessenanalyse eröffnet den Blick auf eine sehr differenzierte Interessenlage der arktischen Staaten in Bezug auf arktische Ressourcen. Die Analyse zeigt, dass die Annahme schlichtweg unzutreffend ist, dass alle Arktisstaaten so viel wie möglich vom „arktischen Kuchen" beanspruchen wollen, da ihre Interessenlagen selbst in denen als häufig konfliktreich angesehenen Politikfeldern Ausbeutung von fossilen und mineralischen Rohstoffen sehr unterschiedlich ausgeprägt sind. Zweitens zeigt ein Blick auf die Ausgestaltung der Staatenbeziehungen in der Arktis die zentrale Rolle von Institutionen für die Kooperation der Arktisstaaten, allen voran des Arktischen Rates und des Seerechtsübereinkommens der Vereinten Nationen (SRÜ). Zum Dritten ist die Kooperation der Arktisstaaten als ein Positivsummenspiel zu verstehen, welche sich durch die starke Verquickung der Interessen der Staaten in Sachen Arktisregion ergibt, wodurch Gewinne häufig nur durch Kooperation zu erzielen sind.

4.5.2 Positivsummenspiel und differenzierte Interessen – das Erklärungspotenzial des neoliberalen Institutionalismus für die Arktispolitik

Spätestens seit den Rekordsommereisminima der späten 2000er und frühen 2010er Jahre wird der Arktisregion steigende regionale wie internationale Aufmerksamkeit attestiert. Die bessere Zugänglichkeit der Region aufgrund des zurückgehenden Meereises hat vielen Analysen und Medienberichten zufolge vor allem das Interesse an den fossilen und mineralischen Rohstoffen der Arktis sowie an der zunehmenden Nutzung der arktischen Schifffahrtsrouten exponenziell anwachsen lassen. Dies würde vor allem für die fünf Anrainerstaaten zutreffen, da ein Großteil der zu erwartenden Bodenschätze auf und unter dem Meeresgrund in ihren Ausschließlichen Wirtschaftszonen liege und ein Großteil der Nordwest- und Nordostpassagen durch ihre Gewässer führt.

Eine eingehende Analyse der Interessen der fünf Arktisanrainerstaaten (Keil 2013) beruht nach dem neoliberalen Institutionalismus auf einer rationalen Kalkulation der Staaten, welche in erster Hinsicht wirtschaftliche Kosten-Nutzen-Rechnungen einschließt. Eine solche Analyse zeigt sehr unterschiedliche Interessen die wirtschaftliche Erschließung der Arktis betreffend: Während die USA und Kanada ein relativ geringes Interesse an der Ausbeutung ihrer möglichen Öl- und

Gasressourcen in ihren nördlichen Gewässern haben, ist für Norwegen und Russland gerade die Öl- und Gaserschließung ein wichtiger Wirtschaftsfaktor, um ihre stark vom Export dieser Rohstoffe abhängige Wirtschaft zu stützen. Abnehmende Förderraten in bereits etablierten Förderregionen an Land in Russland – vor allem in Sibirien – und in der nichtarktischen Nord- und Norwegischen See, stützen das Interesse, verstärkt offshore nach Vorkommen zu suchen und diese auszubeuten.[7] Die USA und Kanada hingehen verfügen über große Öl- und Gasvorkommen in ihren nichtarktischen Regionen – allen voran im Golf von Mexiko sowie in den Ölsanden von Alberta –, welche überdies weitaus besser an bestehende Infrastruktur wie Pipelines, Raffinerien und Transportnetzwerke angeschlossen sind. Diese Rohstoffe können viel einfacher und kostengünstiger zu Konsumenten gelangen als Ressourcen aus den abgelegenen und schlecht angebundenen Arktisregionen. Ein ähnliches Bild ergibt sich bei der arktischen Schifffahrt: Nördliche Routen sind für die Handelswege der USA und Kanada wenig interessant; außerdem müsste vor allem Kanada massiv in die Infrastruktur im kanadischen Archipel investieren, um die nötigen Voraussetzungen für die Sicherheit und Durchführbarkeit von Schifffahrt im großen Maßstab zu ermöglichen. In der seit jeher eisfreien Barentssee findet hingegen bereits seit Langem Schifffahrt statt, und die oben beschriebenen Aktivitäten Russlands und Norwegens tragen ebenfalls zu einem erhöhten Aufkommen an Schifffahrt in der Region bei. Das generell besser ausgestattete Infrastrukturnetz an Norwegens und Westrusslands Küsten bedingt ebenfalls ein erhöhtes Interesse an arktischer Schifffahrt auf der europäischen Seite der Arktis.

Vor diesem Hintergrund erscheint auch der viel beschworene „Wettlauf um die Arktis" in einem neuen Licht. Zumindest das Rennen in Form der Inanspruchnahme und Durchsetzung des Art. 76[8] des SRÜ im Sinne von „Wer zuerst kommt, mahlt zuerst" scheint nicht wirklich stattzufinden. So sind die Staaten nicht in Eile, ihre Ansprüche bei der Kommission zur Begrenzung des Festlandsockels[9] einzureichen (Abschn. 3.2). Die Staaten haben eine Zehnjahresfrist zur Einreichung ihrer Ansprüche beginnend mit ihrer Ratifikation des SRÜ. Diese Frist wird einerseits häufig ausgereizt: Dänemark ratifizierte am 16. Dezember 2004 und reichte ihren letzten, Grönland betreffenden Anspruch am 15. Dezember 2014 ein. Zum anderen erscheint es aus der Praxis des SRÜ zur Erfüllung der Frist ausreichend, wenn ein Staat einen teilweisen Antrag stellt, der also nur einen Teil des zur Debatte stehenden Gebiets abdeckt. Kanada reichte seinen Anspruch auf Erweiterung des Festlandsockels in der nichtarktischen Labradorsee am 6. Dezember 2013

---

[7]Norwegen betreibt seit 2006 das Gasfeld Snøhvit im nördlichen Teil der Norwegischen See, seit 2016 das Goliat-Ölfeld in der Barentssee und Russland seit 2013 das Priraslomnaja-Ölfeld in der Petschorasee.

[8]Dieser Artikel regelt die mögliche Erweiterung des Festlandsockels der Küstenstaaten, welche ihnen gewisse Rechte zur Nutzung des Meeresbodens und -untergrunds zuschreibt.

[9]Diese Kommission formuliert auf Basis des Antrags der Staaten Empfehlungen bezüglich der Festlegung der Außengrenzen des jeweiligen Festlandsockels. Die in diesem Sinne festgelegten Grenzen des Festlandsockels sind endgültig und verbindlich.

ein (Ratifzierung war am 7. Dezember 2003). Dass Kanada auch den in Arbeit befindlichen Antrag auf Festlandsockelerweiterung in kanadischen arktischen Gewässern noch einreichen kann, wird nicht bezweifelt. Auch eine Wiedereinreichung scheint von der Zehnjahresfrist ausgenommen: Russland reichte seinen ersten Antrag bezüglich der Festlandsockelerweiterung in der Barents- und Beringsee sowie im Ochotskischen Meer und im Arktischen Ozean am 20. Dezember 2001 und damit innerhalb der zehn Jahre ein (Ratifizierung war am 11. April 1997). Russland wurde damals von der Kommission zur Überarbeitung des Antrags aufgefordert, da die vorgelegten Daten als nicht ausreichend bewertet wurden. Die Wiedervorlage des Antrags erfolgte schrittweise, mit dem letzten Teil erst am 3. August 2015, und damit weit nach der Zehnjahresfrist.

Aus diesem Beispiel ergibt sich bereits die große Relevanz von internationalen Institutionen für die Kooperation zwischen den Arktisstaaten. Allen voran steht das bereits erwähnte SRÜ (Abschn. 3.2), welches verschiedene maritime Zonen und damit den Umfang souveräner Rechte der Küstenstaaten definiert. Alle Arktisstaaten haben bislang deutlich gemacht, dass sie sich an das rechtliche Rahmenwerk des SRÜ halten und halten werden.[10] Dies ist insofern bemerkenswert, als nur sieben der acht Arktisstaaten das Übereinkommen ratifiziert haben. Die Tatsache, dass die USA sich trotz Nichtratifizierung an die meisten[11] Gebote des SRÜ als Teil des internationalen Gewohnheitsrechtes halten, zeugt von der Bedeutung internationaler Institutionen für die Staaten und damit die internationalen Beziehungen in der Arktis.

Des Weiteren sind auch die Aufteilung und Besitzansprüche der Ressourcen der Arktis mit dem SRÜ durch internationales Recht geregelt. Die wenigen noch ausstehenden Gebietsabgrenzungen befinden sich in Regionen, in denen nur wenige Rohstoffe vermutet werden. Des Weiteren bedeutet die Nichtbeanspruchung oder Nichtausbeutung von Ressourcen des Festlandsockels nicht, dass dieser Bereich und dessen Rohstoffe von anderen Akteuren beansprucht werden können. Laut Art. 77 SRÜ übt der Küstenstaat souveräne Rechte über den Festlandsockel zum Zweck seiner Erforschung und der Ausbeutung seiner natürlichen Ressourcen aus. Diese Rechte sind insoweit ausschließlich, als niemand ohne ausdrückliche Zustimmung des Küstenstaates den Festlandsockel erforschen oder seine natürlichen Ressourcen ausbeuten darf, selbst wenn der Küstenstaat diese Tätigkeiten unterlässt. Außerdem sind die Rechte des Küstenstaates am Festlandsockel weder von einer tatsächlichen oder nominellen Besitzergreifung noch von einer ausdrücklichen Erklärung abhängig.

Neben dem SRÜ ist auch der Arktische Rat ein gängiges Beispiel stark institutionalisierter Beziehungen zwischen den Arktisstaaten, welche durch regelmäßige Treffen in Form von Arbeits- und Expertengruppen sowie Task Forces die

---

[10]Dies wurde sogar schriftlich in der Ilulissat-Deklaration von 2008 festgehalten.

[11]Die USA verweigert vor allem die Anerkennung von Teil IX des SRÜ, welcher Tätigkeiten in Gebieten jenseits jeglicher souveränen Rechte – im sogenannten Gebiet – regelt. Das Gebiet und seine Ressourcen sind demnach Teil des gemeinsamen Erbes der Menschheit. Außerdem erkennen die USA die Zuständigkeit der Internationalen Meeresbodenbehörde (International Seabed Authority, ISA) nicht an.

Kooperation zwischen den Staaten gewährleistet (Abschn. 3.3). Die Bedeutung des Rates als zentrales politisches Forum der Arktis wurde nicht zuletzt durch die Robustheit der durch ihn ermöglichten Kooperation auch in Zeiten schwerer geopolitischer Krisen andernorts – beispielsweise der Georgien-Krise von 2008 oder der Krim- und Ukraine-Krisen seit 2013 – hervorgehoben. Trotz häufig vorhergsagter Spill-over-Effekte (Abschn. 4.3.2) dieser Krisen auf den Rat blieb dieser weitestgehend unbescholten und konnte in den Jahren der andauernden Spannungen zwischen Russland und westlichen Staaten sogar beachtliche Erfolge vorweisen, wie das zuletzt im Mai 2017 von allen Arktisstaaten verabschiedete Abkommen zur Verbesserung der wissenschaftlichen Zusammenarbeit in der Arktis.

Die Bedeutung von Institutionen für die Arktis erschöpft sich aber nicht im Seerechtsübereinkommen und im Arktischen Rat. Die Vielzahl an Institutionen in und für die Arktis auf internationaler und regionaler Ebene (Kap. 3) spiegelt die Vielzahl an Politikfeldern wider, die Staaten nur gemeinsam bestmöglich umsetzen können. Zudem dienen Institutionen auch der Einhegung von möglichen Interessenkonflikten in der Arktis und der Wahrung von Gemeingütern, wie beispielsweise die zahlreichen Regionalen Fischereimanagementorganisationen, die Fischereiaktivitäten regulieren.

Die Vielzahl an existierenden Arktisinstitutionen ist zudem ein Hinweis darauf, dass die internationalen Beziehungen in der Arktis als Positivsummenspiel zu verstehen sind. Die Staaten haben erkannt, das „Gewinne" (bzw. nationale Politikinteressen) nur durch Kooperation mit anderen Staaten zu erzielen sind. Dies betrifft überdies nicht nur die klassischen Gemeingüter wie das sich stark ändernde arktische Klima und die entsprechenden Auswirkungen auf Umwelt und Ökosysteme der Arktis. Auch die häufig nur schwer zugänglichen Ressourcen der Region sind nur durch Kooperation nutzbar zu machen. Das gängigste Beispiel ist die Erschließung der fossilen Bodenschätze offshore in der russischen Arktis, die Russland aufgrund des Fehlens von Technologie, Know-how und finanziellen Mitteln nicht allein aus nationalen Kräften bewältigen kann. Aktuelle Kooperationen mit chinesischen Akteuren – beispielsweise im Yamal-LNG-Projekt – sowie Versuche in den letzten Jahren, amerikanische und europäische Akteure in Exploration der Kara- und Barentssee einzuspannen[12], zeugen von hohem Kooperationsbedarf.

Vor allem im Bereich Schutz und Regulierung der Gemeingüter – beispielsweise die Begrenzung des Klimawandels, der sich in der Arktis besonders stark auswirkt, und die Reduzierung des Transports von Schadstoffen in die Arktis – schließt die institutionelle Kooperation nicht nur die Arktisstaaten ein. Eine Vielzahl an nichtarktischen Staaten sind hier involviert, wie beispielsweise an der wachsenden Anzahl an Beobachterstaaten aus Europa und Asien im Arktischen Rat abzulesen ist (Abschn. 2.4). Die Erkenntnis, dass die Arktis und ihre Klima- und Umweltverhältnisse in komplexe Interdependenzen mit globalen Systemen und Akteuren verwoben sind, hat in den letzten Jahren zunehmend das Bild von der „globalen

---

[12]Die im Zuge der Krim- und Ukrainekrise gegenüber Russland verhängten Sanktionen, die unter anderem die Kooperation im Ölsektor verbieten, erlauben es amerikanischen und europäischen Unternehmen aktuell nicht, an Arktisprojekten in dieser Hinsicht in Russland teilzunehmen.

Arktis" geprägt, welches die Interaktionen zwischen regionalen und globalen Prozessen, Systemen und Akteuren in den Mittelpunkt stellt (Keil und Knecht 2017; Abschn. 4.1.2). In diesem Zusammenhang ist eine deutliche Zunahme der Akteure in den Arktisbeziehungen zu verzeichnen, was sich aus der starken Interdependenz und der Möglichkeit der produktiven und für alle positiven Zusammenarbeit in regionalen und internationalen Institutionen herleitet. Nicht zuletzt spiegelt sich dies in der seit vielen Jahren international ausgerichteten Arktisforschung wider, wobei nationale Forschungsministerien sowie nationale Geberorganisationen Mittel und Möglichkeiten für die internationale Arktisforschung zusammenlegen.

Obwohl der neoliberale Institutionalismus mit seinen Annahmen der differenzierten Interessen, der zentralen Rolle von Institutionen und des Positivsummenspiels in der Tat hilfreiche Analyseinstrumente für das Verständnis der Arktispolitik zur Verfügung stellt, sind seinen Fähigkeiten in dieser Hinsicht auch Grenzen gesetzt. Mit seiner Fokussierung auf Staaten als die einzig relevanten Akteure ist der Ansatz vor allem blind für die zunehmende Transnationalisierung der Arktis in Form der Teilnahme vielerlei Akteursgruppen in arktischen Institutionen, die weit über die klassische Betrachtungsweise des Staatenfokus hinausgeht (Kap. 2). Weder die vielfach betonte herausragende Rolle der Organisationen indigener Völker als Permanent Participants im Arktischen Rat noch die weitgefächerte Rolle von national wie international agierenden NROs oder von epistemischen Gemeinschaften können vom neoliberalen Institutionalismus erfasst werden. Des Weiteren ermöglicht es der Fokus auf Rationalität der Staatenakteure nicht, die Rolle von Normen, Identitäten und Imaginationen für die Gestaltung der Arktispolitik zu erörtern, beispielsweise tiefer gehende Fragen zur Definition oder Konstruktion der Arktis als Region an sich zu stellen (Abschn. 4.3.3 und 4.6). Möglichkeiten zu hinterfragen, wer und warum überhaupt als „Arktisakteur" zu verstehen und was, wo und wann als „Arktis" definiert ist, ist von nicht zu unterschätzender Bedeutung, da dies in vielerlei Hinsicht die Ausgestaltung von Institutionen und Politikfeldern in der Arktis bestimmt, wie wir sie heute sehen.

4.6 Sozialkonstruktivismus

Mit seinem Aufkommen in den 1980er Jahren[13] ist der Sozialkonstruktivismus ein noch relativ junger Teil der IB.[14] In seinem Kern beschreibt der Ansatz den dynamischen und von kulturellen Gegebenheiten abhängigen Zustand der sozialen

---

[13]Die historischen Wurzeln des Konstruktivismus liegen in der Philosophie, Soziologie und Sozialtheorie und reichen damit viel weiter zurück, beispielsweise zu den Ansätzen von Immanuel Kant (Adler 2002, S. 96 f.).

[14]Manche Vertreter des Sozialkonstruktivismus sehen den Ansatz nicht auf gleicher Stufe wie andere IB-Theorien, beispielsweise Realismus und Liberalismus, da er durch seine Fokussierung auf die Konstitution von Akteuren, Strukturen und ihrer Interaktion eine völlig neue Sichtweise auf die soziale Realität ermöglicht. Damit stünde der Sozialkonstruktivismus eher auf der Stufe eines analytischen Paradigmas (Adler 2002, S. 96; Fearon und Wendt 2002, S. 52).

Welt. Zusammenfassen lassen sich die Grundannahmen des Konstruktivismus als die soziale Konstruktion von Wissen und die Konstruktion sozialer Realität (Adler 2002, S. 95 f., 100). Damit wirft der Konstruktivismus auch einen neuen Blickwinkel auf die Rolle von Wissen in dem Sinne, dass die materielle Welt und das Wissen darüber sich gegenseitig bedingen. Mit anderen Worten, soziale Realitäten konstituieren sich aus ihrer menschlichen Wahrnehmung, dem kollektiven Wissen um ihre Existenz und der Sprache, die für ihre Beschreibung und Erklärung verwendet wird (Adler 2002, S. 100).[15]

4.6.1 Soziale Konstruktion von Wissen und Konstruktion sozialer Realität – Annahmen des Sozialkonstruktivismus für die internationale Arktispolitik

Der Sozialkonstruktivismus ermöglicht durch seine Grundannahmen eine Abkehr von der Rationalitätsannahme der Akteure in den internationalen Beziehungen und eröffnet damit den Blick auf die Rolle von Normen, Identitäten und Imaginationen für die Gestaltung von Politik. Systemstrukturen des internationalen Systems werden nicht mehr als naturgegeben angesehen, sondern durch Ideen, Wissen und Sinnkonstruktionen der Akteure konstituiert und interpretiert (Wendt 1992; Adler 2002, S. 95 f.). Auch Akteure und ihre Normen und Identitäten werden als abhängig von Systemstrukturen verstanden, womit sich eine gegenseitige Konstituierung von Akteuren und sozialen Strukturen ergibt.

Durch den Fokus auf die Rolle von Normen, Intersubjektivität und sozialem Kontext sowie die wechselseitige Bedingung von Akteuren und Strukturen offeriert der Konstruktivismus zudem eine generell optimistische Aussicht auf die internationalen Beziehungen generell und die Arktispolitik im Speziellen. Da weder Strukturen (wie das arktische Governance-System) noch Akteure (wie die Eingruppierung in arktische und nichtarktische Staaten) und deren Ansichten fix und vorgegeben sind, ist Veränderung (z. B. von nationalen Interessen oder internationalen Institutionen) möglich, beispielsweise durch Argumentation und Wertverschiebungen (Risse 2000). Wie Adler schreibt: „Die Welt des Konstruktivismus ist breiter, abhängiger, unerwarteter, überraschender und ausgestattet mit mehr Möglichkeiten" (Adler 2002, S. 100).

Die Grundannahmen des Sozialkonstruktivismus zu Akteursverhalten lassen sich gut verdeutlichen, wenn man die Annahmen der rationalistischen Handlungstheorie denen der konstruktivistischen gegenüberstellt (March und Olsen 1998; Fearon und Wendt 2002, S. 60 f.). Laut der rationalistischen Handlungstheorie – auch als Logik der Nutzenmaximierung *(logic of consequences)* bekannt – handeln Akteure zweckrational; verfolgen also fixe Interessen auf Basis von

---

[15]Die Rolle von wissenschaftlichem und Expertenwissen in der Konstruktion von sozialer Realität wird unter anderem in Form von epistemischen Gemeinschaften erforscht (Haas 1992).

Kosten-Nutzen-Erwägungen, welche beispielsweise ihre Interessen an der Ausbeutung von arktischen Ressourcen bestimmen. Daher werden Akteure laut dieser Logik auch als *Homo oeconomicus* bezeichnet. Akteure handeln strategisch, ziehen also die Interessen und Handlungsoptionen anderer Akteure in ihre Handlungsüberlegungen mit ein, und verfolgen exogene materielle Interessen wie ökonomische Wohlfahrt oder Sicherheit. Im Gegensatz dazu ist das Akteursbild der konstruktivistischen Handlungstheorie – auch unter Logik der Angemessenheit *(logic of appropriateness)* bekannt – das des *Homo sociologicus*, da Akteure danach streben, sozial angemessen zu handeln und damit bestimmte Rollenerwartungen zu erfüllen. Akteure handeln nicht strategisch, sondern intersubjektiv, da die Verhaltenserwartungen anderer Akteure ihre Handlungsoptionen bestimmen. Akteure verfolgen damit in erster Linie endogene soziale und normative Interessen, wie den Schutz der arktischen Umwelt und des globalen Klimas sowie den Fortbestand internationaler und regionaler Kooperation in der Arktis. Zusammengefasst geht die rationalistische Handlungstheorie von Akteuren mit vorgegebenen, materiellen Interessen aus, wohingegen die konstruktivistische Handlungstheorie soziale Identitäten und ideelle Akteursinteressen hervorhebt. Politikveränderungen ergeben sich laut ersterer Theorie daher als Folge von veränderten Interessenkonstellationen, wohingegen letztere Wandel durch Veränderungen von Normen, Wissen und Identitäten erklärt.

Die Rolle von Institutionen im Konstruktivismus ist vor allem in Form des soziologischen Institutionalismus behandelt worden (March und Olsen 1998; Powell und DiMaggio 1991). Rationalistische und materiell-deterministische Theorien legen den Fokus auf formale Normen und Regeln, vor allem auf Internationale Organisationen und Regime, und sehen diese eine instrumentelle Funktion zur Realisierung von Akteursinteressen ausführend. Die Wirkung von Institutionen ist damit regulativ, beeinflusst also die Kosten-Nutzen-Kalküle von Akteuren über positive und negative externe Anreize. Der soziologische Institutionalismus hingegen geht über die Betrachtung von formalen Normen und Regeln hinaus, und zwar dadurch, dass allgemeinen Praktiken sowie informellen, kognitiven und normativen Prozessen Bedeutung für die Erklärung von Akteursverhalten und Institutionenausgestaltung zugeschrieben wird. Dies betrifft beispielsweise die Einbeziehung verschiedener Akteursgruppen über die Staaten hinaus in den Arktischen Rat und die sich hieraus ergebende Bedeutung für die Kooperation und den Frieden in der Region. Institutionen werden zudem in ihrem historischen Kontext und ihrer historischen Entwicklung betrachtet, und institutionellen Pfadabhängigkeiten wird Bedeutung für die Form und Ausprägung von Institutionen zugeschrieben. Die Rolle der AEPS für die heutige Form und Funktion des Arktischen Rates gehört in diesen Bereich. Die konstituierende Wirkung von Institutionen auf Akteure ergibt sich damit aus ihrem Einfluss auf die Identitäten und Interessen von Akteuren durch Sozialisierungs-, Lern- und Überzeugungsprozesse (Risse 2000); die Rolle der Beobachter im Arktischen Rat und ihres „Kennenlernprozesses" der Institution ist ein gängiges Beispiel.

4.6.2 Die Konstruktion der Arktis und die Norm der Arktiskooperation – das Erklärungspotenzial des Sozialkonstruktivismus für die Arktispolitik

Sozialkonstruktivistische wissenschaftliche Beiträge zur Arktis beschäftigen sich beispielsweise mit dem dynamischen Charakter und der unterschiedlichen Interpretation von Souveränität, Globalisierung und Sicherheit im Arktiskontext (Hough 2013; Weinert 2014). Ein weiterer Ansatz sind die Hinterfragung und diskursive Analyse der Konstruktion der Arktis als Region an sich (Keskitalo 2004). Obwohl die südlichen Grenzen der Arktis nicht in einer einzig gültigen Definition festgeschrieben sind (Abschn. 1.1 und 4.1) und damit der Interpretation und Argumentation bezüglich ihrer Gültigkeit bedürfen, wird der Begriff „Arktisregion" doch vielfach als statisch und gegeben angesehen. Ein Ansatz der Dekonstruktion dieses Begriffs ist die Diskursanalyse (häufig nach Foucault 1974), wonach das von Akteuren zu einem bestimmten Zeitpunkt und in einem bestimmten Kontext gesagte (und nicht gesagte, ausgeschlossene) Begriffe und Konzepte, wie „Arktisregion", konstruiert (Keskitalo 2004, S. 9 f.). Der Diskurs definiert damit die Grenzen des Möglichen (oder „Sagbaren"), was die Arktisregion in einem bestimmten sozial-gesellschaftlichen und temporalen Kontext sein kann (und was nicht).

Eine ähnliche Analyseart versteht die Arktis und ihre Definition sowie die mit der Region verbundenen Assoziationen als eingebettet in bestimmte Bedeutungsrahmen (Framings). So wird die Arktispolitik von solchen vorherrschenden Bedeutungsrahmen wesentlich mitbestimmt, da dadurch bestimmten Problemen und Interessen Vorzug gegenüber anderen eingeräumt wird. Beispielsweise führt ein allgemeines Verständnis der Arktis als Ressourcenregion zu anderen Politikpräferenzen als ein Verständnis der Arktis als verletzlicher Naturraum. Solche Bedeutungsrahmen sind meist nicht expliziter Teil politischer Debatten, sondern agieren als unbewusste Faktoren im Hintergrund (Keskitalo 2004, S. 11). Aus diesem Grund sind deren Bewusstseinsmachung und Hinterfragung – sowie deren Verbindung zu Machtverhältnissen, geschichtlicher Entwicklung und sozialem Kontext – ein wesentlicher Beitrag einer sozialkonstruktivistischen Analyse.

Ähnlich der Bedeutungsrahmenanalyse beschäftigt sich ein relativ neuer sozialkonstruktivistischer Begriff in der Arktisforschung mit verschiedenen Imaginationen der Arktis (Steinberg et al. 2015; Keil und Knecht 2017). Diese Analysen offenbaren gewissen Diskussionen und Entscheidungen zugrunde liegende Vorstellungen, welche häufig in Form von Metaphern ausgedrückt sind. Davon gibt es – je nach Sprecherkreis und Sprachfamilie – zahlreiche; die am häufigsten genannten umfassen die Arktis als Ressourcenfrontier oder Vorratsspeicher von Ressourcen, als zu schützendes und von menschlichen Aktivitäten weitestgehend abzuschirmendes Naturreservat sowie als Heimat und Lebensraum von Menschen, darunter vielen indigenen Völkern, mit von Klimawandel und Globalisierung bedrohten und daher bewahrungswürdigen Traditionen und Rechten (Abschn. 4.3.3). Eine mittlerweile etwas aus der Mode gekommene Imagination der Arktis ist die der *terra nullius* (des Niemandslandes), also eines unzugänglichen, unwirtlichen und für menschliche Aktivitäten feindlichen Naturraumes, der von keiner Herrschaftsform kontrolliert wird und daher auch keiner Souveränität unterliegt (Abschn. 1.2). Besonders letztere Aspekte treffen auf die Arktis schlichtweg nicht zu, da nationale und internationale Hoheitsrechte über Land und Wasser der Arktis völkerrechtlich festgeschrieben sind (Abschn. 3.2).

Die Bedeutung dieser Imaginationen und häufig ihre Beständigkeit in öffentlichen, politischen und akademischen Debatten zur Arktis sind nicht zu unterschätzen. Gerade aufgrund ihrer häufigen Darstellung als Metapher üben sie eine starke Anziehungskraft aufgrund ihrer scheinbaren Schlichtheit und Klarheit aus, welche der Komplexität der vielen verschiedenen sozialen Konstruktionen der Arktis nicht gerecht wird. Nicht zuletzt bringen alle diese Imaginationen der Arktis eine gewisse Erwartungshaltung der Akteure mit sich, determinieren Politikentscheidungen als „richtig", „falsch", „wünschenswert" oder „ablehnungswürdig" und haben damit einen starken Einfluss auf die Politikgestaltung der Arktisregion.

In die Reihe dieser Bedeutungsrahmen und Imaginationen sortieren sich auch Annahmen und Ansichten über die Region ein, welche in der politischen Debatte zur Arktis unterrepräsentiert sind bzw. als selbstverständlich angesehen werden. Dies betrifft vor allem die generelle Beibehaltung des politischen und rechtlichen Status quo der Region in Form der zentralen Rolle der fünf beziehungsweise acht arktischen Staaten als Hauptakteure arktischer Governance und der herausragenden Bedeutung des Seerechtsübereinkommens der Vereinten Nationen (SRÜ) für die Ausgestaltung der souveränen Rechte in arktischen Gewässern, wie es unter anderem in der Ilulissat-Deklaration der fünf arktischen Küstenstaaten schriftlich festgehalten wurde. Die Dynamik der sozialen Konstruktion der Arktis lässt sich dann beobachten, wenn solche Bedeutungsrahmen, Imaginationen und generellen Annahmen infrage gestellt beziehungsweise ihnen alternative Narrative entgegengestellt werden. Ein Beispiel hierfür ist die von mehreren nichtarktischen Staaten hervorgehobene Definition ihrer Rolle als „arktisnahe" Staaten (China) oder als „der Arktis nächster Nachbar" (Großbritannien). Auch das Narrativ, dass die Arktis aufgrund ihrer zentralen Rolle im Klima- und Wettersystem der Erde als gemeinsames Erbe der Menschheit zu betrachten sei, könnte als Herausforderung zu der Aufteilung souveräner Rechte durch das SRÜ interpretiert werden.

Die Darstellung der Arktis in den Medien ist ein weiterer wichtiger Aspekt, wo sozialkonstruktivistische Analyseinstrumente wichtige Beiträge leisten. Eine Analyse der Bedeutungsrahmen, Narrative oder vorherrschenden Einordnungen der Arktis in Print-, Online und soziale Medien ist zunehmend Gegenstand sozialwissenschaftlicher Arktisforschung (Christensen et al. 2013). Der Einfluss der Medien und ihrer Darstellung der Arktis ist von nicht zu unterschätzender Bedeutung. Die breite mediale Aufmerksamkeit zur Positionierung der russischen Flagge am Nordpol im Sommer 2007 – und ihre nach wie vor häufige Erwähnung in Medienbeiträgen zur Arktis – sowie die meist unkritische und oberflächliche Wiedergabe des Berichts des US Geological Survey aus dem Jahre 2008 zu geschätzten Öl- und Gasvorkommen in der Arktis, hat in den letzten Jahren wesentlich zur Darstellung der Arktis als angeblich konfliktreiche Ressourcenregion beigetragen. Eine sozialkonstruktivistische Analyse dieser Entwicklung sowie die Beleuchtung der Rolle der Medien in diesem Prozess tragen dazu bei, unser Verständnis von dominierenden (Arktis-)Weltbildern und alternativen, nicht im Vordergrund stehenden Konstruktionen der arktischen Wirklichkeit zu verstehen.

Angesichts der steigenden internationalen Aufmerksamkeit an der Arktisregion widmen sich Studien auch zunehmend der Frage, wer und was als „arktisch" anzusehen ist. Die Grenze zwischen arktischen und nichtarktischen Akteuren, Politikbereichen und Institutionen wird aufgrund der zunehmenden Verflechtung der Arktis mit globalen Prozessen und Strukturen (z. B. in den Bereichen Ressourcen, Schifffahrt, Wirtschaftsbeziehungen, Transport, Telekommunikation, Infrastruktur sowie der Governance all dieser Themen) immer unklarer (Abschn. 4.1.2). Die „konventionelle" Definition, welche das Attribut „arktisch" an territoriale Gebundenheit an die Arktisregion nördlich des Polarkreises festmachte, scheint überholt und wenig zweckdienlich, die komplexe Materie der arktisch-internationalen Beziehungen von heute zu verstehen (Keil und Knecht 2017, insbesondere Kap. 1 und Part 3). Eine sozialkonstruktivistische Analyse dessen, was „arktisch sein" ausmacht beziehungsweise was als nichtarktisch anzusehen ist und wie sich dies in verschiedenen zeitlichen und räumlichen Kontexten ausprägt, kann unser generelles Verständnis von „arktischer Politik", „arktischen Akteuren" und „arktischer Governance" nur erhellen.

Auch die von der klassischen Struktur einer Internationalen Organisation abweichende Governance-Form des Arktischen Rats bietet sich für konstruktivistische Erklärungsansätze an, die die Rolle von Normen in den Vordergrund stellen. Der Rat wird hier als Vertreter von zwischen den Arktisakteuren geteilten Normen angesehen, welche sich durch enge Kooperation und Abstimmung, gemeinsame Verantwortung (in der Literatur häufig als *stewardship* bezeichnet; Young 2012b), politischen Fokus auf Umweltschutz und nachhaltige Entwicklung sowie die Einbindung der indigenen Bevölkerung als Permanent Participants auszeichnen.

Von besonderer Bedeutung ist die Norm der Kooperation und Zusammenarbeit in der Arktispolitik. Die Arktis ist mehr als einmal als neuer Konfliktraum prognostiziert worden, zum Beispiel aufgrund der zu erwartenden Ressourcen in der Region, der gestiegenen geopolitischen Relevanz der Arktis und/oder aufgrund von Spannungen zwischen Arktisakteuren in anderen regionalen Kontexten wie der Ukraine-Krise (Abschn. 4.4 und 5.3). Die Kooperation zwischen Arktisstaaten hat sich aber immer wieder als sehr stabil herausgestellt. Eine konstruktivistische Lesart würde dies durch die von allen Akteuren geteilte Norm der friedlichen Kooperation und Zusammenarbeit im Rahmen von bilateralem Austausch und Institutionen, vor allem im Arktischen Rat, erklären.

Ein weiterer konstruktivistischer Erklärungsansatz würde die gemeinsame Identität der Ratsmitglieder als „Arktisakteure" sowie die Idee eines gemeinsamen „arktischen Zuhauses", welches es zu bewahren gilt, hervorheben. Durch ihr Bemühen um Arktiskooperation – zum Beispiel in Form des Aufbaus des Arktischen Rats sowie von Investitionen in seine Struktur – handeln die Arktisakteure also im Sinne des *Homo sociologicus,* um ihrer Rollenerwartung als Bewahrer des gemeinsamen arktischen Hauses gerecht zu werden. Die herausragende Bedeutung der Kooperationsnorm unter den Arktisakteuren würde zudem erklären, warum die Akteure „weiche" Politikthemen im Arktischen Rat priorisieren (also „harte" Themen wie militärische Sicherheit ausschließen), da erstere förderlicher sind, um langfristige Kooperation zu sichern und um Kooperationsbemühungen in anderen Bereichen nicht zu gefährden (Abschn. 3.3). Zudem könnte eine konstruktivistische Erklärung sein, dass die Akteure das Verständnis teilen, dass die Arktis kein militärischer Konfliktraum ist, dies also nicht in das Identitätsbild der Arktisregion und ihrer Akteure passt. Ein Zeichen für die Stärke der Kooperationsnorm zwischen den Arktisakteuren lässt sich auch daran ablesen, dass es selbst während des Kalten Krieges, als militärische Sicherheitsinteressen auch die Arktis zu beherrschen schienen, Kooperation zwischen den Arktisakteuren gab, wenn auch nur auf politisch „niedriger" Ebene wie Forschungszusammenarbeit und Kooperation im Umweltschutz (Abschn. 5.2).

Die zentrale Rolle von internationalen Institutionen für die Arktispolitik wird (wie im neoliberalen Institutionalismus) auch im Sozialkonstruktivismus anerkannt, allerdings mit einem breiteren Fokus auf die informellen und normativen Aspekte von Institutionengestaltung und durch sie geprägtes Akteursverhalten. Nicht zuletzt dem Arktischen Rat wird ein hohes Maß an Sozialisierungs- und Lernpotenzial in Bezug auf seine Akteure zugeschrieben, welches Teil der Erklärung der stabilen Arktiskooperation ist; durch regelmäßige und wiederholte Interaktion der Akteure entstehen nicht nur Interdependenz und Informationsaustausch (wie vom neoliberalen Institutionalismus postuliert), sondern auch eine Neubewertung, Formung und Anpassung von Normen und Identitäten.

Einerseits konstituieren die Arktisakteure Institutionen wie den Arktischen Rat in Übereinstimmung mit ihren Normen und Werten (vor allem enge Kooperation; s. oben), wobei auch historische Entwicklungen und institutionelle Pfadabhängigkeiten eine wichtige Rolle für die Ausgestaltung von Institutionen spielen. Nicht zuletzt tragen die meisten der Arbeitsgruppen des Arktischen Rates noch die Namen und Teile der ursprünglichen Themeninhalte der dem Rat vorausgegangenen AEPS (Abschn. 3.3). Andererseits üben Institutionen wie der Arktische Rat durch die wiederholte Interaktion sowie durch Hinzustoßen neuer Themenbereiche und Akteure eine konstituierende Wirkung auf die Akteure und ihre Interessen aus. Dies ist vor allem in der oben erwähnten (Re-)Definierung von vormals nichtarktischen Staaten als „arktisnahe" Staaten oder „Arktisnachbar" abzulesen.

Zitierte Literatur

Abbott, K. W., Keohane, R. O., Moravcsik, A., Slaughter, A.-M., & Snidal, D. (2000). The concept of legalization. *International Organization, 54*(3), 401–419.

Adler, E. (2002). Constructivism and international relations. In W. Carlsnaes, T. Risse, & B. A. Simmons (Hrsg.), *Handbook of international relations* (S. 95–118). London: Sage.

Albert, M. (2015). The polar regions in the system of world politics: Social differentiation and securitization. *Geographische Zeitschrift, 103*(4), 217–230.

Albert, M., Reuber, P., & Wolkersdorfer, G. (2003). Kritische Geopolitik. In S. Schieder & M. Spindler (Hrsg.), *Theorien der Internationalen Beziehungen* (S. 505–530). Opladen: Leske+Budrich.

Antrim, C. L. (2010). The next geographical pivot: The Russian Arctic in the twenty-first century. *Naval War College Review, 63*(3), 15–37.

Arctic Council. (2013). Arctic Council Rules of Procedure, geändert auf dem 8. Ministertreffen des Arktischen Rates, Kiruna, Schweden, 15. Mai 2013. https://oaarchive.arctic-council.org/handle/11374/940. Zugegriffen: 24. Jan. 2018.

Auswärtiges Amt. (2013). *Leitlinien deutscher Arktispolitik: Verantwortung übernehmen, Chancen nutzen*. Berlin: Auswärtiges Amt.

Axelrod, R. (1984). *The Evolution of Cooperation*. New York: Basic Books.

Bartsch, G. (2015a). *Klimawandel und Sicherheit in der Arktis. Hintergründe, Perspektiven, Strategien*. Wiesbaden: Springer VS.

Bartsch, G. (2015b). *Zukunftsraum Arktis. Klimawandel, Kooperation oder Konfrontation?* Wiesbaden: Springer VS.

Bartsch, G. (2015c). Zwischen Soft Security und Show of Force. Zur Streitkräftepräsenz der Anrainerstaaten in der Arktis. *Sicherheit & Frieden, 33*(3), 19–22.

Bird, K. J. et al. (2008). Circum-Arctic resource appraisal: Estimates of undiscovered oil and gas north of the Arctic circle (Fact Sheet 2008–3049). Reston: U.S. Geological Survey.

Blunden, M. (2012). Geopolitics and the northern sea route. *International Affairs, 88*(1), 115–129.

Borgerson, S. G. (2008). Arctic meltdown: The economic and security implications of global warming. *Foreign Affairs, 87*(2), 63–77.

Borgerson, S. G. (2013). The coming Arctic boom: As the ice melts, the region heats up. *Foreign Affairs, 92*(4), 76–89.

Brady, A.-M. (2017). *China as a polar great power*. Cambridge: Cambridge University Press.

Braune, G. (2016). *Die Arktis. Portrait einer Weltregion*. Berlin: Ch. Links.

Buzan, B., & Hansen, L. (2009). *The evolution of international security studies*. Cambridge: Cambridge University Press.

Chivers, C. J. (2007). Russians Plant Flag on the Arctic Seabed. The New York Times. https://www.nytimes.com/2007/08/03/world/europe/03arctic.html. Zugegriffen: 30. Jan. 2018.

Christensen, M., Nilsson, A. E., & Wormbs, N. (2013). *Media and the politics of Arctic climate change: When the ice breaks*. Houndsmille: Palgrave Macmillan.

Conley, H. A. (2014). A role for NATO in the Arctic? In P. Dahl & P. Järvenpää (Hrsg.), *Northern security and global politics: Nordic-Baltic strategic influence in a post-unipolar world* (S. 54–64). London: Routledge.

Daily Mail. (2007). Putin's Arctic invasion: Russia lays claim to the north pole – and all its gas, oil, and diamonds (29. Juni). http://www.dailymail.co.uk/news/article-464921/Putins-Arctic-invasion-Russia-lays-claim-North-Pole–gas-oil-diamonds.html. Zugegriffen: 05. Febr. 2018.

Ebinger, C. K., & Zambetakis, E. (2009). The geopolitics of Arctic melt. *International Affairs, 85*(6), 1215–1232.

Erling, J. (2018). So will China schleichend die Arktis erobern (31. Januar). https://www.welt.de/politik/ausland/article173003895/Chinas-Plan-zur-Eroberung-der-Arktis.html. Zugegriffen: 05. Febr. 2018.

Etzold, T., & Steinicke, S. (2015). *Regionale Sicherheit und Zusammenarbeit in der Arktis- und Ostseeregion: Destabilisierung als Folge der Krise um die Ukraine (SWP-Aktuell 74)*. Berlin: Stiftung Wissenschaft und Politik.

Exner-Pirot, H. (2013). What is the Arctic a case of? The Arctic as a regional environmental security complex and the implications for policy. *The Polar Journal, 3*(1), 120–135.

Exner-Pirot, H., & Murray, R. W. (2017). Regional order in the Arctic: Negotiated exceptionalism. *Politik, 20*(3), 47–64.

Fawcett, L. (2004). Exploring regional domains: A comparative history of regionalism. *International Affairs, 80*(3), 429–446.

Fearon, J., & Wendt, A. (2002). Rationalism v. constructivism: A skeptical view. In W. Carlsnaes, T. Risse, & B. A. Simmons (Hrsg.), *Handbook of international relations* (S. 52–72). London: Sage.

Foucault, M. (1974). *The archaeology of knowledge*. New York: Tavistock Publications.

Fox News. (2012). The New Cold War: Militaries Eying Arctic Resources (16. April). http://www.foxnews.com/tech/2012/04/16/new-cold-war-as-ice-cap-melts-militaries-vie-for-arctic-edge.html. Zugegriffen: 05. Febr. 2018.

Gorbatschow, M. (1987). Speech in Murmansk at the Ceremonial Meeting on the occasion of the Presentation of the Order of Lenin and the Gold Star to the City of Murmansk. https://www.barentsinfo.fi/docs/Gorbachev_speech.pdf. Zugegriffen: 30. Jan. 2018.

Griffiths, F. (1988). The Arctic as an international political region. In K. Möttölä (Hrsg.), *The Arctic challenge: Nordic and Canadian approaches to security and cooperation in an emerging international region*. London: Westview Press.

Haas, P. A. (1992). Introduction: Epistemic communities and policy coordination. *International Organization, 46*(1), 1–35.

Haftendorn, H. (2011). Nato and the Arctic: Is the Atlantic alliance a cold war relic in a peaceful region now faced with non-military challenges? *European Security, 20*(3), 337–361.

Haftendorn, H. (2012). Schatzkammer Arktis: Deutschlands Interessen an Rohstoffen aus dem Hohen Norden. *Internationale Politik, 67*(2012), 91–97.

Heininen, L., & Finger, M. (2017). The „Global Arctic" as a new geopolitical context and method. *Journal of Borderlands Studies*. S. 1–4.

Helmig, J. (2007). Geopolitik – Annäherung an ein schwieriges Konzept. *Aus Politik und Zeitgeschichte, 20–21,* 31–37.

Hettne, B. (2005). Beyond the „new" regionalism. *New Political Economy, 10*(4), 543–571.

Hettne, B., & Söderbaum, F. (2000). Theorising the rise of regionness. *New Political Economy, 5*(3), 457–472.

Hofmann, W., et al. (2007). *Politikwissenschaft*. Konstanz: UVK.

Hough, P. (2012). Worth the energy? The geopolitics of Arctic oil. *Central European Journal of International & Security Studies, 6*(2), 65–80.

Hough, P. (2013). *International politics of the Arctic – Coming in from the cold Advances in International Relations and Global Politics*. London: Routledge.

Huebert, R. (2010). *The newly emerging Arctic security environment*. Calgary: Canadian Defence & Foreign Affairs Institute.

Humrich, C. (2013). Fragmented international governance of Arctic offshore oil: Governance challenges and institutional improvement. *Global Environmental Politics, 13*(3), 79–99.

Humrich, C. (2015). Sicherheitspolitik im Arktischen Rat? Lieber nicht! *S+F Sicherheit und Frieden, 33*(3), 143–149.

Humrich, C. (2018). Souveränitätsdenken und Seerecht: Regionalisierung von Meerespolitik in der Arktis als neue Staatsräson. In M. Albert, N. Deitelhoff, & G. Hellmann (Hrsg.), *Ordnung und Regieren in der Weltgesellschaft* (S. 211–241). Wiesbaden: Springer.

Huskey, L., Mäenpää, I., & Pelyasov, A. (2014). Economic systems. In J. N. Larsen & G. Fondahl (Hrsg.), *Arctic human development report: Regional processes and global linkages* (S. 151–182). Kopenhagen: Nordic Council of Ministers.

Ilulissat-Deklaration. (2008). http://www.oceanlaw.org/downloads/arctic/Ilulissat_Declaration.pdf. Zugegriffen: 02. Jan. 2018.

Käpylä, J., & Mikkola, H. (2015). *On Arctic exceptionalism: Critical reflections in the light of the Arctic sunrise case and the crisis in Ukraine*. FIIA Working Paper 85. Helsinki: Finnish Institute of International Affairs.

Keating, T. (2014). International institutions and state sovereignty – Frozen in time or warming to change. In R. W. Murray & A. D. Nuttall (Hrsg.), *International relations and the Arctic: Understanding policy and governance* (S. 51–77). Amherst: Cambria Press.

Keil, K. (2013). *Cooperation and conflict in the Arctic: The cases of energy, shipping and fishing*. Berlin: Freie Universität Berlin.

Keil, K. (2018). Im Spannungsfeld zwischen Kontinuität und Wandel: Der Arktische Rat als zentrales Forum der Arktiskooperation. *Zeitschrift der Leibnitz-Sozietät e. V., Leibnitz Online, 31,* 1–9.

Keil, K., & Knecht, S. (Hrsg.). (2017). *Governing Arctic change: Global perspectives*. London: Palgrave Macmillan.

Keohane, R. O. (1984). *After hegemony: Cooperation and discord in the world political economy*. New York: Columbia University Press.

Keohane, R. O., & Nye, J. S. (2001). *Power and interdependence* (3. Aufl.). New York: Longman.

Keskitalo, E. C. H. (2004). *Negotiating the Arctic: The construction of an international region*. New York: Routledge.

Keskitalo, E. C. H. (2007). International region-building: Development of the Arctic as an international region. *Cooperation and Conflict, 42*(2), 187–205.

Kingdom of Norway and the Russian Federation. (2010). Treaty between the Kingdom of Norway and the Russian Federation concerning Maritime Delimitation and Cooperation in the Barents Sea and the Arctic Ocean. https://www.regjeringen.no/globalassets/upload/ud/vedlegg/folkerett/avtale_engelsk.pdf. Zugegriffen: 30. Jan. 2018.

Knecht, S. (2013). Arctic regionalism in theory and practice: From cooperation to integration? In L. Heininen (Hrsg.), *Arctic Yearbook 2013* (S. 164–183). Akureyri: Northern Research Forum.

Knecht, S. (2015). Die Mär vom Kalten Krieg: Wie geopolitische Paradigmen in den Internationalen Beziehungen des Arktisraums (re)produziert werden. *S+F Sicherheit und Frieden, 33*(3), 121–126.

Krasner, S. D. (Hrsg.). (1983). *International regimes*. Ithaca: Cornell University Press.

Kretschmer, M., Coumou, D., Agel, L., Barlow, M., Tziperman, E., & Cohen, J. (2017). More-persistent weak stratospheric polar vortex states linked to cold extremes. *Bulletin of the American Meteorological Society*, OnlineFirst, 1–35.

Kristoffersen, B., & Langhelle, O. (2017). Sustainable development as a global-arctic matter: Imaginaries and controversies. In K. Keil & S. Knecht (Hrsg.), *Governing Arctic change* (S. 21–41). Basingstoke: Palgrave Macmillan.

Lehrke, D. (2014). The cold thaw. *Jane's Defence Weekly, 51*(20), 24–29.

Lyck, L. (2015). Arctic regionalization. In S. Dosenrode (Hrsg.), *Limits to regional integration*. Aldershot: Ashgate.

Mackinder, H. J. (1904). The geographical pivot of history. *The Geographical Journal, 23*(4), 421–437.

Mansfield, E. D., & Milner, H. V. (1999). The new wave of regionalism. *International Organization, 53*(3), 589–627.

March, J. G., & Olsen, J. P. (1998). The institutional dynamics of international political orders. *International Organization, 52*(4), 943–969.

Marx, S. (2010). Die Macht am Nordpol: Warum ein Krieg wahrscheinlich ist. *Internationale Politik und Gesellschaft, 1*, 96–111.

Matz, O. (2010). Arktische Fronten. *Blätter für Deutsche und Internationale Politik, 9*, 27–31.

Moe, A., Fjærtoft, D., & Øverland, I. (2011). Space and timing: why was the Barents Sea delimitation dispute resolved in 2010? *Polar Geography, 34*(3), 145–162.

Morgenthau, H. J. (1948). *Politics among nations: The struggle for power and peace*. New York: Alfred A. Knopf.

Nord, D. (2016). *The Arctic Council: Governance within the far north*. London: Routledge.

Nye, J. S. (1968). *International regionalism: Readings*. Boston: Little, Brown & Company.

Ó Tuathail, G., & Agnew, J. (1992). Geopolitics and discourse: Practical geopolitical reasoning in American foreign policy. *Political Geography, 11*(2), 190–204.

Parker, G. (1998). *Geopolitics: Past, present, and future*. London: Pinter.

Pharand, D. (1992). The case for an Arctic Region Council and a treaty proposal. *Revue Generale de Droit, 23*, 163–195.

Powell, W. W., & DiMaggio, P. J. (Hrsg.). (1991). *The new institutionalism in organizational analysis*. Chicago: University of Chicago Press.

Quinn, E. (2018). Arctic Council nominated for Nobel Peace Prize (16. Januar). Radio Canada International. http://www.rcinet.ca/en/2018/01/20/arctic-council-nominated-for-nobel-peace-prize/. Zugegriffen: 31. Jan. 2018.

Rahbek-Clemmensen, J. (2017). The Ukraine crisis moves north: Is Arctic conflict spill-over driven by material interests? *Polar Record, 53*(1), 1–15.

Risse, T. (2000). „Let's argue!": Communicative action in world politics. *International Organization, 54*(1), 1–39.

Ritter, K. (2014). Cold war-style conflict heating up over Arctic (12. Juni). CTV News. https://www.ctvnews.ca/sci-tech/cold-war-style-conflict-heating-up-over-arctic-1.1864896. Zugegriffen: 05. Febr. 2018.

Rothwell, D. R. (2008). The Arctic in international law: Time for a new regime? *Brown Journal of World Affairs, 15*(1), 241–253.

Rudd, D. (2010). Northern Europe's Arctic defence agenda. *Journal of Military and Strategic Studies, 12*(3), 45–71.

Smirnova, J. (2013). Russlands kalter Krieg am Nordpol (11. Dezember). Die Welt. https://www.welt.de/politik/ausland/article122822341/Russlands-kalter-Krieg-am-Nordpol.html. Zugegriffen: 05. Feb. 2018.

Spiegel Online. (2007). Russen setzen Fahne am Nordpol (2. August). http://www.spiegel.de/wissenschaft/mensch/in-4261-metern-tiefe-russen-setzen-fahne-am-nordpol-a-497827.html. Zugegriffen: 30. Jan. 2018.

Steinberg, P. E., Tasch, J., & Gerhardt, H. (2015). *Contesting the Arctic: Politics and imaginaries in the circumpolar North.* London: I.B. Tauris.

Stokke, O. S. (2011). Environmental security in the Arctic: The case for multilevel governance. *International Journal, 66*(4), 835–848.

Tai, R. T.-H., Pearre, N. S., & Kao, S.-M. (2015). Analysis and potential alternatives for the disputed south china sea from ocean governance in the polar regions. *Coastal Management, 43*(6), 609–627.

Waltz, K. N. (1979). *Theory of international politics.* Reading: Addison-Wesley.

Wegge, N., & Keil, K. (2018). Between classical and critical geopolitics in a changing Arctic. *Polar Geography, 41*(2), 87–106.

Weinert, M. S. (2014). Sovereignty as an institution of international society. In R. W. Murray & A. D. Nuttall (Hrsg.), *International relations and the Arctic: Understanding policy and governance* (S. 79–104). Amherst: Cambria Press.

Wendt, A. (1992). Anarchy is what states make of it: The social construction of power politics. *International Organization, 46*(2), 391–425.

Young, O. R. (1992). *Arctic politics: conflict and cooperation in the circumpolar North.* Hanover: University Press of New England.

Young, O. R. (2005). Governing the Arctic: From cold war theater to mosaic of cooperation. *Global Governance, 11*(1), 9–15.

Young, O. R. (2012a). Building an international regime complex for the Arctic: current status and next steps. *The Polar Journal, 2*(2), 391–407.

Young, O. R. (2012b). Arctic stewardship: Maintaining regional resilience in an era of global change. *Ethics & International Affairs, 26*(4), 407–420.

Zellen, B. (2009a). *Arctic doom, Arctic boom: The geopolitics of climate change in the Arctic.* Santa Barbara: Greenwood Publishing Group.

Zürn, M. (1992). *Interessen und institutionen in der internationalen politik.* Opladen: Leske+ Budrich.

Weiterführende Literatur

Abschn. 4.1: Regionalismusforschung

English, J. (2013). *Ice and water: Politics, people and the Arctic Council.* London: Lane.

Heininen, L., & Southcott, C. (Hrsg.). (2010). *Globalization and the circumpolar North.* Fairbanks: University of Alaska Press.

Keil, K., & Knecht, S. (Hrsg.). (2017). *Governing Arctic change: Global perspectives*. Basingstoke: Palgrave Macmillan.

Abschn. 4.2: Regimeforschung und Multilevel Governance

Nord, D. C. (2016). *The changing Arctic: Creating a framework for consensus building and governance within the Arctic Council*. Basingstoke: Palgrave Macmillan.

Stokke, O. S., & Hønneland, G. (2007). *International cooperation and Arctic governance: Regime effectiveness and Northern region building*. London: Routledge.

Young, O. R. (1998). *Creating regimes: Arctic accords and international governance*. Ithaca: Cornell University Press.

Abschn. 4.3: Neoklassische und kritische Geopolitik

Dodds, K., & Nuttall, M. (2015). *The scramble for the poles: The geopolitics of the Arctic and Antarctic*. Cambridge: Polity.

Steinberg, P. E., Tasch, J., & Gerhardt, H. (2015). *Contesting the Arctic: Politics and imaginaries in the circumpolar North*. London: I.B. Tauris.

Tamnes, R., & Offerdal, K. (Hrsg.). (2014). *Geopolitics and security in the Arctic: Regional dynamics in a global world*. London: Routledge.

Abschn. 4.4: Neorealismus und klassische Security Studies

Brady, A.-M. (2017). *China as a polar great power*. Cambridge: Cambridge University Press.

Buzan, B., & Hansen, L. (2009). *The evolution of international security studies*. Cambridge: Cambridge University Press.

Kraska, J. (Hrsg.). (2013). *Arctic security in an age of climate change*. Cambridge: Cambridge University Press.

Zellen, B. S. (2009b). *On thin Ice: The Inuit, the state, and the challenge of Arctic sovereignty*. Plymouth: Lexington.

Abschn. 4.5: Neoliberaler Institutionalismus

Keil, K. (2013). *Cooperation and conflict in the Arctic: The cases of energy, shipping and fishing*. Berlin: Freie Universität Berlin.

Keohane, R. O. (1984). *After hegemony: Cooperation and discord in the world political economy*. New York: Columbia University Press.

Ruggie, J. G. (1995). The false premise of realism. *International Security, 20*(1), 62–70.

Abschn. 4.6: Sozialkonstruktivismus

Jensen, L. C. (2015). *International relations in the Arctic: Norway and the struggle for power in the New North*. London: I.B. Tauris.

Keskitalo, E. C. H. (2004). *Negotiating the Arctic: The construction of an international region*. London: Routledge.

Kubálková, V., Onuf, N., & Kowert, P. (Hrsg.). (1998). *International relations in a constructed world*. New York: M.E. Sharpe.

Wegge, N., & Keil, K. (2018). Between classical and critical geopolitics in a changing Arctic. *Polar Geography, 41*(2), 87–106.

5.1 Ressourcen

Arktisregionen sind reich an vielerlei Ressourcen, welche von fossilen Energieträgern und anderen Bodenschätzen über Handelsrouten, Fischereiressourcen und Kultur- und Naturlandschaften reichen. Mineralische Bodenschätze wie Kohle, Zink, Kupfer, Gold, Diamanten, Platin, Nickel, Palladium, Eisenerz und Seltene Erden sind in vielen Arktisregionen wichtige Wirtschaftszweige oder, wie in Grönland, mögliche Zukunftsmärkte. Die Nickel- und Palladiumproduktion am Standort Norilsk Nickel auf der Kola-Halbinsel gehört zu den größten weltweit. Die Entdeckung von Diamantvorräten in den Nordwest-Territorien hat Kanada unter die Top 5 der größten Diamantproduzenten katapultiert. Die Red Dog-Mine in Alaska ist die größte Zinkmine der Welt mit dem größten bislang gefundenen Zinkvorkommen und rund 10 % der weltweiten Zinkproduktion. Finnland, Schweden und Norwegen verfügen über große mineralische Vorkommen wie beispielsweise Eisenerz, und die Barentsregion ist eine der wichtigsten Metall- und Mineralienquellen für Europa. Planer in Grönland hoffen, dass Mineralien einen Großteil der künftigen Einnahmen der Insel ausmachen werden (Keil 2013, S. 79).

Die Erschließung mineralischer Rohstoffe in der Arktis findet gänzlich an Land statt und ist deshalb weniger von den klimatischen Veränderungen in der Region in Form des zurückgehenden Meereises betroffen. Zudem findet mineralischer Ressourcenabbau bereits seit Jahrzehnten in vielen Regionen der Arktis statt und schaffte es daher in den letzten Jahren nicht so häufig auf die Titelseiten der großen Zeitschriften. Im Fokus der allgemeinen Debatte um die Ressourcen der Arktis stehen vor allem die Öl- und Gasvorräte in der Region, die Möglichkeit neue und kürzere Schifffahrtsrouten zu nutzen sowie neue Fischereigründe zu erschließen. Dies begründet sich einerseits durch den Fokus der medialen Berichterstattung vor allem auf Öl- und Gasvorkommen und Schifffahrtsmöglichkeiten in einer sich erwärmenden Arktis (Abschn. 4.6). Andererseits ist dies durch das Interesse globaler Akteure, wie multinationaler Energiekonzerne und der Schiffbauindustrie,

© Springer-Verlag GmbH Deutschland, ein Teil von Springer Nature 2018   123
K. Stephen et al., *Internationale Politik und Governance in der Arktis: Eine Einführung*, https://doi.org/10.1007/978-3-662-57420-1_5

zu erklären, sowie durch die hohe Bedeutung dieser Ressourcen für die arktischen Staaten, entweder als bereits etablierte Wirtschaftszweige oder aufgrund des erwartenden hohen Entwicklungspotenzials.

Die Erschließung von Öl- und Gasressourcen in Arktisregionen ist häufig ein (aktuell bereits bestehender oder künftig erwarteter) wichtiger Zweig der Exportwirtschaft arktischer Staaten. Allen voran Norwegen und Russland beziehen einen Großteil ihrer Einnahmen aus dem Export ihrer Öl- und Gasvorkommen; Grönland hofft, mit fossilen und mineralischen Rohstoffen einen Großteil seiner künftigen Wirtschaftseinnahmen zu bestreiten. Teilnahme an wirtschaftlichen Projekten zur Ausbeutung mineralischer und fossiler Rohstoffe ist zudem häufig Anziehungsmagnet für Investitionen aus wachsenden Volkswirtschaften (wie China) und großen Industrienationen (wie Deutschland). Nicht zuletzt erwähnen auch die *Leitleitlinien deutscher Arktispolitik* (Auswärtiges Amt 2013, S. 1, 4) das „große ökonomische Potential" der Arktis – obgleich unter besonderer Beachtung des Vorsorgeprinzips und der erheblichen ökologischen Herausforderungen bei der Erschließung von Rohstoffvorkommen in der Arktis. Die Erschließung arktischer Ressourcen wird jedoch generell als Möglichkeit für die deutsche und europäische Wirtschaft betrachtet. Die Bedeutung arktischer Ressourcen wird vor dem Hintergrund einer nachhaltigen Versorgung Deutschlands mit Rohstoffen sowie einer langfristig stabilen und ökologisch verträglichen Energieversorgung für deutsche Industrien und Verbraucher dargestellt. In diesem Sinne „könnte die Nutzung von Rohstoffvorkommen in der Arktis einen Beitrag zur Rohstoffversorgung Deutschlands leisten" (Auswärtiges Amt 2013, S. 6). Bereits heute bezieht Deutschland einen Großteil seiner Öl- und Gasimporte aus Norwegen und Russland – beides Staaten mit großen fossilen Ressourcenvorkommen und -produktionen in ihren arktischen Regionen.

Zudem böten die großen technischen Herausforderungen der arktischen Ressourcenerschließung neue Möglichkeiten für deutsche Unternehmen und die Schaffung von Arbeitsplätzen in Deutschland. Deutsches Spezialwissen in Forschung, Technologie und Umweltstandards wird daher für die nachhaltige Entwicklung der Region offeriert. Vor allem das Potenzial für die deutsche Meerestechnik aufgrund der zunehmenden Bedeutung des arktischen maritimen Raumes für Ressourcengewinnung wird hervorgehoben; der Nationale Masterplan Maritime Technologien (NMMT) von 2011 dient der Freisetzung dieser Potenziale (Auswärtiges Amt 2013, S. 6). Deutsche Unternehmen sind bereits heute Zulieferer für Rohstoffförderung in der Arktis, und Forscher und Experten evaluieren das mineralische Rohstoffpotenzial der Region. Vor allem die Bundesanstalt für Geowissenschaften und Rohstoffe (BGR) ist in dieser Hinsicht aktiv; die ihr unterstehende Deutsche Rohstoffagentur analysiert und bewertet mineralische Rohstoffmärkte für die deutsche Wirtschaft, so auch das Rohstoffpotenzial der Arktis.

Deutsche Technologie ist auch für erhöhte Schifffahrtsaufkommen in der Arktis relevant, da Schiffe dort trotz der wärmeren Temperaturen noch immer hohen und besonderen Standards genügen müssen. Deutschland sieht hier einen „Markt mit viel Potential" für innovativen Schiffsbau, und Deutschland als „einer der weltweit führenden Technologielieferanten" kann mit seinen Werften und Zulieferern neuartige, umweltfreundliche Schiffsantriebe sowie den Bau von Spezialschiffen

(Auswärtiges Amt 2013, S. 9) bieten. Als eine der weltweit größten Import- und Exportnationen mit der drittgrößten Handelsflotte und der weltweit größten Containerschiffflotte ist Deutschland auch an neuen Routen zu ostasiatischen Handelszentren interessiert. Um Chancen für Fahrzeitverkürzung und Kostenreduzierung zu nutzen, „setzt sich [die Bundesregierung] für die Erschließung neuer Schifffahrtswege in der Arktis ein" (Auswärtiges Amt 2013, S. 8). Gleichzeitig betont Deutschland aber, dass die freie Durchfahrt von Schiffen durch arktische Schifffahrtspassagen gewährleistet sein muss.

Die EU und Deutschland sind große Abnehmer für Fischereiprodukte aus dem Ausland, auch aus der Arktis. Vor allem für Grönland und Norwegen haben europäische und daher auch deutsche Märkte große Bedeutung für ihre Fischereiexporte. Laut den Leitlinien werden bereits heute 50 % des im Polarmeer gefangenen Fisches in der EU konsumiert, und die zunehmende Eisfreiheit in arktischen Sommern könnte die Fischgründe im Norden erweitern. Daher wird Fischerei ebenfalls als ein Bereich neuer wirtschaftlicher Perspektive in den deutschen Leitlinien erwähnt, die unter hohen Umweltstandards in der Arktis ausgeführt werden können. In diesem Zusammenhang setzt sich Deutschland im Rahmen von Regionalen Fischereimanagementorganisationen (RFMOs) gemeinsam mit der EU für die Erhaltung und nachhaltige Bewirtschaftung der lebenden Meeresressourcen der Arktis ein (Auswärtiges Amt 2013, S. 6).

In den folgenden Abschnitten werden arktische Öl- und Gasvorkommen, internationale und regionale Schifffahrt sowie Fischerei in Bezug auf ihre Relevanz, aktuelle Nutzung und künftigen Potenziale sowie die mit ihnen assoziierten Risiken und Herausforderungen vorgestellt.

5.1.1 Öl- und Gasvorkommen

Die Relevanz arktischer Öl- und Gasressourcen ergibt sich aus einer Reihe von Faktoren: 1) Experten gehen von einer wachsenden Nachfrage nach Energie in der Zukunft aus, und obwohl erneuerbare Energien eine immer größere Rolle hierbei spielen, werden Öl und vor allem Gas auch in den nächsten Jahrzehnten weiterhin einen großen Teil des Energiemix ausmachen. 2) Der Klimawandel erhöht die Zugänglichkeit der Arktis, vor allem im Offshore-Bereich, wo bislang kaum fossile Ressourcen ausgebeutet wurden. 3) Technologische Innovationen für Exploration und Abbau von Rohstoffen in der Arktis schreiten immer weiter voran. Auch Fortschritte im Design und in der Ausrüstung von Schiffen, die den schwierigen Bedingungen in der Arktis gewachsen sind, erhöhen die Zugänglichkeit der Region und das Anzapfen dortiger Ressourcen. 4) Die politische Stabilität in der Arktis macht die Region im Vergleich zu den konfliktreichen Rohstoffregionen des Nahen und Mittleren Ostens für wirtschaftliche Tätigkeiten interessant. 5) Fossile Brennstoffe, vor allem Gas, sind seit dem Rückgang von Investitionen in Nuklearenergiegewinnung in einigen Regionen nach der Reaktorhavarie von Fukushima 2011 wieder stärker nachgefragt.

Als 2008 eine Studie des US Geological Survey (USGS) über die möglichen noch unentdeckten Öl- und Gasvorkommen in der Arktis veröffentlicht wurde (Bird et al. 2008) (Abschn. 1.4), trug der damals hohe Ölpreis signifikant zu dem großen Interesse an arktischen Energieressourcen bei. Energieunternehmen reagieren auf hohe Rohstoffpreise mit einem gesteigerten Interesse, neue Lagerstätten ausfindig zu machen, auch in relativ schwer zugänglichen und wenig erschlossenen Gebieten wie der Arktis. Das Abstürzen des Ölpreises zunächst in Folge der Bankenkrise in 2009 und erneut seit 2015 zeigt allerdings auch die Volatilität dieses Relevanzfaktors. Das Vorhandensein geeigneter Märkte und damit einhergehend ein Preis, zu welchem arktisches Öl und Gas gewinnbringend verkauft werden können, sind zentrale Faktoren für das internationale Interesse an arktischen Ressourcen. Wie unten weiter ausgeführt, ist der schwankende Ölpreis aufgrund der hohen Investitions- und Abbaukosten sowie der langen Planungs- und Vorbereitungsphase arktischer Energieprojekte eine bedeutende Hürde. Allerdings ist auch festzustellen, dass die Bereitstellung von Lizenzen sowie seismische und explorative Erkundungen in der Arktis nicht immer der Ölpreisentwicklung folgen (AMAP 2007, S. 2 f.). Kurzum, eine Prognose für die Entwicklung von arktischen Energieprojekten ist immer mit erheblicher Unsicherheit behaftet.

In der Debatte um arktische Öl- und Gasvorkommen wird häufig nicht zwischen bereits entdeckten Vorkommen und vermuteten Ressourcen unterschieden. Wenn man diese Unterscheidung vornimmt, wird klar, dass die Arktis kein Neuland in Sachen Öl- und Gasgewinnung ist. Ebenso geben bereits entdeckte Vorkommnisse Aufschluss darüber, wo die besten Möglichkeiten bestehen, neue Lagerstätten zu entdecken. Vor allem große Öl- und Gasfelder und die mit ihnen errichteten Infrastrukturen sind häufig Voraussetzung dafür, dass auch kleinere Vorkommen gefördert werden, da diese aufgrund der hohen Investitionskosten sonst nicht profitabel wären. Die ersten arktischen Öl- und Gasfelder wurden in den 1960er Jahren im Autonomen Kreis der Jamal-Nenzen und im Autonomen Kreis der Nenzen in Russland, an Alaskas North Slope, in Kanadas Mackenzie-Delta und im kanadischen Archipel entdeckt. Laut Schätzungen wurden bislang um die 60 große[1] Öl- und Gasfelder in der Arktis entdeckt und größtenteils in Produktion gebracht. Die Mehrheit befindet sich in Russland, gefolgt von Alaska, Kanadas Nordwest-Territorien und Nordnorwegen. Insgesamt wurde auf dem arktischen Festland bereits in zahlreichen Gebieten nach Öl und Gas gesucht, was zu einigen Hundert entdeckten Öl- und Gasfeldern führte.

Trotz der bereits jahrzehntelang stattfindenden Öl- und Gasexploration und -ausbeutung in der Arktis ist ein Großteil der Region, vor allem offshore, nach wie vor unerschlossen, was angesichts der Größe und des häufig schwierigen Zugangs der terrestrischen und marinen Arktis nicht überrascht. Nach der viel zitierten USGS-Studie könnten in der Arktis 22 % der noch unentdeckten weltweiten Öl- und Gasvorkommen liegen. Dies entspricht 30 % des unentdeckten Erdgases und 13 % des unentdeckten Erdöls weltweit. Über 80 % dieser Ressourcen werden

---

[1]Mit „groß" sind hier solche Öl- und Gasfelder gemeint, die 500 Millionen Barrel Rohöleinheiten abbaufähiger Ressourcen überschreiten.

offshore vermutet, meist in den eher flachen Gewässern der arktischen Kontinentalsockel. Die Studie berücksichtigte Regionen in der Arktis, in denen eine mindestens zehnprozentige Chance besteht, dass dort eine oder mehrere signifikante Öl- oder Gasfelder vorhanden sind, also solche mit Vorkommen größer als 50 Millionen Barrels Öl oder 8,5 Milliarden Kubikmeter Gas. In absoluten Zahlen ausgedrückt werden in der Arktis rund 400 Billionen Barrel Rohöleinheiten vermutet, wobei 22 % hiervon als Ölressourcen erwartet werden (90 Billionen Barrel) und 78 % als Erdgas (47 Billionen Kubikmeter).

Die größten Vorkommen werden im Westsibirischen Becken, dem Timan-Petschora Becken sowie in Alaskas North-Slope-Becken und dem mittelnorwegischen Schelf vermutet (Abb. 5.1). Die ölreichsten Gebiete liegen in Alaska,

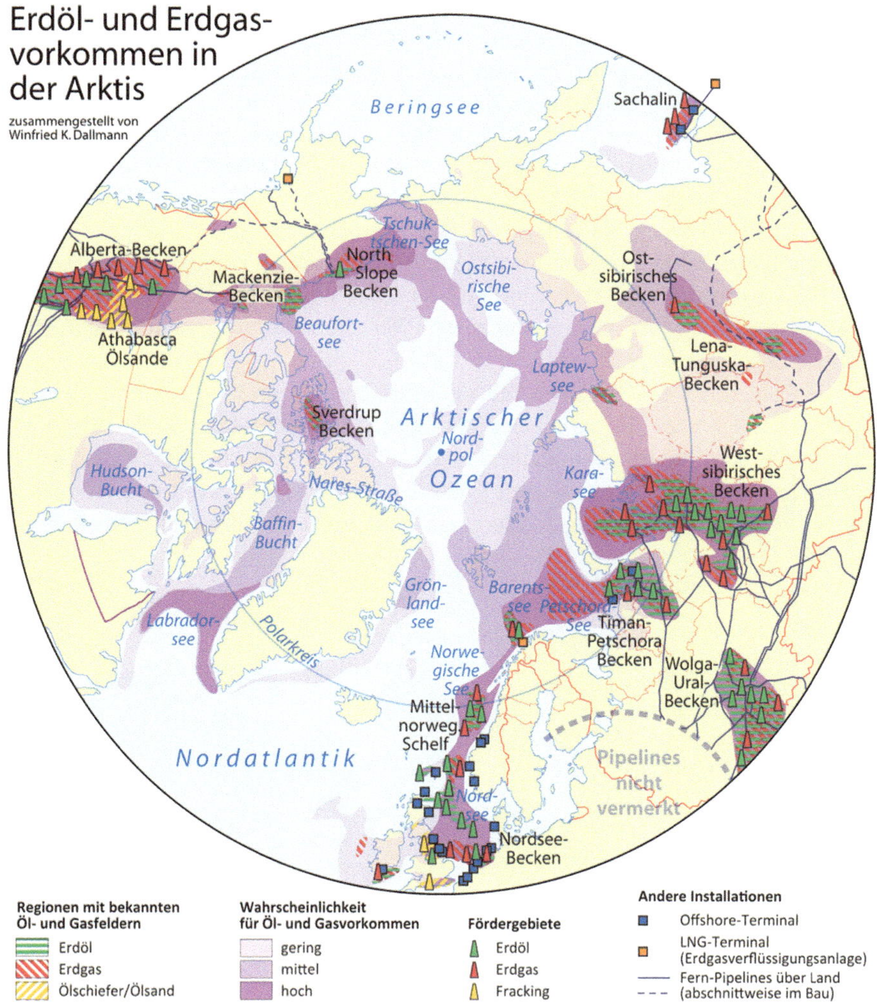

Abb. 5.1 Erdöl- und Erdgasvorkommen in der Arktis. (© Winfried K. Dallmann)

mit größeren vermuteten Ölressourcen auch in den arktischen Gewässern Kanadas und Grönlands. Der Löwenanteil des vermuteten Erdgases in der Arktis liegt im Westsibirischen Becken Russlands, vor allem in der südlichen Karasee. Der USGS untersuchte zwar ganze 25 Regionen in der Arktis, allerdings liegen über 90 % der insgesamt vermuteten Ressourcen in nur zehn dieser Regionen. Dies deutet auf eine starke Konzentration von bislang unentdeckten Ressourcen in einigen wenigen Gebieten der insgesamt sehr großen Arktisregion hin. Außerdem wird in der Arktis mehr als dreimal so viel Erdgas wie Erdöl vermutet. Das größte geschätzte Erdgasfeld ist sogar fast achtmal so groß wie das größte geschätzte Erdölfeld.

Die starke Konzentrierung arktischer Ressourcen deutet auch auf die Dominanz einiger Arktisstaaten im Ressourcenbereich hin. Laut dem USGS liegen etwa zwei Drittel der zu erwartenden Ressourcen in der eurasischen und ein Drittel in der nordamerikanischen Arktis. Die eurasischen Ressourcen werden mit knapp 90 % hauptsächlich in Form von Erdgas erwartet. In der nordamerikanischen Arktis wird hingegen mehr Öl als Gas vermutet. Auf einzelne Staaten verteilt, wird die Dominanz Russlands deutlich, da dort etwa die Hälfte der unentdeckten Arktisressourcen vermutet wird. An zweiter Stelle liegen die USA mit Alaska mit einem Fünftel der Ressourcen, gefolgt von Norwegen, Dänemark (Grönland) und Schlusslicht Kanada (Abb. 5.2). In jedem Fall zeigen die Daten zur Verteilung der arktischen Ressourcen, dass diese zu einem großen Teil in maritimen Regionen liegen, die eindeutig einzelnen Staaten zugeordnet werden können. Die These einiger Theoriegebäude (Abschn. 4.3 und 4.4.) eines Wettlaufs zur Ausbeutung arktischer fossiler Ressourcen im Sinne eines „Wer zuerst kommt, mahlt zuerst", lässt sich daher schwer aufrechterhalten.

Die Zahlen des USGS haben seit ihrem Erscheinen in 2008 einen regelrechten Medienrummel über die Arktis als der neuen Energieressourcen-Hochburg ausgelöst. Vor dem Hintergrund steigender globaler Energienachfrage ist die Debatte nach wie vor durch einen gewissen Enthusiasmus hinsichtlich der neuen Möglichkeiten in der Arktis geprägt. Allerdings sind einige maßgebliche Risiken und

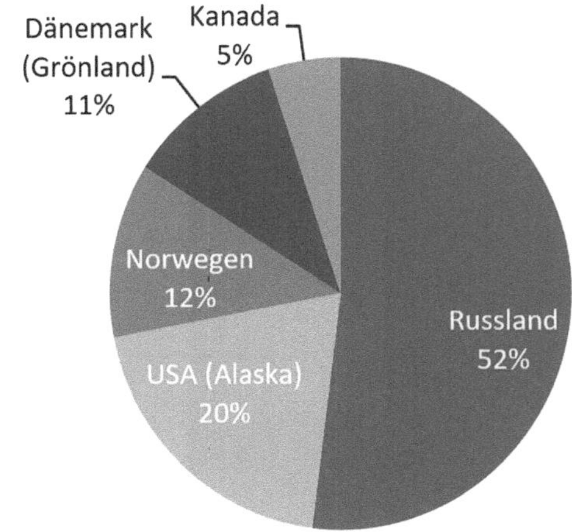

Abb. 5.2 Aufteilung der erwarteten arktischen Öl- und Gasvorkommen zwischen den Küstenstaaten (Ressourcen in maritimen Regionen, die zwischen zwei oder mehreren Staaten geteilt sind, wurden in der Kalkulation gleichmäßig verteilt (zur genauen Verortung der USGS-Regionen siehe Appendix B in Budzik (2009, S. 17))

Herausforderungen in Bezug auf die Erwartungen an arktische Öl- und Gasressourcen und ihre Ausbeutung zu beachten. Auch wenn die Studie des USGS bislang die einzige panarktische Schätzung von Öl- und Gasressourcen ist und allgemein als die verlässlichste Quelle gilt, sind ihre Zahlen, wie vom USGS selbst ausgeführt, durchaus mit Vorsicht zu genießen, da sie mit einer Reihe von Unsicherheiten und Vorbehalten behaftet sind. Wichtig zu bedenken ist, dass die Schätzungen auf geologischen Wahrscheinlichkeitsrechnungen und nicht tatsächlich bestätigten Funden basieren. In der Tat sind die oben genannten und häufig zitierten Prozentzahlen Durchschnittswerte einer weiten Spannbreite von Ressourcenschätzungen (Budzik 2009).

Ein weiterer wichtiger Punkt ist der begrenzte Umfang an Faktoren, den die USGS-Studie abdeckt. Die Autoren betonen selbst, dass die Schätzungen technologische und wirtschaftliche Rahmenbedingungen und Risiken nicht berücksichtigen. Daher ist es wahrscheinlich, dass ein substanzieller Teil der geschätzten Ressourcen niemals abgebaut wird. Ob Ressourcen tatsächlich gefördert werden, hängt von der Entwicklung der Märkte sowie von technologischen Innovationen und der Größe der unentdeckten Ressourcenablagerungen ab. Außerdem stützen sich die Schätzungen des USGS aufgrund der geringen Datenlage vielerorts in der Arktis nur auf sehr vage geologische Informationen. Es ist also zu erwarten, dass sich die Schätzungen erheblich ändern werden, sobald neue Daten verfügbar sind. Die Tatsache, dass die Studie bereits zehn Jahre alt ist, lässt vermuten, dass eine ähnliche (bislang nicht vorliegende) Studie heute bereits anders ausfallen würde. Zudem wurde angenommen, dass Ressourcen auch unter den rauen Bedingungen, die vielerorts in der Arktis vorherrschen, wie Meereis, stürmisches Wetter und große Wassertiefen, abbaubar sind. Dementsprechend wurden auch die exorbitanten Kosten der Exploration und des Abbaus arktischer Öl- und Gasressourcen außer Acht gelassen. Nicht zuletzt kommen auch noch eventuelle rechtliche Hürden sowie mögliche gesellschaftliche Widerstände ins Spiel, die den Ressourcenabbau beeinflussen (Keil 2013, S. 83 ff.).

Zuletzt ist im Zusammenhang mit der Unsicherheit der Ressourcenschätzungen festzuhalten, dass ein Großteil der weltweit zu erwartenden Energieressourcen *nicht* in der Arktis vermutet wird. Wenn der USGS davon ausgeht, dass 22 % der noch unentdeckten weltweiten Öl- und Gasvorkommen in der Arktis liegen könnten, werden 78 % woanders vermutet (Keil 2017). Auch Abb. 5.1 gibt bereits Aufschluss über einige ressourcen- und vor allem produktionsreiche Regionen südlich des Polarkreises: Das Nordseebecken weist eine wesentlich längere und intensivere Explorationsgeschichte auf als arktische Gebiete, deutlich an den bedeutend zahlreicheren Fördergebieten und Offshore-Terminals entlang der britischen, deutschen und südnorwegischen Küsten. Auch gibt es derzeit keinerlei Fracking-Aktivitäten nördlich des Polarkreises, dafür aber intensives Fracking in Kanadas Alberta-Becken und vereinzelt in Großbritannien.

Aus Abb. 5.1 wird ebenfalls deutlich, dass es trotz bekannter Öl- und Gasfelder in einigen Regionen bisher nicht zur Erschließung von Fördergebieten gekommen ist. In der Tat wurden einige Felder bereits in den 1970er und 1980er Jahren entdeckt, sind aber bis heute nicht in Produktion gegangen. Vor allem in der nordamerikanischen Arktis, in Kanada und den USA wird die Diskrepanz zwischen vermuteten sowie bekannten Ressourcen und produzierenden Fördergebieten deutlich, während auf russischer Seite wesentlich mehr Fördergebiete in Betrieb sind. Dies hängt damit zusammen, dass Öl- und Gasförderung in den USA und Kanada allein durch die Marktnachfrage bestimmt werden, während Ressourcenförderung in Russland aufgrund der politischen und strategischen Bedeutung der Ressourcen und der damit einhergehenden Dominanz großer Staatskonzerne forciert wird.

Zwei weitere Faktoren sind die lokale Begrenzung bisheriger Produktionen in Nordamerika, in Alaska beispielsweise fokussiert auf das Gebiet um das Prudhoe-Bay-Feld in Nordalaska, und die generell kleinere Infrastrukturbasis in Alaska und Kanada im Vergleich zu Russland. Abb. 5.1 macht die geringe Dichte des nordamerikanischen Pipeline-Netzwerks im Vergleich vor allem zum westlichen Teil der russischen Arktis deutlich. Dies bedeutet, dass neue Fördergebiete in der amerikanischen Arktis einen weit höheren Investitionsaufwand haben als in manchen Gebieten Russlands, wo auf bestehende Infrastruktur zum Abbau und Abtransport der Ressourcen aufgebaut werden kann. Aber auch in Russland gibt es große Hindernisse für arktische Öl- und Gasausbeutung. Die komplexe Gemengelage von nationalen Rahmenbedingungen und internationalen marktwirtschaftlichen Zwängen errichtet hohe Hürden für die Erschließung von Vorkommen, selbst nachdem große Vorkommen ausgemacht wurden (Exkurs „Das Shtokman-Projekt"). Auch diese Analyse zeigt, dass arktische Öl- und Gasressourcen entgegen häufig geäußerter Annahmen nicht Gegenstand eines aggressiven Wettlaufs sind, sondern von komplexen und miteinander verquickten innerstaatlich-politischen und wirtschaftlichen Prozessen bestimmt werden.

Exkurs: Das Shtokman-Projekt

Das Shtokman-Gasfeld wurde 1988 im russischen Teil der Barentssee, etwa 500 km vor der russischen Küste, entdeckt. Mit geschätzten 3,8 Billionen Kubikmetern Gas ist es eines der größten jemals entdeckten Offshore-Gasfelder. Eine Tochter des staatseigenen Gazprom-Unternehmens – Gazprom Neft Shelf – besitzt die Explorations- und Produktionslizenz und damit das alleinige Recht, die Ressourcen des Feldes zu vermarkten. Allerdings ist die Produktionsaufnahme von Shtokman nicht ohne Investitionen und technisches Know-how aus dem Ausland möglich. Darüber hinaus ist das Vorhandensein von technologischer Ausrüstung und technischem Wissen um die Durchführung eines Offshore-Projekts dieser Größe und unter den schwierigen arktischen Bedingungen nur einer von vielen Faktoren, die das Projekt durchführbar machen. So war es auch erst in den frühen 2000er Jahren, dass Shtokman nicht nur als technologisch machbar angesehen wurde, sondern außerdem mit den USA ein attraktiver Markt für das Gas aus der Barentssee zur Verfügung stand. Die Öffnung des Ausschreibungsverfahrens auch für ausländische Unternehmen, um ein Projekt dieser Größe stemmen zu können, schien den finalen Impuls für den Start des Shtokman-Projekts zu liefern.

Nach langwierigen Verhandlungen wurde 2007 schließlich die Shtokman Development AG gegründet, ein Unternehmen, das die erste Phase des Projekts durchführen soll und an der die Projektpartner verschiedene Anteile besitzen (Gazprom den Mehrheitsanteil mit 51 %, das französische Unternehmen Total 25 % und die norwegische Statoil 24 %) (Claes und Moe 2014). Allerdings ist bis heute keine finale Investitionsentscheidung bezüglich des gesamten Projekts ergangen. Im August 2012 wurde das Shtokman-Projekt sogar auf unbestimmte Zeit verschoben, und Experten rechnen nicht mit einer Wiederaufnahme der Planungen vor 2025. Als Gründe für das vorläufige Scheitern des Shtokman-Projekts werden die explodierenden Kosten und die unsichere Profitabilität eines Projekts dieser Größenordnung genannt. Ausschlaggebend war aber wohl letztendlich das Wegfallen des amerikanischen Absatzmarktes aufgrund des seit den 2000er Jahren stattfindenden Booms unkonventioneller Gasressourcen in den USA, vor allem des Schiefergases. Das Fehlen eines Kernabsatzmarktes konnte selbst nicht durch substanzielle Steuerbegünstigungen seitens des russischen Staates für Shtokman wettgemacht werden.

Das Ungleichgewicht zwischen erwarteten Öl- und Gasressourcen könnte ebenfalls problematisch sein. Der Transport von Gas ist deutlich teurer als der von Öl aufgrund der wesentlich geringeren Energiedichte von Gas. Diese kann durch Verflüssigung und anschließenden Transport als Flüssiggas kompensiert werden. Allerdings ist dieser Prozess sehr teuer und verlangt große Investitionen in die notwendige Infrastruktur, wie Verflüssigungsanlagen und Flüssiggastanker. Öl- und Gasförderung hängen auch von einigen generellen politischen Faktoren ab, wie steigende Energienachfrage in Entwicklungsländern und politische Priorisierung von Energiesicherheit in Industriestaaten. Weitere Faktoren sind die mittel- und langfristige Entwicklung von Öl- und Gaspreisen sowie das Vorhandensein billigerer und damit profitablerer Energieressourcen wie beispielsweise Schiefergas, die den konventionellen Ressourcen in der Arktis Konkurrenz machen (Keil 2017).

Arktische Öl- und Gasförderprojekte verlangen einen wesentlich höheren Investitionsaufwand, beispielsweise in Infrastruktur zum Abbau und Transport, da die Förderstätten weit entfernt von den Verbrauchern liegen. Um Arbeiter zu finden, die in den häufig sehr isolierten und unwirtlichen Regionen arbeiten wollen, müssen relativ hohe Personalkosten veranschlagt werden. Hoch entwickelte und damit teure Technologie und Ausrüstung, wie eisverstärkte Tanker, werden benötigt, um vor allem den schwierigen Winterbedingungen in der Arktis zu trotzen. An Land können ungünstige Bedingungen, wie beispielsweise schlechte Bodenbeschaffenheit durch tauenden Permafrost, die Aufrüstung von Produktionsstrukturen wie Gebäuden, Straßen und Pipelines unabdinglich machen. Offshore-Installationen wie Plattformen und Tanker sind häufig mit schwierigen Eisbedingungen konfrontiert. Bewegliches Meereis, Eisberge sowie Sommer- und Winterstürme könnten aufgrund der Erwärmung der Arktis sogar verstärkt auftreten. Schließlich können geopolitische Entwicklungen und extreme Ereignisse die Aussichten für die Produktion arktischer Öl- und Gasressourcen erheblich beeinflussen. Die als Antwort auf Russlands Aktivitäten auf der Krim und der Ostukraine seit 2014 von vielen Staaten eingesetzten Sanktionen gegenüber der russischen Ölbranche haben eine Reihe geplanter Projekte in der russischen Arktis auf unbestimmte Zeit verschoben, da die ausländischen Partner sich aus den Joint-Venture-Vereinbarungen zurückziehen mussten (Exkurs „Russisch-ausländische Wirtschaftskooperationen in der Arktis"). Russland ist auf die Kooperation mit ausländischen Firmen angewiesen, zum einen um auf deren Finanzkraft für den hohen Investitionsaufwand zuzugreifen, zum anderen um vor allem deren Expertise und Technologie für Offshore-Projekte unter schwierigen Bedingungen wie in der Arktis nutzen zu können. Die Erschließung arktischer Öl- und Gasressourcen ist also nur durch Kooperation zwischen Akteuren möglich (Abschn. 4.5.1).

Häufig wird die Deepwater-Horizon-Katastrophe im Golf von Mexiko vom April 2010 als wichtiges externes Ereignis für die Öl- und Gasbranche generell genannt, mit möglichen Auswirkungen vor allem auf die Arktis aufgrund der gefährlichen Produktionsbedingungen im Norden. Solche Ereignisse können die Kosten für arktische Projekte empfindlich ansteigen lassen, vor allem aufgrund von Bedenken für den Ruf der Branche, starkem Widerstand von Umweltorganisationen und steigenden Versicherungsraten. Neben solchen Großereignissen spielen aber auch weniger spektakuläre, aber ebenso unerwartete Events eine Rolle. Dies betrifft beispielsweise Verzögerungen in der Lieferkette für den großen Technik- und Ausstattungsaufwand arktischer Projekte, ungewöhnliche Wetterereignisse sowie Klagen von Umweltorganisationen gegen Explorations- und Infrastrukturmaßnahmen. Neben ökologischen sind nicht zuletzt auch soziale Bedenken ein wichtiger Faktor für die Planung und Durchführung von arktischen Ressourcenprojekten. Einerseits könnte ökonomischer und sozialer Nutzen aus diesen Projekten gezogen werden, etwa in Form von Arbeitsplätzen und Ausbau der Infrastruktur. Allerdings sind auch mögliche Risiken für lokale Gemeinschaften nicht ausgeschlossen, zum Beispiel aufgrund der Zerrüttung traditioneller Lebensweisen durch Veränderung der Qualität oder Verfügbarkeit traditioneller Nahrung sowie von Jagd- und Fischereigründen.

Exkurs: Russisch-ausländische Wirtschaftskooperationen in der Arktis
In den frühen 2010er Jahren sind russische Energieunternehmen verstärkt Joint Ventures mit ausländischen Partnern eingegangen (Keil 2015). Neben dem Shtokman-Projekt einigten sich der russische Staatskonzern Rosneft und der amerikanische Ölkonzern ExxonMobil 2011 auf eine langfristig angelegte strategische Partnerschaft, um drei Gebiete in der südlichen Karasee zu erkunden und zu erschließen. Im Jahre 2012 folgte ein Joint Venture zwischen Rosneft und dem italienischen Unternehmen Eni zur Erkundung

zweier Felder im russischen Teil der Barentssee und eines im Schwarzen Meer. Eine dritte Vereinbarung folgte kurz danach zwischen Rosneft und Statoil für ein Feld in der Barentssee und drei im Ochotskischem Meer.

In 2011 unterzeichnete das russische Ölunternehmen Novatek eine Partnerschaftsvereinbarung mit Total, um das sogenannte Yamal-LNG-Projekt auf der Jamal-Halbinsel durchzuführen. 2013 kam die China National Petroleum Corporation (CNPC) zu dem Joint Venture hinzu. Im gleichen Jahr vereinbarten CNPC und Rosneft eine Kooperation zur Offshore-Ölerkundung in der Barents- und Petschorasee sowie einigen Feldern an Land. Gazprom Neft und Royal Dutch Shell verkündeten 2013 eine Kooperation zu Offshore-Schieferölexploration in der Tschuktschensee, der Ostsibirischen See und der Petschorasee. Kurz danach schlossen sich Rosneft und die japanische INPEX für Offhore-Öl- und Gaserkundung im Ochotskischen Meer zusammen.

Die russischen Partner behalten stets die volle Kontrolle über die Lizenz und geben nur (Minderheits-)Anteile an Joint-Venture-Unternehmen, die mit der Erschließung der Felder beauftragt sind, an ausländische Partner ab. Die ausländischen Partner tragen so häufig einen wesentlichen Teil des Investitionsaufwands bei gleichzeitiger Unsicherheit darüber, in welcher Form und Höhe sie an den zu erwarteten Gewinnen aus der Ressourcenförderung beteiligt werden. Häufig sind Technologietransfer und Wissensaustausch fester Bestandteil der Kooperationsvereinbarungen, wovon hauptsächlich die russische Seite profitiert. Die oben genannten Partnerschaften sind seit den Spannungen der Krim- und Ukraine-Krise und der damit verbundenen Sanktionen westlicher Staaten auf Russlands Ölindustrie, was das Verbot von Kooperationen und Technologietransfer einbezieht, entweder komplett aufgehoben oder auf Eis gelegt.

Die Arktis ist aufgrund ihrer klimatischen und geografischen Bedingungen eine risikoreiche Region für wirtschaftliche Aktivitäten, insbesondere für Großprojekte wie die Öl- und Gasförderung. Selbst unter Inanspruchnahme hoch technisierter Systeme und stringenter Kontrollmechanismen können Risiken für die empfindliche Umwelt nicht gänzlich ausgeschlossen werden. Vor allem Beeinträchtigungen der arktischen Ökosysteme durch Ölverschmutzungen, Müllabladung und Lärm verursacht durch Tankerunfälle, Pipelinelecks, aber auch den normalen Betrieb von Förderstätten stehen hier im Fokus. Die besonderen Herausforderungen in der Arktis ergeben sich unter anderem dadurch, dass Kohlenwasserstoffe wie Öl aufgrund der niedrigen Temperaturen länger in den Ökosystemen verbleiben, wodurch diese sich viel langsamer erholen als in wärmeren Breiten. Außerdem sind Maßnahmen, um beispielsweise Ölverschmutzungen in der Arktis zu beseitigen, sehr schwierig und langwierig, wenn nicht sogar unmöglich. Maßnahmen, die erfolgreich in anderen Regionen für die Beseitigung von Meeresverschmutzungen eingesetzt wurden, wie beispielsweise Abschöpfen, Abbrennen und der Gebrauch von chemischen Mitteln, könnten in arktischen Gewässern weniger effektiv oder gar gänzlich unbrauchbar sein. Absaugsysteme, um das Öl aufzusammeln, können durch Eis verstopfen; schwimmende Ölsperren können einfrieren; abhängig von der Jahreszeit kann mangelndes Tageslicht jedwede Umweltsanierungsaktion behindern; und schließlich erschweren die mangelnde Infrastruktur sowie die Abgelegenheit der Arktis jede Notfallmaßnahme wie die Beseitigung einer Ölpest. Hinzu kommt, dass viele Experten skeptisch sind, dass die Ölindustrie ausreichend vorbereitet ist beziehungsweise sein kann, um auf einen schweren Unfall in der Arktis angemessen reagieren zu können.

5.1.2 Internationale und regionale Schifffahrt

Das schmelzende arktische Meereis eröffnet mögliche neue Schifffahrtsrouten entlang der arktischen Küsten, welche wirtschaftlich sowohl für arktische wie nicht-arktische Akteure interessant sein könnten (Lasserre 2015; Keil 2013, S. 136 ff.). Einerseits ermöglicht ein eisfreier Ozean Schiffen erhöhten Zugang zu den lebenden wie nicht lebenden maritimen Ressourcen der Arktis; andererseits könnten sich neue transarktische Routen ergeben, die den Atlantischen und Pazifischen Ozean verbinden und Distanzen zwischen Destinationen in Nordostasien und Nordeuropa beziehungsweise Nordamerika verkürzen. Die traditionellen Routen durch den Panama- und Suez-Kanal könnten durch die neuen nördlichen Routen ergänzt werden und damit möglichen Kapazitätsproblemen auf den „alten" Routen entgegenwirken. Transarktische Schifffahrtswege könnten zudem die Sicherheit des maritimen Welthandels erhöhen, da dadurch Regionen und Meerengen umgangen werden, die mit Terrorismus, Piraterie und regionalen Konflikten zu kämpfen haben. Aus diesen Gründen haben viele Beobachter die Öffnung der arktischen Seerouten im 21. Jahrhundert als historisch gleichbedeutend mit der Eröffnung des Suez-Kanals 1869 und des Panamakanals 1914 bezeichnet (Borgerson 2008).

Zwei Hauptrouten führen durch die Arktis, nämlich die Nordwestpassage (NWP) und die Nordostpassage (NOP) (Abb. 5.3 und Abschn. 1.4). Die NWP ist eine Ansammlung von sieben größeren Routen zwischen dem Atlantischen und dem Pazifischen Ozean, die von der Beringstraße und den Küsten Alaskas kommend durch die Inseln des kanadischen Archipels verlaufen und an der Westküste Grönlands entlang in den Nordatlantik münden. Die NOP besteht aus verschiedenen Routen von Nordwesteuropa rund um das Nordkap entlang der nördlichen Küste Eurasiens und Sibiriens, um nach der Beringstraße in den Pazifik zu münden (AMSA 2009). In der Debatte um arktische Schifffahrt wird häufig auch der sogenannte Nördliche Seeweg genannt (Northern Sea Route, NSR). Diese Route ist in russischer Gesetzgebung als eine Ansammlung von Routen definiert, die im Westen von der Karastraße südlich der Insel Nowaja Semlja bis zur Beringstraße im Osten verläuft. Einige der Routen liegen entlang der russischen Küste und einige nördlich der Inseln der russischen Arktis. Die NOP und die NSR werden häufig als Synonyme benutzt; sie überlappen zwar, die NOP reicht aber besonders im Westen wesentlich weiter als die NSR (Abb. 5.3). Die NSR wird von dem russischen Transportministerium verwaltet und ist seit 1991

Abb. 5.3 Schifffahrtsrouten in der Arktis. (© Winfried K. Dallmann)

für alle Staaten offen. Seit 1979 wird auf dem westlichen Teil der Route bis zum Jenissei-Fluss, unterstützt von der russischen Eisbrecherflotte, das ganze Jahr über Schifffahrt betrieben.

Angesichts der Möglichkeit eines eisfreien arktischen Sommers innerhalb der nächsten Jahrzehnte wird zusätzlich als mögliche dritte Arktisroute des Öfteren die Strecke quer durch den Arktischen Ozean anstelle entlang der Küsten genannt (Østreng et al. 2013). Allerdings ist diese Route kurz- und mittelfristig noch eher theoretischer Natur, da nach wie vor schwierige Eis- und Wetterbedingungen das ganze Jahr über im Zentrum des Arktischen Ozeans vorherrschen. Bislang haben auch nur wenige Schiffe die Transpolare Seeroute, wie sie häufig genannt wird, durchfahren, und diese waren ausschließlich große Eisbrecher. Alle genannten transarktischen Routen haben gemeinsam, dass sie auf der pazifischen Seite die recht enge Beringstraße durchqueren. Aus diesem Grund wird die Beringstraße häufig als Einfahrtsstraße transarktischer Schifffahrt bezeichnet.

Neben den transarktischen Routen, die vor allem für die internationale Handelsschifffahrt als interessant erachtet werden, werden die Routen auch – und derzeit in der Tat vorrangig – für regionale Schifffahrt genutzt. Regionale Schifffahrt betrifft solche Routen, die innerhalb der Arktisregion ihr Anfang und Ende haben, und solche, die in der Arktis beginnen und außerhalb der Region enden oder umgekehrt. Vor allem die Nördliche Seeroute wird wesentlich mehr als regionale Schifffahrtsroute von zumeist russischen Schiffen benutzt als für transarktische Reisen. Neben der Nutzung der oben genannten Routen für regionale Schifffahrt findet sich in der arktischen Schifffahrtsdebatte auch immer wieder die als Arktische Brücke bezeichnete Route. Diese führt von der kanadischen Stadt Churchill im Hudson Bay ostwärts durch die Hudsonstraße, entlang der Südküste Grönlands und nördlich von Island und Norwegen nach Murmansk (Abb. 5.3). Es gab große Pläne, die Route beispielsweise für Getreide- und Düngertransporte nutzbar zu machen. Allerdings wird die Route bislang nicht in großem Maßstab befahren, unter anderem aufgrund von fehlenden Infrastrukturinvestitionen und lückenhafter Verkehrsanbindung Churchills mit Zulieferstädten.

Der zentrale Einflussfaktor für neue Schifffahrtsrouten in der Arktis ist die Erwartung, dass das arktische Meereis in seiner Ausdehnung und Dicke weiter abnehmen wird (Abschn. 1.3) und dass technologische Neuerungen in der Schifffahrtsindustrie Schifffahrt in der Arktis möglich und lukrativ machen. Beispielsweise investieren einige Schiffsunternehmen zunehmend in eisverstärkte Frachter. Es entstehen neue Technologien wie die *double-acting ships* oder Hybridkonstruktionen, die die Bauart eines Eisbrechers mit derjenigen eines herkömmlichen Seeschiffes kombinieren. Diese Schiffe sind mit einem konventionellen Bug für Navigation auf offener See sowie mit einem Heck mit Eisbrecherfunktion ausgestattet. In eisfreien Gewässern fährt das Schiff vorwärts und dreht sich um, sobald es auf Eis trifft, um sich seinen Weg rückwärts durch das Eis zu bahnen, unterstützt von einer zweiten, nach hinten ausgerichteten Brücke.

In den frühen 2000er Jahren hat das zurückgehende Meereis im Sommer zum ersten Mal die oben beschriebenen Routen freigegeben. Im Sommer 2005 war die NOP zum ersten Mal komplett eisfrei, im Sommer 2007 dann die NWP, allerdings nur für wenige Wochen. In 2008 wurde zum ersten Mal seit dem Beginn der Satellitenaufzeichnungen beobachtet, dass beide Routen gleichzeitig eisfrei waren. Im August 2009 nutzten zum ersten Mal zwei deutsche Handelsschiffe ohne Eisbrecherbegleitung die Nördliche Seeroute von Wladiwostok in die Niederlande. Allerdings bestehen regional wesentliche Unterschiede in Bezug auf die Entwicklung des arktischen Meereises. Nördlich von Norwegen besteht aufgrund des wärmenden Golfstromes ganzjährig Eisfreiheit. Das arktische Meereis hat im Durchschnitt vor allem in den Sommermonaten abgenommen, allerdings nicht überall in gleichem Ausmaß. Die Abnahme ist besonders groß nördlich der russischen Küste sowie in den Gewässern Alaskas. Im kanadischen Archipel ist der Eisrückgang hingegen wesentlich weniger stark ausgeprägt. Dies liegt daran, dass die arktische Meereisdicke aufgrund der Meeresströmung und der dadurch bedingten Ansammlung von Meereis von der sibirischen Seite zum kanadischen Archipel hin zunimmt. Außerdem ist die Temperatur auf der kanadischen Seite des Arktischen Ozeans generell niedriger als auf der europäischen Seite, unter anderem aufgrund des Golfstromes. Infolgedessen liegt der verbleibende Rest des Meereises nach der Sommerschmelze eher in der östlichen nordamerikanischen Arktis.

Aus diesen Gründen wird auf absehbare Zeit auch in wärmeren Sommern weiterhin – mal mehr, mal weniger – Eisbedeckung in der NWP mit den entsprechenden Risiken für die Schifffahrt vorzufinden sein. Wärmere Temperaturen könnten sogar zu der auf den ersten Blick paradoxen Situation führen, dass mehr mehrjähriges Eis und Eisberge in der NWP vorhanden sind. Dies ist dadurch bedingt, dass Blockaden aus Eis, sogenannte Eisbrücken, in den Meerengen des kanadischen Archipels, die die Bewegung des mehrjährigen Eises kontrollieren, durch die höheren Temperaturen und längeren Schmelzperioden geschwächt werden. Dadurch gelangt mehr mehrjähriges Eis in Bewegung und in die Fahrrinnen der NWP. Die geografische Komplexität des kanadischen Archipels führt also zu schwierig voraussehbaren Eisverhältnissen und bedeutet ein hohes Maß an Unsicherheit für die Schifffahrt auch in den nächsten Jahrzehnten (ACIA 2004, S. 84 f.).

Experten stimmen daher weitestgehend überein, dass arktische Schifffahrt zuerst, wenn überhaupt, auf den nordöstlichen Routen rentabel wird. Außerdem bieten diese Routen eher passende Rohstoffe für den maritimen Transport, wie russisches Öl, Gas, Holz, Kupfer und Nickel. Auf Teilen der NOP zieht sich das Eis im Sommer so weit zurück, dass die Schiffe auch in tieferen Gewässern weiter weg von den flachen Küstengebieten fahren und einige der schmalen Meerengen in der russischen Arktis vermeiden können. Aus all diesen Gründen zeigen die nordöstlichen Routen eine wesentlich höhere Nutzung als die NWP.

Während die Entwicklung der Meereisausdehnung und -dicke der zentrale Auslöser für die Debatte um neue Schifffahrtsmöglichkeiten in der Arktis ist, haben eine Vielzahl von weiteren Faktoren einen Einfluss darauf, ob und in welchem Umfang sich Schifffahrt im Hohen Norden entwickeln wird. Entscheidend wird sein, ob sich arktische Schifffahrt wirtschaftlich lohnt. Dies hängt unter anderem ab von den möglichen Distanzeinsparungen, für welche Arten von Fracht die Routen relevant sind, Zeitmanagement sowie dem Verlauf und der Entwicklung der anderen Haupthandelsrouten. Zunächst sind die möglichen Distanzverkürzungen im Vergleich zu den bislang hauptsächlich befahrenen Routen zu beleuchten. Es kursieren eindrucksvolle Zahlen darüber, wie viel Wegstrecke eingespart werden kann, wenn Schiffe durch die Arktis anstelle des Panama- und Suez-Kanals fahren. Die NWP würde eine Einsparung von bis zu 25 % des Schifffahrtsweges bedeuten, während die NOP sogar bis zu 50 % Distanzersparnis bringen könnte (Corbett et al. 2010, S. 9694). Beispielsweise wäre die NWP für die Reise von Tokio nach London 7000 km kürzer im Vergleich zum Panamakanal (Lemmen et al. 2007, S. 84). Allerdings ist festzuhalten, dass diese Einsparungen nur für bestimmte Routen gelten, hauptsächlich zwischen Nordwesteuropa und Nordostasien beziehungsweise dem westlichen Nordamerika. Mit anderen Worten: Nicht für alle Strecken ist der Weg durch die Arktis kürzer. Andererseits sind für manche Strecken kürzere Distanzen und damit erhebliche Einsparungen für Zeit-charter und Treibstoff möglich, zum Beispiel um Eisenerz, Kohle und Flüssig-gas von Nordeuropa nach Japan entlang der NOP zu transportieren. Dies ist vor allem relevant für die sehr hohen Charterkosten für Flüssiggastanker. Beispielhaft berechnet: Angenommen eine Reise von Nordnorwegen nach Yokohama ist bis zu 18 Tage schneller als durch den Suez-Kanal. Damit werden nicht nur Kosten für Charter und Treibstoff gespart, sondern das Schiff ist auch 18 Tage eher am nächs-ten Zielhafen. Wenn man annimmt, dass ein Schiff 18 Tage während einer Reise pro Jahr einspart und das Schiff 20 Jahre in Betrieb sein wird, kommt man auf 360 eingesparte Tage, also ein Jahr mehr, in dem das Schiff innerhalb seiner Lebens-dauer unterwegs sein und Profit machen kann.

Weitere wichtige Faktoren sind die Entwicklung der weltweiten Preise für Waren, die auf arktischen Routen transportiert werden können. Dies ist zum einen relevant für einen möglichen Kostenvorteil kürzerer arktischer Routen und zum anderen für die verstärkte Erkundung und Ausbeutung der arktischen fossi-len und mineralischen Ressourcen. Diese Aktivitäten würden vor allem stärkere regionale Schifffahrt in Form von Zulieferung und Export bedeuten. Nicht zuletzt wird es zentral von der Wahrnehmung und dem Urteil der Schifffahrtsindustrie abhängen, ob arktische Routen als ausreichend sicher, wirtschaftlich und zuver-lässig angesehen werden. Auch die strategische Ausrichtung und Entscheidungen der Versicherungsbranche, Schiffsklassifikationsgesellschaften, Investoren und Schiffsbauer spielen hier mit hinein. Letztendlich sind es diese Akteure, die die arktischen Routen als „offen" im Sinne von nutzbar und sinnvoll für die Schifffahrt definieren.

Bislang werden arktische Gewässer hauptsächlich für Fischerei, logistische Zulieferung für wirtschaftliche Aktivität wie Ressourcenabbau, die Versorgung von Siedlungen an den arktischen Küsten, den Transport von Mineralien und fos-silen Brennstoffen, Passagierschifffahrt und Tourismus, Eisbrechereskorten und maritime Forschung genutzt. Arktische Schifffahrt ist damit häufiger regional als international ausgerichtet. Aufgrund der schwierigen Bedingungen und der zahl-reichen Risiken und Gefahren findet der Großteil der arktischen Schifffahrt nach wie vor in den Sommer- und Herbstmonaten sowie an der Peripherie des Arkti-schen Ozeans statt, hauptsächlich entlang der norwegischen Küste, der größten-teils eisfreien Barentssee, in den Gewässern um Island und den Färöer-Inseln, südwestlich von Grönland und in der Beringsee.

Ein wachsender Bereich arktischer Schifffahrt ist der Tourismus (Abschn. 5.2.3). Der Großteil arktischer Kreuzfahrten findet in eisfreien Gewässern und während der Sommermonate statt. Allerdings bringen seit 1990 russische Eisbrecher immer wieder auch eine relativ kleine Anzahl von Touristen bis zum Nordpol. Die Kreuz-fahrtschiffe fahren hauptsächlich an der norwegischen Küste entlang, aber auch an der Westküste Grönlands, Islands und Svalbards. Zum Einsatz kommen hierbei sowohl kleine Expeditionsschiffe als auch große Luxusliner. Im August 2016 fuhr das bislang größte Passagierschiff, die *Crystal Serenity*, mit 1700 Passagieren an Bord durch die NWP. Eine wachsende Anzahl an Touristen in der Arktis ruft auch Bedenken auf den Plan, zum Beispiel in Bezug auf ausreichende Seerettungsmaß-

Tab. 5.1 Transitnutzung des Nördlichen Seeweges, 2012–2016. (CHNL Information Office 2017)

Jahr	Transite	Änderung zum Vorjahr (volle Transite)	Schiffe unter ausländischer Flagge	Schiffe unter russischer Flagge	Frachtmenge (in Tonnen)	Änderung zum Vorjahr
2012	46 (42 voll[a], 4 teils[b])	–	28	18 (14 voll, 4 teils)	1.260.000	–
2013	71 (46 voll, 25 teils)	+9,5 %	25	46 (21 voll, 25 teils)	1.356.000	+7,5 %
2014	53 (31 voll, 25 teils)	−33 %	6	47 (25 voll, 22 teils)	274.000	−80 %
2015	18 (18 voll, 0 teils)	−42 %	8	10	40.000	−85 %
2016	19 (19 voll, 0 teils)	+0,2 %	12	7	215.000	+442 %

[a]Schiffe, die sowohl die westliche als auch die ostliche Grenze der NSR durchfahren haben
[b]Schiffe, die die westliche aber nicht die ostliche Grenze der NSR durchfahren haben

nahmen an Land und angemessene Ausstattung der Schiffe für die Nutzung der abgelegenen und häufig wenig kartografierten Strecken.

Generell warnen Experten davor, das Potenzial arktischer Schifffahrt zu über- und die Risiken zu unterschätzen. Vor allem die transarktische Schifffahrt habe bislang hauptsächlich Showcharakter gehabt und lohne sich wirtschaftlich nicht. Die Zahlen der Nutzung arktischer Routen am Beispiel des Nördlichen Seeweges – der bislang am intensivsten genutzten arktischen Route – bestärken diese eher zurückhaltende Haltung. Die frühen 2010er Jahre zeigen im Vergleich zu den 1990er und 2000er Jahren einen regelrechten Boom mit mehr als 40 vollen Transiten der Route sowie über einer Million Tonnen Fracht in den Jahren 2012 und 2013. Allerdings nahm bereits 2014 und nochmals 2015 das Frachtvolumen erheblich ab, gefolgt von der Anzahl an Transiten in 2015 mit nur noch 18. Interessant ist auch, dass der Anteil von Schiffen sowohl unter russischer als auch ausländischer Flagge zurückgegangen ist. Nur das Jahr 2016 zeigt wieder einen leichten Anstieg ausländischer Schiffe sowie wieder einen Aufwärtstrend des Frachtvolumens[2]. Im Großen und Ganzen sind aber sowohl die Transitzahlen als auch das Frachtvolumen, über den gesamten Zeitraum betrachtet, eher bescheiden (Tab. 5.1).

Das Jahr 2013 wird häufig als das Boomjahr arktischer Schifffahrt beschrieben, mit 71 Transiten und über 1,3 Millionen Tonnen Fracht. Allerdings zeigt ein genauerer Blick auf die Statistik, dass nicht alle der 71 dort gelisteten Fahrten die komplette NOP gefahren sind bzw. neben der westlichen Grenze der NSR (Karastraße) auch die östliche Grenze (Beringstraße) durchquert haben, also gar keine Transite darstellen. Dieses Muster wurde auch in anderen Jahren beobachtet und ist in Tab. 5.1 entsprechend vermerkt. Weiterhin ist der rapide Abfall der Frachtzahlen in 2014 herausstechend. Dies hatte vor allem mit den schwierigeren Eisbedingungen

---

[2]Den Großteil des Anstiegs machten zwei Transite portugiesischer Schiffe aus, die Kohle im Gesamtvolumen von 150.000 Tonnen von Vancouver nach Finnland transportierten.

im Sommer 2014 in der Barents- und Karasee zu tun als auch damit, dass einige russische Unternehmen die Route in diesem Jahr nicht nutzten. Der Wegfall einiger weniger Akteure hat die Statistik also erheblich beeinflusst.

Obwohl seit 2016 wieder Steigerungen der Transite und Frachtvolumen auf der NSR zu beobachten sind und auch die regionale Schifffahrt aufgrund der gestiegenen wirtschaftlichen Aktivitäten vor allem in der russischen Arktis höhere Zahlen aufweist, bleibt arktische Schifffahrt im globalen Vergleich nach wie vor eher unerheblich und ist außerdem weit entfernt von den Erwartungen, die russische Politiker in den letzten Jahren verkündet haben. Während 2013 der damalige Premierminister Dmitry Medvedev „nur" von 10 Millionen Tonnen Fracht in den 2020er Jahren sprach, nennen andere Schätzungen 65 Millionen bis 2020 und sogar 120 Millionen bis 2030. Angesichts der Entwicklung der Zahlen in den letzten Jahren sowie den Risiken und Herausforderungen sind diese wohl eher utopischer Natur. Außerdem sind die aktuellen Zahlen und Erwartungen im Vergleich zu den Schiffszahlen und der Frachtauslastung der traditionellen südlicheren Seerouten sehr klein: Das Frachtaufkommen durch den Suez-Kanal etwa hat in 2016 durchschnittlich 75 Millionen Tonnen *pro Monat* betragen. Trotz dieser nüchternen Zahlen hat die Öffentlichkeit in den letzten Jahren in den Medien häufig von der angeblich großen Bedeutung der neuen Arktisrouten gehört. Da die Anzahl der transarktischen Schifffahrten in der Arktis noch so gering ist, braucht es nicht allzu viele Schiffe mehr, um die Zahlen zu verdoppeln oder zu verdreifachen. Dies erklärt die teilweise sehr hochtrabenden Schlagzeilen der letzten Jahre über den angeblichen Boom transarktischer Schifffahrt.

Regional fallen Steigerungen der arktischen Schifffahrt erheblicher aus, und in der Tat macht die regionale Schifffahrt den Großteil der Schiffsbewegungen und des Frachtvolumens aus. Allein am neuen Hafen in Sabetta im Rahmen des Großprojekts Yamal LNG auf der Jamal-Halbinsel in der russischen Arktis landeten 2016 120 Schiffe 500.000 Tonnen Waren und Materialien an. Insgesamt hat das Cargovolumen auf der NSR rund 7 Millionen Tonnen betragen, wobei das regional transportierte Volumen mit über 95 % den Großteil ausmachte.

Wie in Abschn. 1.3 erläutert, gehen Klimamodelle von einer weiteren Abnahme des arktischen Meereises in Ausmaß und Dicke aus. Und in der Tat hat sich die Schifffahrtssaison entsprechend des Eisrückgangs der letzten Jahre auf der Nördlichen Seeroute erheblich ausgedehnt: Während sie vor zehn Jahren noch zwischen 20 und 30 Tagen betrug, wurde die Route in 2016 zwischen Mitte Juli und Mitte November, also für 125 Tage, befahren. Allerdings zeigen die meisten Modelle auch, dass im Winter – zumindest für lange Zeit – Teile des Arktischen Ozeans noch weiterhin von Eis bedeckt sein werden. Das bedeutet für die Schifffahrtsindustrie, dass die Routen für ihre Schiffe zweimal im Jahr angepasst werden müssen, und zwar abhängig davon, wie sich das Eis in der Arktis jedes Jahr entwickelt. Das arktische Eis nimmt nämlich nicht kontinuierlich jedes Jahr ab, sondern unterliegt erheblichen Schwankungen von Jahr zu Jahr.

Schwierige Wetterverhältnisse gibt es nach wie vor in der Arktis, auch in den Sommermonaten: niedrige Temperaturen, Nebel, unruhige See durch starke Winde, Sturmfluten und Untiefen sowie verschiedene Arten von Meer- und Gletschereis – vor allem Treib- und Packeis – machen aus arktischer Schifffahrt nach wie vor ein risikoreiches Unterfangen. Dünner werdendes und schmelzendes Meereis kann sogar ein größeres Problem für maritime Aktivitäten darstellen als eine feste Eisdecke, da das Eis vor allem in den Küstengewässern so mobiler und dynamischer wird. Solche Bedingungen können zu erheblichen Zeitverzögerungen einer Schiffsreise führen und damit die mögliche Zeitersparnis durch die kürzere Distanz der Arktisrouten zunichtemachen. Dies beeinträchtigt gleichermaßen die Verlässlichkeit der arktischen Schifffahrtsrouten, da es sehr schwer ist, unter solchen Bedingungen sehr enge Zeitpläne verlässlich einzuhalten. Während es im Transport von losen Materialien wie Schütt- oder Stückgut eine gewisse Flexibilität im Zeitplan gibt, ist die Containerschifffahrt, welche den größten Teil der weltweiten Schifffahrt ausmacht, ein Just-in-Time-Business. Jede Verzögerung bedeutet für die Schiffsunternehmen erhebliche Kosten, daher ist Planungssicherheit von höchster Priorität. Die Zuverlässigkeit von Seerouten wird damit in der heutigen Praxis zumeist höher bewertet als etwaige Verkürzungen, die mit starken Schwankungen ihrer Nutzbarkeit und Verlässlichkeit aufwarten.

Versicherungsraten oder „Eiszuschläge" können für arktische Schifffahrten sehr hoch ausfallen. Außerdem sind die Transitgebühren für die NSR wesentlich höher als für die Suez- und Panamakanalrouten. Dies betrifft vor allem die Gebühren für die Eisbrechereskorten[3], um die sehr teure russische Eisbrecherflotte zu unterhalten. Schließlich müssen Schiffe für arktische Reisen höhere Konstruktionsstandards erfüllen als Schiffe, die nur auf der offenen See unterwegs sind (Buixadé Farré et al. 2014). Darum müssen für die arktische Schifffahrt höhere Konstruktions-, Betriebs- und Wartungskosten veranschlagt werden. Schiffscrews müssen für arktische Bedingungen speziell geschult werden, und die Bootsausstattung, beispielsweise Schlauchboote für Seerettungsmaßnahmen, muss niedrigen Temperaturen und Eisbedingungen standhalten können. All diese Extrakosten können mögliche Einsparungen bei den Charterkosten wieder zunichtemachen.

Die Abgelegenheit arktischer Schifffahrtsrouten bedeutet weitere Herausforderungen, vor allem in Form von fehlender sowie Instandhaltung bestehender Infrastruktur an Land. Hinzu kommen limitierte Kommunikationsmöglichkeiten und Seerettungsmaßnahmen in Notfallsituationen. Im kanadischen Archipel gibt es nur sehr wenige Häfen, und viele Hafenstandorte auf der NSR müssten dringend instand gesetzt werden. Solche Bedingungen machen es notwendig, dass Schiffe mit Notsituationen ohne fremde Hilfe – zumindest für eine relativ lange Zeitspanne – fertig werden müssen.

Als weitere Faktoren müssen der Verlauf und die Entwicklung der weltweiten maritimen Handelsrouten bedacht werden. Die derzeitigen Hauptrouten für den

---

[3]Nicht jede Fahrt durch die NSR muss durch Eisbrecher begleitet werden. Ob eine Eisbrechereskorte erforderlich ist, ergibt sich aus der Ausstattung und der Eisklasse des Schiffes, der geplanten Route sowie dem Zeitpunkt der Reise. Russland steht hier vor dem Dilemma, einerseits die Durchfahrt für die Schifffahrtsunternehmen nicht durch zu hohe Gebühren unattraktiv zu machen, aber andererseits die sehr hohen Kosten der unprofitablen Eisbrecherflotte zu decken. Die Flotte verschlingt hohe Kosten, auch wenn sie nicht in Betrieb ist.

maritimen Containerhandel liegen häufig zu weit südlich, als dass arktische Routen für sie interessant sein könnten. Für viele Handelsunternehmen ist die NOP außerdem irrelevant, da es für ihre Schiffe keinen Sinn macht, die großen Häfen beispielsweise in Singapur, Indien und dem Nahen Osten auf ihrem Weg nach Europa auszulassen. Die Nordrouten sind außerdem in der Hinsicht problematisch, dass Schiffe, die von Asien aus die NSR befahren, häufig leer zurückfahren müssen, da es nur wenige Möglichkeiten auf der dünn besiedelten Strecke gibt, neue Fracht an Bord zu nehmen. Der Suez-Kanal hingegen eröffnet Möglichkeiten der Frachtaufnahme beispielsweise in Afrika und der Pananakanal bringt Schiffe in die Nähe südamerikanischer Häfen. Schließlich ist zu bedenken, dass Containerschiffe in der Regel nicht nur eine Route planen, sondern eher ein Netzwerk aus Routen befahren, d. h., dass sie unterwegs an wichtigen Umschlagplätzen Halt machen, beispielsweise in Singapur oder in Algeciras in Südspanien. Arktische Routen sind häufig nicht kürzer, wenn ein Schiff an bestimmten zentralen Umschlaghäfen Halt machen muss.

Viele der Routen vor allem auf der NSR sind teilweise sehr flach und beschränken den Tiefgang der Schiffe. Dadurch können Schiffe nur ein begrenztes Gewicht an Ladung aufnehmen, um nicht zu tief im Wasser zu liegen. Schiffe, die durch die tief ausgebauten Suez- und Panamakanäle fahren, können dagegen wesentlich mehr Container auf einmal transportieren. Schiffe in der Arktis sind außerdem noch in ihrer Breite beschränkt, da sie nicht breiter sein dürfen als die maximal 30 m breiten Eisbrecher, wenn diese sie begleiten müssen. Hieraus wird deutlich: Obwohl arktische Routen in Bezug auf die Gesamtkosten einer Reise günstiger sein können, sind sie definitiv teurer, wenn man die Kosten *pro Container* zugrunde legt. Neben der Planungsunsicherheit der Routen ist die Arktis also auch aus Kostengründen für die Containerschifffahrt irrelevant. Und schließlich schläft auch die Konkurrenz der arktischen Routen nicht: Im Juni 2016 wurde die Erweiterung des Panamakanals abgeschlossen, wodurch die Kapazität des Kanals verdoppelt wurde. Durch eine neue breitere und tiefere Fahrrinne sowie neue Schleusen können nun mehr und größere Schiffe den Kanal passieren. Pläne für einen Nicaragua-Kanal kommen zudem immer mal wieder auf. Ein solcher Kanal würde die Kapazität für den Schiffsverkehr zwischen dem Atlantik und Pazifik weiter erhöhen. Außerdem könnten durch die stärkere Konkurrenz zwischen Panama- und Nicaragua-Kanal die Preise für die Durchfahrt sinken und die Transite damit insgesamt billiger werden als kürzere arktische Routen.

Wie die Ressourcengewinnung, so bringt auch die arktische Schifffahrt eine Reihe von bekannten und möglichen Gefahren für die fragile arktische Umwelt mit sich. Diese reichen von dem Austritt von Schiffsabgasen über feste Abfälle von Bord bis zu Öl- und Ladungsverlust. Wie erwähnt belegen Studien, dass in hohen geografischen Breiten und im kalten Arktischen Ozean die Auswirkungen einer Ölverschmutzung viel länger anhalten als anderswo. Wenn ein Unfall passiert, werden entsprechende Maßnahmen zur Beseitigung von Verschmutzungen sehr aufwendig und langwierig sein. Manche gehen sogar davon aus, dass mit den heutigen technischen Möglichkeiten und der heutigen Ausstattung nur eine unzureichende Umweltsanierung stattfinden kann und damit bleibende Schäden an Umwelt und Arten unvermeidbar sind. Und auch ohne Katastrophenereignisse hat die arktische Schifffahrt Umweltfolgen: Im Vergleich zu anderen Regionen ist die arktische Umwelt und Artenvielfalt nach wie vor noch relativ ursprünglich. Bislang gibt es nur wenige dauerhaft etablierte invasive Arten nördlich von 60 °, wie beispielsweise die Königskrabbe in der Barentssee. Allerdings gehen Studien davon aus, dass mit wachsendem Schifffahrtsverkehr auch die invasiven Arten in der Arktis zunehmen werden, da sie durch die Ladung oder die Schiffsrümpfe in die Arktis getragen werden. Die Anwesenheit von Schiffen und vor allem der von ihnen unter Wasser und über Wasser verbreitete Lärm haben mögliche schädliche Auswirkungen auf die Meeresbewohner der Arktis. Schließlich kann das Aufbrechen von Eis durch Schiffe in Küstennähe die Verkehrswege von Menschen und Tieren in der Arktis behindern.

5.1.3 Fischerei

Der Anteil arktischer Fischerei am globalen Fischfang ist mit rund vier Prozent zwischen 1975 und 2006 weiterhin noch eher gering (Rudloff 2010). Die arktische Fischerei ist aber dennoch ein zentraler Bestandteil ausgedehnter Subsistenzwirtschaft und kommerzieller Fischerei in den arktischen Staaten. Der Klimawandel und seine Auswirkungen in Form von zurückgehendem Meereis, wärmerem Meerwasser und verändertem Salzgehalt der arktischen Gewässer haben Hoffnungen geschürt, dass einige Fischarten, die bislang nur in subarktischen Gebieten vorkommen, ihren Weg nach Norden finden werden. Aufgrund der vorausgesagten lang anhaltenden oder sogar dauerhaften Auswirkungen des Klimawandels richten sich die Erwartungen auf die Möglichkeit neuer dauerhafter Fischereimöglichkeiten in der Arktis. Vier der acht arktischen Staaten gehörten 2014 zu den zehn größten Fischexportnationen (nach Wert der Exporte) (FAO 2016, S. 53). Der *Arctic Human Development Report* (AHDR) bezeichnet Fischerei in fast allen Küsten- und Inselgebieten der Arktis als „Rückgrat der Wirtschaft" (Einarsson et al. 2004, S. 72). Dementsprechend entfällt auch der Großteil der arktischen Fischerei auf die arktischen Staaten (zwischen 1990 und 2006 rund 90 % des Fanges).

Veränderungen des arktischen marinen Ökosystems werden in quantitativer, qualitativer, räumlicher und zeitlicher Hinsicht erwartet. Seit einigen Jahren werden Fischarten so hoch im Norden in der Arktis beobachtet wie noch nie zuvor. Man hofft, dass dieser neue Artenreichtum die möglichen negativen Effekte auf die derzeit heimischen Arten in der Hohen Arktis ausgleichen kann. Laut dem Arctic Climate Impact Assessment (ACIA) ist es in der Tat möglich, dass sich aufgrund der geringer werdenden Eisbedeckung die Bedingungen für einige der wichtigsten kommerziellen Fischarten wie Dorsch und Hering durch die Ausweitung ihrer Lebensgründe und höhere Reproduktionsarten verbessern werden (Vilhjálmsson und Hoel 2004). Allerdings sind dies bislang reine Vermutungen, da weiterhin erhebliche Unsicherheit bezüglich der Aussichten auf neue und größere Fischereimöglichkeiten in der Arktis besteht. Dies ist vor allem durch große Forschungslücken bedingt, insbesondere in Bezug auf die möglichen Folgen des Klimawandels auf Fischarten und -bestände, ihre Verbreitung und ihre Lebensräume. Aus diesem

Grund können nur sehr vage Vorhersagen über die Entwicklung arktischer Fischerei getroffen werden.

Um die bisherige Nutzung arktischer Fischereigründe abschätzen zu können, müssen zunächst die Grenzen der arktischen Gewässer definiert werden. Hierbei ist zu beachten, dass es keine einheitliche Abgrenzung gibt, sondern eine Vielzahl an Definitionen für die südliche Grenze arktischer Gewässer existiert (Abschn. 1.1). Die Ernährungs- und Landwirtschaftsorganisation der Vereinten Nationen (FAO) teilt die Meere der Welt zur Darstellung von Fischereiregionen in „statistische Gebiete" ein. Eines dieser Gebiete (Nr. 18) heißt „Arktisches Meer". Dieses Gebiet schließt viele, aber nicht alle Gewässer nördlich des Polarkreises ein, geht aber auch darüber hinaus; beispielsweise schließt es die Hudson Bay mit ein, lässt aber wichtige Fischereigebiete vor allem in der Bering- und Barentssee sowie die Gewässer westlich, südlich und östlich von Grönland außen vor. Diese Gewässer sind Teil des FAO-Gebiets Nr. 27 (Nordostatlantik), welches Teile des Arktischen Ozeans, der Barentssee, der Norwegischen See sowie die Gewässer Svalbards, Islands, der Färöer-Inseln und Ostgrönlands einschließt. Das FAO-Gebiet Nr. 67 (Nordostpazifik) umfasst die östliche Beringsee und Nr. 61 (Nordwestpazifik) die westliche Beringsee, die noch zu arktischen Gewässern gezählt werden können.[4] Der ACIA benutzt eine andere Definition, die vier große arktische und subarktische Fischereiregionen – drei im Nordatlantik und eine im Nordpazifik – umfasst. Allerdings lässt diese Definition den zentralen Arktischen Ozean außen vor (Vilhjálmsson und Hoel 2004, S. 693).

Es leben mehr als 150 Fischarten in arktischen oder mit der Arktis verbundenen Gewässern. Nur wenige dieser Arten sind in der Arktis heimisch, daher sind die meisten Spezies im Hohen Norden auch in südlicheren Regionen zu finden. Aus diesem Grund sind nicht nur die polaren Arten wichtig für arktische Fischerei – wie Kapelan, Grönländischer Heilbutt, Tiefseegarnelen und Polardorsch –, sondern auch nicht per se arktische Fischarten wie Atlantischer Dorsch, Pazifischer Dorsch und Gröndlanddorsch, Schellfisch, Glasaugenbarsch, Eismeerkrabbe, Atlantischer und Pazifischer Hering, Lachs, Rotbarsch und Königskrabbe. Grönländischer Heilbutt, Polardorsch und Kapelan sind überall in der Arktis vertreten, während Gröndlanddorsch hauptsächlich in grönländischen Gewässern vorkommt. Alle anderen Arten finden sich hauptsächlich in Gewässern südlich des Arktischen Ozeans, mit Ausnahme von Teilen der Barents- und der Tschuktschensee.

Wie oben bereits ausgeführt, geht der ACIA davon aus, dass sich die Bedingungen für einige der wichtigsten kommerziellen Fischarten in der Arktis aufgrund des wärmer werdenden Klimas verbessern und sich außerdem die Artenvielfalt in nördlichen Gewässern durch den Zuzug neuer Arten erhöht. Einige südliche Arten werden bereits heute im Norden gesichtet. Neue Arten könnten daher neue Fischereimöglichkeiten eröffnen, gleichzeitig aber auch nördliche Ökosysteme belasten, etwa aufgrund erhöhter Konkurrenz zwischen Arten, der Präsenz

---

[4]Auf der Homepage der FAO sind Karten aller Gebiete zu finden: http://www.fao.org/fishery/area/search/en. Zugegriffen: 24. Januar 2018.

neuer Raubfische sowie durch die Einführung neuer Parasiten und Krankheiten. Fischwanderungen können überdies in einigen Regionen zu größeren Beständen führen, in anderen diese allerdings dezimieren. Auch ein niedrigerer Salzgehalt der Gewässer infolge von Frischwasserzufluss von schmelzendem Meer- und Gletschereis sowie eine Versauerung der Meere durch die höhere Aufnahme von Kohlenstoffdioxid wirken sich auf Fischbestände tendenziell negativ aus.

Generell ist nach wie vor sehr wenig über mögliche Wanderungen von Fischbeständen in der Arktis bekannt. Regional liegen vereinzelt Daten vor, beispielsweise in der Norwegischen und der Barentssee (Tasker 2008). Norwegische und russische Forscher haben in den letzten Jahren einen bemerkenswerten Anstieg von Dorschpopulationen in der Barentssee verzeichnet und Exemplare so weit nördlich entdeckt wie nie zuvor. Allerdings können manche Arten aufgrund der Tiefe der arktischen Gewässer nur begrenzt nordwärts wandern. Vor allem Fische, die am Grund der Gewässer leben, können nicht einfach in die wesentlich tieferen Gebiete des Arktischen Ozeans vordringen, sondern bleiben auf die relativ flachen Gewässer, zum Beispiel der Barentssee, beschränkt.

Trotz genereller Erwartungen an größere Fischereimöglichkeiten in der Arktis wird der Klimawandel nicht alle Fischarten im selben Ausmaß beeinflussen. Änderungen von Temperatur, Wasserströmungen und Salzgehalt können sowohl positive als auch negative Auswirkungen auf die Größe und Ausdehnung von Fischbeständen haben. Eine Studie zu Süßwasser- und Süßwasserlaichfischen hat dies anhand dreier Fischgruppen illustriert (Lemmen et al. 2007, S. 94 ff.). Demnach können Fische unterteilt werden in arktische Spezies, welche hauptsächlich im Norden vorkommen, nördliche Arten, die an kalte Gewässer angepasst sind und welche ihre Ausdehnungsgrenze innerhalb der nördlichen Gewässer haben, und südliche Arten, die an kalte Gewässer angepasst sind und die ihre Ausdehnungsgrenze am südlichen Rand der nördlichen Gewässer haben. Der Klimawandel wird diese drei Gruppen nicht einheitlich beeinflussen, und daher wird auch der Effekt auf Fischereimöglichkeiten unterschiedlich ausfallen. Es ist zu erwarten, dass arktische Arten aufgrund der stärkeren Konkurrenz mit Arten der anderen beiden Gruppen eher abnehmen werden. Daher werden sich nördliche und südliche Kaltwasserarten wahrscheinlich aufgrund höherer Produktivitätsraten und räumlicher Ausdehnung nach Norden ausweiten. Aber auch diese Tendenz wird nicht gleich sein für alle Arten. Einige Fische können nur sehr geringe Temperaturänderungen verkraften, während andere größere Schwankungen aushalten und sogar davon profitieren können.

Diese große Variabilität bringt große Unsicherheit bezüglich der Änderungen von Fischbeständen, Fangmöglichkeiten und nachhaltiger Nutzung und birgt daher große Herausforderungen vor allem für lokale Fischereiindustrien, die sich auf eine oder wenige Fischarten spezialisiert haben. Wandernde Arten können generell negative Folgen für kapitalintensive Industrien wie die Fischerei haben, da diese hohe Summen in die Fischereiflotte sowie in Hafen- und Fischverarbeitungsanlagen investieren müssen. Damit sich diese Investitionen rechnen, sind langfristige und stabile Produktionsaussichten notwendig. Wenn aufgrund sich ändernder Fischbestände Veränderungen von Ort, Zeitpunkt und/oder Methoden

des Fischfangs erforderlich werden, kann dies vor allem für kleinere Fischereiindustrien fatal sein oder zumindest große Anpassungskosten verursachen. In
Gegenden, in denen Fischerei als Teil der Subsistenzwirtschaft betrieben wird,
können wandernde Arten ganze Lebensgrundlagen in Gemeinden vernichten. Der
Klimawandel kann zudem negative Folgen in Bezug auf Zugang zu Fischereigründen in Inlandsgewässern haben, wenn Eisstraßen aufgrund weniger Eis-
bildung beziehungsweise früheren Einsetzens des Tauwetters nicht mehr befahrbar
sind. Dagegen könnte sich der Zugang zu Meeresfischerei durch Rückgang des
Meereises verbessern. Allerdings sind Gefahren wie Treibeis und schlechtes Wetter nach wie vor bestehende Risiken für Fischerboote, die sich durch das wärmere
Klima sogar noch verschlimmern könnten.

Wie aus den bisherigen Ausführungen bereits ersichtlich, ist es derzeit noch
nicht möglich, wirklich gesicherte Aussagen über die Auswirkungen des Klimawandels auf arktische Fischbestände und damit über die Zukunft arktischer
Fischereiaktivitäten zu machen. Dies ist vor allem auf das nach wie vor geringe
Wissen um Fischbestände und ihre Lebensbedingungen in der Arktis zurückzuführen. Die schiere Größe der Arktisregion sowie die schwierigen Zugangsbedingungen für Forschungsaktivitäten erklären die schmale Datenlage. Vor
allem Daten zu Fischbeständen im Arktischen Ozean sowie langfristig angelegte
Forschungsvorhaben, die Veränderungen über die Zeit vor allem in Reaktion auf
den Klimawandel zeigen könnten, sind Mangelware. Ebenso ist Datensammlung
über das ganze Jahr, also inklusive der Wintermonate, ein sehr teures, schwieriges
und daher seltenes Unterfangen in der Arktis. Aus diesem Grund ist auch wenig
über die möglichen Auswirkungen von kommerziellen Fischereiaktivitäten auf
arktische Fischgründe sowie generell auf die marinen Ökosysteme der Region
bekannt. Erhöhte Forschungsanstrengungen sind außerdem in weiteren Bereichen,
die die Lebensbedingungen von Fischen wesentlich beeinflussen, nötig. Hierzu
gehören Veränderungen von Wassertemperatur, Wassermassenmischungen und
Auftrieb des Tiefenwassers sowie Veränderungen anderer Arten, die beispielsweise zur Beute von Fischen gehören. Ohne Erkenntnisse in diesen Bereichen
können Aussagen über die Bedingungen für arktische Fischbestände in einem
sich ändernden Klima sowie sozioökonomische Konsequenzen hieraus nur vor-
läufig sein. Unsicherheit besteht überdies darüber, wo genau neue Fischgründe
entstehen könnten, etwa auf dem offenen Meer im Bereich der Hohen See oder
eher in den Küstengewässern und Ausschließlichen Wirtschaftszonen der Arktisstaaten, mit entsprechenden Folgen dafür, welche Akteure von möglichen neuen
Fischbeständen profitieren können und welche nicht. Es ist daher unklar, welche
Akteure vom Klimawandel in der Arktis profitieren und welche Einschnitte hin-
nehmen müssen; dies betrifft sowohl kommerzielle als auch Subsistenzfischerei.
Nicht zuletzt kann die Zunahme anderer maritimer Aktivitäten in einer zunehmend
eisfreieren Arktis – wie Schifffahrt und Abbau fossiler Brennstoffe – in Konkurrenz zu Fischereiaktivitäten treten (Abschn. 5.1.1 und 5.1.2).

Zuletzt ist festzuhalten, dass das aus zahlreichen anderen Ozeanen der Welt
bekannte Problem der Überfischung auch in der Arktis ein Thema wissenschaftlicher wie politischer Auseinandersetzung ist. Fischbestände können nur dann

langfristig eine garantierte Grundlage für kommerzielle Zwecke und Subsistenzwirtschaft sein, wenn sie nicht überfischt werden. Zugehörige Verhandlungen über
Fangquoten sind häufig Gegenstand heftiger Debatten, und nicht selten werden
wissenschaftliche Empfehlungen zu maximalen Fangmengen ignoriert, um höhere
Quoten für die Fischereiindustrie zu sichern. Daher kam es auch in der Arktis
bereits zum Zusammenbruch von Fischbeständen, beispielsweise der Seelachs-
bestände in der Hohe-See-Enklave der Beringsee (dem „Donut Hole") im Jahre
1992. Bis heute hat sich der Bestand nicht erholt. Auch das „Loophole" in der
Barentssee war in den 1990er Jahren von Überfischung betroffen. Dies hebt die
besondere Bedeutung von politischen Regeln und Gesetzen für die Fischerei sowie
ihre konsequente Umsetzung für die nachhaltige Entwicklung von Fischbeständen
hervor (Abschn. 3.2). Da die tatsächlichen Auswirkungen des Klimawandels
höchstwahrscheinlich sehr divers ausfallen werden und viele Effekte bislang
ungewiss sind, könnten arktische Bestände trotz etablierter Fangquoten überfischt
werden. Darum wird empfohlen, dass Planungen vor allem für kommerziellen
Fischfang in der Arktis nur unter strikter Einhaltung des Vorsorgeprinzips erfolgen. Dies bedeutet beispielsweise die Senkung von Fangquoten unter den Stand,
der heute als nachhaltig angesehen wird, um Spielraum für mögliche Stress-
faktoren auf Bestände zu lassen, die heute noch nicht abzusehen sind.

5.2 Umwelt

Die Arktis ist zum Sinnbild und „Frühwarnsystem" des rasch fortschreitenden
Klimawandels geworden. In kaum einer anderen Region sind die Auswirkungen
der globalen Klimaerwärmung so deutlich sichtbar und dramatisch wie im Hohen
Norden. Bereits jetzt sind Teile des vormals eisbedeckten Arktischen Ozeans saisonal passier- und beschiffbar (Abschn. 5.1.2). Auch wenn die Projektionen zum
Teil stark variieren – manche sagten eine eisfreie Arktis bereits für das Jahr 2013
voraus, neuere Berechnungen gehen von spätestens 2100 aus (Abschn. 1.3) –
ist ein Ende des arktischen Eises absehbar und mit entsprechenden Nach-
wirkungen für Wirtschaft und Ressourcenmanagement (Abschn. 5.1) sowie die
Sicherheitspolitik (Abschn. 5.3) in der Region verbunden.

Das schmelzende Eis des grönländischen Eisschildes trägt seinen Teil zum globalen Anstieg des Meeresspiegels und zur Küstenerosion bei. Allein infolge der
globalen Erwärmung könnte der durchschnittliche Meeresspiegel bis zum Jahr
2100 um bis zu einem Meter steigen. Ein vollumfassender Rückgang des grönländischen Eisschildes, so manche wissenschaftliche Projektionen, könnte den
Meeresspiegel zusätzlich um 4,5 bis 6 m steigen lassen (Dutton et al. 2015). Der
tauende Permafrostboden in bewohnten arktischen Regionen stellt Politik und
Gemeinden zudem vor enorme Herausforderungen, sind mit ihm doch erhebliche Schäden an der oftmals essenziellen Infrastruktur verbunden. Hinzu kommt,
dass durch tauende Permafrostböden gespeichertes und lange unter Verschluss
gehaltenes Methan und Kohlendioxid entweichen kann, wodurch sich der arktische Wandel in einem Teufelskreis selbst verstärkt. Gleichzeitig wird die Arktis

immer grüner, wodurch sich weiter südlich beheimatete Pflanzen- und Tierarten weiter nach Norden ausbreiten können und in das ohnehin schon sensible Öko-system eingreifen. Eine sich wandelnde Arktis ist nicht nur ein vorübergehendes und schon gar kein umkehrbares Phänomen mehr, sondern der neue, als normal anzusehende Dauerzustand.

Exkurs: Anthrax in der Arktis

Tauende Permafrostböden haben nicht nur Auswirkungen auf Klima, Umwelt und die Bodenbeschaffenheit der arktischen Tundra, sondern auch auf Mensch, Tier- und Pflanzenwelt. Im August 2016 starben mehr als 2300 Rentiere sowie ein zwölfjähriger Junge einer Hirtenfamilie in der Nähe des russischen Salekhard in Nordsibirien infolge eines Ausbruchs des Anthrax-Virus, ursächlich zurückzuführen auf durch länger anhaltende Wärme-perioden an die Oberfläche geförderte Überreste verstorbener Rentiere. Das Virus kann in diesen Körpern gut konserviert Jahrzehnte überleben. Der-artige Viehgräber gibt es in der russischen Arktis zu Tausenden. Sie wurden aber aufgrund des harten Bodens in nicht allzu großer Tiefe angelegt.

Auf ähnliche Weise, so warnen manche Wissenschaftler, könnte auch das Pockenvirus, seit 1980 von der Weltgesundheitsorganisation (WHO) eigent-lich als ausgerottet klassifiziert, wieder an die Oberfläche gelangen.

Es entbehrt nicht einer gewissen Ironie, dass die auf die Industrialisierung zurück-gehende globale Erwärmung maßgeblich für den Wandel der Arktis verantwortlich ist und die zurückgehende Meereisausdehnung die verstärkte Industrialisierung der Region zum Beispiel durch Onshore- und Offshore-Förderprojekte sowie Schifffahrt erst ermöglicht, die ihrerseits den Klimawandel weiterhin befeuern können. Dieses „arktische Paradox" wurde von Teemu Palosaari (2011, S. 24) in aller Einfachheit wie folgt beschrieben: „Das Verbrennen fossiler Energieträger trägt zur globalen Erwärmung bei, wodurch die arktische Meereisbedeckung schmilzt und den Zugang zu neuen Öl- und Gasressourcen ermöglicht".

Damit sehen sich die politischen Akteure in der Arktis auch und gerade in der Umwelt- und Klimapolitik mit einer Reihe von Dilemmata konfrontiert, die die politische Ordnung der Arktis und die internationalen Beziehungen zwischen den Staaten im Kern berühren. Unter normativen Gesichtspunkten mag es auf den ers-ten Blick attraktiv erscheinen, die Arktisregion kurzerhand unter ein umfassendes und verbindliches Vertragssystem zu stellen, das die arktische Umwelt vor dem Eingriff des Menschen schützt (Abschn. 4.2.1). Ein solches System könnte sich aber schnell als wirkungslos und zu starr erweisen, da die Ursachen arktischen Wandels in Form der globalen Erwärmung hauptsächlich außerhalb der Arktis zu suchen sind. Vor allem aber bleibt ein solcher Vertrag in der politischen Pra-xis angesichts der Interessenvielfalt und Prioritätensetzung der Arktisstaaten reine Illusion.

5.2.1 Regionale Umweltpolitik

Regionale Umweltpolitik in und für die Arktis ist nicht erst mit dem seit ein paar Jahren spürbar einsetzenden Wandel der Region auf der politischen Agenda vertreten. Sie ist ganz im Gegenteil vielmehr Grundstein und Fundament der heutigen internationalen Zusammenarbeit in der Region und reicht bis in die 1970er Jahre zurück. Bereits 1973 verabschiedeten die USA, Kanada, Norwegen, Dänemark und die damalige Sowjetunion ein Übereinkommen zur Erhaltung des Eisbären (Agreement on the Conservation of Polar Bears). Die Vereinbarung schützt nicht nur das größte Landraubtier der Erde vor der Jagd (mit Ausnahme der Jagd zu wissenschaftlichen Zwecken, zur Konservierung, dem Schutz anderer Arten sowie für die Subsistenzwirtschaft indigener Völker), sondern fordert die Vertragsparteien auch auf, geeignete Maßnahmen zur Erhaltung des natürlichen Lebensraumes des Bären zu ergreifen.

Dänemark, Finnland, Island, Norwegen und Schweden haben sich zudem in einem Abkommen von 1993 zu Kooperation in der Bekämpfung von Meeresverschmutzung durch Öl oder andere schädliche Substanzen[5] verpflichtet. Das Abkommen bezieht sich auf die inneren Gewässer und das Küstenmeer der Staaten sowie ihre Festlandsockel und Ausschließlichen Wirtschaftszonen. Als weitere relevante regionale Institution soll hier die Convention for the Protection of the Marine Environment of the North-East Atlantic (OSPAR) von 1992 erwähnt sein. Entsprechend dem geografischen Fokus auf den Nordostatlantik haben Dänemark, Finnland, Island, Schweden und Norwegen die OSPAR-Konvention ratifiziert. Im Mittelpunkt der Arbeit stehen die Verhinderung und Beseitigung von Meeresverschmutzung aus verschiedenen Quellen, unter anderem durch Abladen von Schiffen, Verbrennung und Offshore-Installationen.

Im September 1989 und damit noch vor Ende des Kalten Krieges trafen sich Vertreter aller acht Arktisstaaten im finnischen Rovaniemi, um kooperative Maßnahmen zum Schutz der marinen arktischen Umwelt zu diskutieren (Abschn. 3.3). Finnland nahm damit die Initiative Michail Gorbatschows auf, der in seiner Rede in Murmansk zwei Jahre zuvor die „Erarbeitung eines gemeinsamen und integrierten Plans zum umfassenden Schutz der natürlichen Umwelt des Nordens" (Gorbatschow 1987) vorgeschlagen hatte. Bereits zu dieser Zeit blickten die Arktisstaaten bei allen sicherheitspolitischen Spannungen auf eine überaus lange und reiche Geschichte internationaler Kooperation zurück. Die Sowjetunion war bis 1989 Vertragspartei in nicht weniger als 36 Abkommen, die sich in ihrer Reichweite auf den Schutz oder das Management der arktischen Umwelt erstreckten, von denen ein Drittel bilaterale und zwei Drittel multilaterale Abkommen waren (Osherenko 1989, S. 144).

---

[5]Im englischen Original heißt die Vereinbarung „Agreement Between Denmark, Finland, Iceland, Norway and Sweden Concerning Cooperation in Measures to Deal with Pollution of the Sea by Oil or Other Harmful Substances."

Dem Rovaniemi-Treffen von 1989 folgten noch zwei weitere Vorbereitungs-treffen auf Ministerebene im kanadischen Yellowknife (April 1990) sowie im schwedischen Kiruna (Januar 1991). Neu an der Initiative Finnlands war die Eta-blierung eines zirkumpolaren Gespräch- und Austauschforums, aus dem heraus die acht Arktisstaaten im Juni 1991 die Arctic Environmental Protection Strategy (AEPS) verabschiedeten. Das Abkommen kam auf der Grundlage des geteilten Verständnisses zustande, dass Umweltverschmutzung ein grenzübergreifendes Problem in der Arktis darstellt und entsprechend wissenschaftliche Erkenntnisse gebündelt und kooperative Maßnahmen zur Erhaltung des arktischen Ökosystems ergriffen werden müssen. Als maßgebliche Einflüsse auf die arktische Umwelt wurden Verschmutzungen durch langlebige organische Schadstoffe (Persistent Organic Pollutants, POPs), Öl, Schwermetalle, Radioaktivität, Versauerung sowie Lärm identifiziert. Allerdings beschränkte sich damals wie heute die Bandbreite der Maßnahmen auf die Erforschung und systematische Erfassung von Einflüssen auf die arktische Umwelt, Flora und Fauna und Ansätzen zur Koordination natio-naler Politiken und regulativer Steuerung. Aus der AEPS folgte 1996 schlussend-lich die Gründung des Arktischen Rates in seiner heutigen Form.

Ein positives Beispiel regionaler Umweltgovernance für die Arktis stellen Ruß-partikel *(black carbon)* dar. Ruß entsteht, ähnlich wie Kohlenstoffdioxid (CO_2), hauptsächlich als Nebenprodukt bei der Verbrennung fossiler Energieträger wie Öl und Gas sowie von Biomasse und Biokraftstoffen. Ruß absorbiert nicht nur Sonnenlicht und trägt damit unmittelbar zur Erwärmung der Atmosphäre bei, son-dern lagert sich auch in Wolken und auf Schnee und Eis ab und verdunkelt deren Oberfläche. Dieses „schmutzige Eis" verringert den Albedo-Effekt der „weißen Wüste" Arktis, also die Reflexionskraft ihrer hellen Oberflächen, die signifikant höher als die dunkler Oberflächen ist. Damit erwärmen sich die rußbedeckten Eis-flächen schneller, was wiederum die Eisschmelze beschleunigt.

Im Vergleich zu anderen Schadstoffen wie zum Beispiel Kohlenstoffdioxid, das bis zu 100 Jahre in der Atmosphäre verbleibt, haben kurzlebige klimaschädliche Stoffe wie Ruß eine Halbwertszeit von wenigen Tagen oder Wochen. Folglich ist der in der Arktis zu findende Ruß vor allem auf Emissionen in der Arktis selbst oder angrenzenden Regionen zurückzuführen; der Anteil regionaler Rußbildung am Gesamtausstoß im Hohen Norden wird auf bis zu 40 % geschätzt. Damit sind die Emissionen in akkumulierter Form nach wie vor schädlich für Mensch und Umwelt, könnten aber theoretisch kurzfristig und effektiv unterbunden werden (Cavazos-Guerra et al. 2017).

Der Arktische Rat hat zu diesem Zweck 2015 das „Framework for Action on Enhanced Reductions of Black Carbon and Methane Emissions" ins Leben gerufen. Der rechtlich unverbindliche Aktionsrahmen hat zum Ziel, den Ruß-ausstoß in den acht Arktisstaaten bis 2025 um 25 bis 33 % gegenüber dem Referenzjahr 2013 zu senken, und dokumentiert nationale Emissionswerte und Reduktionsmaßnahmen der Arktis- sowie der Beobachterstaaten (Arctic Council 2017). Ferner geht es wesentlich auf die Arbeit des Arktischen Rates und hier ins-besondere der Arbeitsgruppe AMAP zurück, dass 2012 ein Zusatz zum „Protokoll zur Verringerung von Versauerung, Eutrophierung und bodennahem Ozon" von

1999 (das sogenannte Göteborg-Protokoll[6]) verabschiedet wurde. Das Protokoll legt rechtlich bindend nationale Höchstmengen unter anderem für Rußemissionen der Vertragsparteien fest und verweist dabei insbesondere auf den Schutz der Arktis.

Trotz der regional auftretenden Umwelteinwirkung von Schadstoffen wie Rußpartikeln wäre jedoch jedes exklusiv regional angelegte Regulierungsregime, ob unter einem gestärkten Arktischen Rat oder einem regionalen Vertrag, kaum mehr als Symptombehandlung und ohne hinreichende Schutzwirkung für die Region. In einfachen Worten: Die Arktis wird nicht in der Region selbst gerettet werden können, sondern nur im Rahmen der internationalen Klima-Governance. Ein effektives Regime für den Schutz der Arktis wäre also ein solches, das lokale und regionale Anpassungsmaßnahmen *(adaptation measures)* mit internationalen Klimaschutzmaßnahmen *(mitigation measures)* kombiniert. Ein solch flexibles und über verschiedene politische Ebenen koordiniertes Regime für die Arktis ist im Entstehen begriffen. Auch wenn die Effektivität der gegenwärtigen internationalen Klimapolitik angesichts weiter steigender CO_2-Emissionen und der globalen Erwärmung in Zweifel gezogen werden darf, so sind doch arktisspezifische regionale und arktisrelevante internationale Institutionen vorhanden, die einen arktischen Regimekomplex bilden (Abschn. 4.2.2 und Kap. 3).

Warum ein solcher Regimekomplex unter Einbindung der internationalen Ebene notwendig ist, zeigt der Ausstoß von Kohlenstoffdioxid, POPs und Quecksilber, die jeweils in der Arktis enorme gesundheitliche und ökologische Schäden anrichten, dort aber selbst wenig bis gar nicht emittiert werden. Sie gelangen durch Meeres- und Flussströmungen sowie atmosphärische Kreisläufe in den Hohen Norden. Die USA, Russland, China, Indien, Japan und die Mitgliedstaaten der EU zusammen produzieren fast 70 % der weltweiten CO_2-Emissionen; China und die USA davon über die Hälfte. Deutschland allein trägt gut zwei Prozent zu den globalen Emissionswerten bei, was in etwa der Summe der Emissionen von Alaska, Kanada, Dänemark, Island, Schweden, Finnland und Norwegen zusammen entspricht.

Bei den POPs und bei Quecksilber sieht die Verteilung ganz ähnlich aus. Unter den langlebigen organischen Schadstoffen werden eine Reihe industrieller Chemikalien, Pestizide und Dioxine gelistet, die vor allem in den USA, in Europa und Zentral- und Südostasien emittiert werden. Bereits in den 1950er Jahren beobachteten in Alaska stationierte Piloten der United States Air Force in höheren Breitengraden über der Arktis eine Art „arktischen Smog" *(Arctic haze)*, der maßgeblich durch POPs verursacht wird. Quecksilber hingegen ist ein Schwermetall

---

[6]Das Göteborg-Protokoll ist eines von insgesamt acht Protokollen, die das seit 1979 bestehende multilaterale Übereinkommen über weiträumige grenzüberschreitende Luftverunreinigung (LRTAP-Übereinkommen für Convention on Long-Range Transboundary Air Pollution) ergänzen. Dem LRTAP-Übereinkommen gehören 51 Vertragsparteien an, darunter alle Mitglied- und Beobachterstaaten des Arktischen Rates mit Ausnahme der asiatischen Beobachter China, Indien, Japan, Singapur und Südkorea.

und hat vor allem eine schädliche Wirkung auf die Pflanzen- und Tierwelt und in der Arktis beheimatete indigene Bevölkerungen, die sich traditionell von Fisch und Fleisch ernähren (Biomagnifikation). Aufgenommen durch die Nahrungskette kann Quecksilber in hohen Konzentrationen Entwicklungsstörungen bei Kindern sowie neurologische Schäden verursachen. In den vergangenen 150 Jahren sind die Quecksilberkonzentrationen in der Arktis um das Zehnfache angestiegen. Es gelangt hauptsächlich in der Folge von Kohleverbrennung in die Atmosphäre, aber auch bei der Zementproduktion und dem Abbau von Gold. Zu den Hauptquellen anthropogener Quecksilberemissionen zählen Südostasien, Indien, China, Europa, die USA sowie Teile Lateinamerikas und Afrikas.

Unter den gegebenen Umständen erscheint es nur folgerichtig, europäische und asiatische Staaten als Mitverursacher arktischen Wandels in regionale Foren wie den Arktischen Rat einzubinden, um das Bewusstsein für die Folgewirkungen der Industrialisierung zu erhöhen und nach gemeinsamen Lösungsansätzen zu suchen. Dennoch sollte betont werden, dass insbesondere die Reduzierung von Rußemissionen aufgrund der geringen Halbwertszeit zwar einen schnellen Erfolg in den Bemühungen zum Schutz der Arktis verspricht, Ruß aber insgesamt nur zu einem geringen Anteil zur globalen Erwärmung beiträgt. Es handelt sich bestenfalls um eine ergänzende Maßnahme, während ein nachhaltiger und wirksamer Schutz der arktischen Umwelt mit einer konsequenten und substanziellen Reduktion von Treibhausgasemissionen steht und fällt.

Auch Deutschland hat sich in seinen *Leitlinien deutscher Arktispolitik* (Auswärtiges Amt 2013) dem Schutz der arktischen Umwelt verpflichtet. Dabei deutet schon der Untertitel des Leitlinienpapiers – *Verantwortung übernehmen, Chancen nutzen* – auf die Schwierigkeit eines konsistenten und integrierten Ansatzes in der Arktispolitik hin und gleicht einer Quadratur des Kreises. Die Bundesregierung macht ihr wirtschaftliches Interesse an der Region deutlich, versucht aber deren Umweltfolgen im Sinne einer nachhaltigen Entwicklung zu minimieren. Zu diesem Zweck verfolgt Deutschland seine umweltpolitische Arktisagenda auf Grundlage von drei Handlungsprinzipien: 1) Deutschland beurteilt sämtliche Maßnahmen nach dem Vorsorgeprinzip, um auch ohne wissenschaftliche Gewissheit mögliche Umwelteinwirkungen und -schäden menschlichen Handelns in Betracht zu ziehen und zu vermeiden. 2) Bei der Ressourcenförderung und Schifffahrt in der Arktis sollen die höchsten Umwelt- und Sicherheitsstandards gelten. 3) Die Polarregionen sollen in ein kohärentes und globales Netzwerk von Meeresschutzgebieten eingegliedert werden.

Für den Zeitraum von 2017 bis 2019 förderte zudem das Umweltbundesamt (UBA) ein Kooperationsprojekt zwischen dem Institut für transformative Nachhaltigkeitsforschung (IASS) und dem Ecologic Institut zur Erarbeitung fachlich-strategischer Konzepte und Umsetzungsstrategien für eine ökologisch nachhaltige Arktispolitik mit hohen Umweltstandards, die die im Leitlinienpapier von 2013 genannten Maßnahmen konkretisierten.

Unmittelbaren Einfluss übt Deutschland aber schon jetzt durch sein vergleichsweise starkes Profil in der Polarforschung aus. Mit dem Alfred-Wegener-Institut Helmholtz-Zentrum für Polar- und Meeresforschung (AWI) in Bremerhaven verfügt Deutschland über eines der weltweit führenden Einrichtungen in der Polarforschung und ist mit seiner Expertise in den Arbeitsgruppen des Arktischen Rates eingebunden. Am AWI ist auch das seit Januar 2017 bestehende Deutsche Arktisbüro angesiedelt, das zum Ziel hat, „die Sichtbarkeit des deutschen Engagements in der Arktis auf nationaler und internationaler Ebene" (Deutsches Arktisbüro 2018) zu fördern.

5.2.2 Internationale Klima- und Umweltpolitik

Bestimmte Themenbereiche der internationalen Umwelt- und Klimapolitik tauchen in der arktischen Zusammenarbeit explizit nicht auf. Das betrifft zum Beispiel den Abbau der Ozonschicht sowie die globale Erwärmung. Bereits unter der AEPS wurden diese Themenbereiche bewusst ausgespart, weil diese Probleme aufgrund ihres globalen Maßstabs in anderen, internationalen Foren effektiver adressiert werden können. Das Seerechtsübereinkommen der Vereinten Nationen bleibt in Bezug auf den Meeresschutz allgemein und verpflichtet die Vertragsstaaten in Kap. 1, Teil XII lediglich, „die Meeresumwelt zu schützen und zu bewahren" sowie Maßnahmen zur Verhütung, Verringerung und Überwachung der Verschmutzung der Meeresumwelt zu ergreifen. Mit Blick auf die oben beschriebenen Schadstoffe CO_2, POPs und Quecksilber sind vier Institutionen auf der internationalen Ebene von besonderer Relevanz für das Bestreben um den Schutz der Arktis: die Klimarahmenkonvention der Vereinten Nationen (United Nations Framework Convention on Climate Change, UNFCCC), das Stockholmer Übereinkommen über persistente organische Schadstoffe (Stockholm Convention on Persistent Organic Pollutants), das Übereinkommen von Minamata über Quecksilber (Minamata Convention on Mercury) sowie der sogenannte Polar Code (International Code for Ships Operating in Polar Waters) unter dem Dach der Internationalen Seeschifffahrtsorganisation (International Maritime Organization, IMO).

Das UNFCCC ist ein seit 1994 unter den Vereinten Nationen bestehender internationaler Handlungsrahmen mit quasi universaler Mitgliedschaft von 197 Staaten. Es wurde mit dem Ziel ins Leben gerufen, die Konzentration von Treibhausgasen in der Atmosphäre auf einem Niveau zu stabilisieren, welches einen Einfluss des Menschen auf das globale Klima möglichst ausschließt. Auf dem 21. Treffen der Vertragsstaaten wurde Ende 2015 das Pariser Klimaschutzabkommen verabschiedet, das im November 2016 in Kraft trat. Dieses Abkommen setzt das Ziel, den Anstieg der Erderwärmung langfristig auf deutlich unter 2 °C – im besten Falle auf maximal 1,5 °C – im Vergleich zum vorindustriellen Zeitalter zu begrenzen. Zu diesem Zweck verpflichten sich alle Staaten, nationale Klimaschutzziele zu definieren, darüber alle fünf Jahre Rechenschaft abzulegen und geeignete Maßnahmen einzuleiten, um diese Ziele zu erreichen.

Für die Arktisstaaten und relevante Stakeholder, unter denen sich die führenden Treibhausgasproduzenten befinden, bedeutet dies eine grundlegende strukturelle Reform der nationalen oder im Verbund betriebenen Energiewirtschaft (z. B. innerhalb der EU), um Treibhausgasemissionen sukzessive und deutlich zurückzufahren.

So deutlich die Arktis auch vor den Augen der Weltgemeinschaft „wegtaut", sie taugt für die internationale Klima-Governance bisher kaum als *game changer* in der Aushandlung ehrgeizigerer Ziele und strikterer Regularien. Mit dem unter Präsident Donald J. Trump angekündigten Ausstieg der USA, der frühestens zum November 2020 möglich wäre, wären die Vereinigten Staaten das einzige Land, das dem Pariser Abkommen nicht angehören würde. Die Arktis ist aber noch in anderer Hinsicht für das UNFCCC von Relevanz. Um die vereinbarten Klimaziele überhaupt erreichen zu können, müsste das „arktische Paradox" durchbrochen werden. Nach Einschätzung einiger Wissenschaftler müssten dazu weltweit noch verbliebene Öl- und Gasreserven in kostenintensiven Fördergebieten, darunter jene der Arktis, gänzlich in der Erde bleiben (McGlade and Ekins 2015).

Die beiden globalen Übereinkommen von Stockholm und Minamata funktionieren in ähnlicher Weise und sollen den Ausstoß von gefährlichen Substanzen zum Schutz des Menschen und der Umwelt signifikant eindämmen. In beiden Verträgen wird auf die Arktis explizit Bezug genommen. So weisen die Präambeln beider Konventionen explizit auf die besondere Gefährdung der arktischen Ökosysteme und dort lebender indigener Gemeinschaften durch Biomagnifikation von Quecksilber und POPs hin. Das Stockholmer Übereinkommen über persistente organische Schadstoffe wurde bereits 2001 vereinbart und trat drei Jahre später in Kraft. Der Vertrag wurde inzwischen von 181 Staaten unterzeichnet und soll die Produktion, Verwendung und Emission einer Vielzahl von POPs gänzlich eliminieren und den Ausstoß anderer zumindest reduzieren. Die Minamata-Konvention, seit August 2017 in Kraft, zielt darauf ab, die Emission von Quecksilber zum Schutz des Menschen und der Umwelt global zu bekämpfen und zurückzufahren, beispielsweise durch eine deutliche Reduktion des Gebrauchs von Quecksilber in der industriellen Produktion. Mit Stand vom Januar 2018 haben 86 Staaten die Konvention ratifiziert, darunter die Arktisstaaten Dänemark, Finnland, Kanada, Norwegen, Schweden und die USA. Russland sowie die Beobachterstaaten des Arktischen Rates Großbritannien, Indien, Italien, Polen, Spanien und Südkorea haben die Konvention unterschrieben, aber bisher nicht ratifiziert. Island hat den Vertag bislang weder ratifiziert noch unterschrieben.

Bemerkenswert ist allerdings, dass die acht Arktisstaaten die Verabschiedung der Minamata-Konvention im Oktober 2013 in einer gemeinsamen Stellungnahme ausdrücklich begrüßten und ihren Willen bekundeten, an einer schnellstmöglichen und effektiven Implementierung des Übereinkommens mitzuwirken. Ebenso geht das Übereinkommen zu einem wesentlichen Teil auf die Zusammenarbeit zwischen dem Arktischen Rat – insbesondere der Arbeitsgruppe AMAP – und dem Umweltprogramm der Vereinten Nationen (UNEP), seit 1998 offizielle Beobachterorganisation des Arktischen Rates, zurück. Bereits auf dem Ministertreffen in Barrow, Alaska, im Jahr 2000 forderte der Arktische Rat UNEP auf, „eine global umfassende Begutachtung von Quecksilber vorzunehmen, die die Grundlage für angemessene Maßnahmen auf der internationalen Ebene bilden könnte, welche die Arktisstaaten aktiv unterstützen würden" (Arctic Council 2000, S. 5). Ein erstes Gutachten (Global Mercury Assessment) folgte 2002, weitere in den Jahren 2008 und 2013. Zudem verfassten UNEP und AMAP gemeinsam zwei technische Hintergrundberichte zu den Ursachen und Umwelteinwirkungen globaler Emissionen von Quecksilber, um auf die Notwendigkeit eines internationalen Mechanismus zur Bekämpfung von Quecksilberemissionen hinzuweisen.

Ein besonderes Instrument mit dem Ziel des Schutzes der arktischen Umwelt ist der Polar Code oder, in seiner offiziellen Bezeichnung, der International Code for Ships Operating in Polar Waters. Vor dem sich abzeichnenden Trend steigender Schiffszahlen und -bewegungen in der Arktis hat die IMO diesen Code entwickelt, um die Herausforderungen zunehmender arktischer Schifffahrt zu bewältigen, ohne die Sicherheit auf See und den Schutz der arktischen Umwelt zu gefährden.[7] Ziel des Codes ist es, ein universelles Regelwerk für den polaren Schiffverkehr zu schaffen. Bestehende Instrumente der IMO für Sicherheit und Umweltschutz in der Schifffahrt – zum einen das Internationale Abkommen für die Sicherheit auf See (SOLAS) und das Internationale Abkommen zur Verhinderung mariner Verschmutzung von Schiffen (MARPOL) – wurden als nicht ausreichend für die besonderen Risiken angesehen, denen Schiffe in den Polarregionen ausgesetzt sind. Der Polar Code ergänzt die SOLAS- und MARPOL-Konventionen und ist als rechtliche Ergänzung zu den beiden Abkommen für alle Vertragsparteien derselben bindend. Allerdings ist der Code selbst nochmals in rechtsverbindliche Anordnungen in seinen Teilen I-A und II-A sowie rechtlich nicht bindenden Empfehlungen in den Teilen I-B und II-B unterteilt. Der Polar Code deckt eine weite Bandbreite an navigationsrelevanten Themen ab, die von Schiffsdesign, -konstruktion und -ausstattung bis zu Crewtraining, Seenotrettung und notwendigen Umweltschutzmaßnahmen reichen. Der Code wurde von den relevanten IMO-Komitees zwischen 2014 und 2015 verabschiedet und trat am 1. Januar 2017 in Kraft.

Das Inkrafttreten des Codes wurde von vielen Stakeholdern als Durchbruch in polarspezifischer Schifffahrtsregulierung bezeichnet. Obwohl viele Akteure eine grundlegende Verbesserung der Schifffahrtsbedingungen vor allem in der Arktis einräumen, sieht sich der Code in seiner aktuellen Ausgestaltung auch vielfacher Kritik gegenüber. Vor allem vor dem Hintergrund der Möglichkeit stark anwachsender Schifffahrtsbewegungen in einer immer eisfreier werdenden Arktis sei der Polar Code vor allem aus Sicht von Umweltorganisationen unzureichend. Umweltschutzregelungen seien nicht stringent genug angesichts der Tatsache, dass Unfälle in der Arktis katastrophale Folgen haben können und Umweltverschmutzungen häufig nur sehr schwer bis gar nicht zu beseitigen sind (Abschn. 5.1.2). Spezielle Kritikpunkte beziehen sich auf unzureichende Regelungen in Bezug auf Lärm- und Luftverschmutzung, gebietsfremde Arten und Einleitung von Abfällen und Giftstoffen. Des Weiteren seien nicht alle Schiffsklassen und -arten vom Polar Code abgedeckt; beispielsweise sind kleinere Schiffe wie Fischerboote nicht an den Polar Code gebunden, obwohl diese einen Großteil der

---

[7]Entsprechend der Bezeichnung „Polar Code" gilt der Code sowohl für arktische als auch antarktische Gewässer.

arktischen Schifffahrt ausmachen. Auch sei keine Vereinheitlichung der nach wie vor bestehenden verschiedenen Eis- und Polarklassenregime erfolgt. Im Fokus der Kritik am Polar Code steht die Tatsache, dass kein rechtlich bindendes Verbot der Nutzung von Schweröl als Schiffstreibstoff in der Arktis in den Code Eingang gefunden hat, obwohl ein solches Verbot bereits seit 2011 für antarktische Gewässer besteht. Diese Lücke sei aufgrund der Toxizität des Schweröls und daraus resultierender schwerer Schäden bei Einlassen in die arktische Umwelt besonders gravierend. Außerdem sei Schweröl aufgrund der schwierigen arktischen Bedingungen und der begrenzten Infrastruktur nur sehr schwierig wieder aus der arktischen Umwelt zu entfernen und könnte sich dadurch sehr weit in der Arktis ausbreiten, mit langfristigen Konsequenzen für die marine Umwelt und die Ernährungssicherheit der lokalen Bevölkerung.

5.2.3 Arktischer Tourismus

Der fortschreitende Klimawandel in der Arktis hat in den letzten Jahren aus zweierlei Gründen zu steigenden Tourismuszahlen in der Arktis beigetragen. Einerseits ermöglichen die wärmeren Temperaturen einen einfacheren Zugang zu vielen Regionen im Norden. Andererseits führt das schmelzende Eis zu dem Phänomen des „Tourismus der letzten Chance", nach dem Touristen das vergänglich gewordene arktische Eis sehen wollen, solange es noch vorhanden ist.

Unwirtliche und weite Landschaften, Eisberge, eine einmalige Flora und Fauna und fremde Kulturen gehören zu den „Sehenswürdigkeiten" der Arktis, die Touristen in den Norden ziehen. Auch eine Reise „zum Ende der Welt", in eine abgelegene Region sowie generell die „etwas andere Touristendestination" sind Anziehungsfaktoren für Besucher. Die wachsende mediale Aufmerksamkeit und Werbekampagnen von Reiseunternehmen haben ebenfalls ihren Teil dazu beigetragen, die Arktis als Touristendestination beliebter zu machen. Kampagnen von arktischen Destinationen haben in einigen Regionen zu regelrecht explodierenden Tourismuszahlen geführt. Die #Stopover-Werbekampagne der isländischen Fluglinie Icelandair hat beispielsweise sicher etwas damit zu tun, dass sich die Touristenzahlen in Island seit 2008 versechsfacht haben.

Wesentliche Faktoren für steigende Touristenzahlen in der Arktis sind außerdem einfachere Zugangswege für Touristen, bedingt durch geringere Eisbedeckung und -konzentration sowie mildere Temperaturen für längere Zeiträume, bessere Ausrüstung und Technologien sowie besseres geografisches Wissen über arktische Regionen durch detaillierte Navigationskarten, ausgebaute Infrastruktur und Transportmöglichkeiten in die und innerhalb der Region (Bystrowska und Dolnicki 2015). Solche Entwicklungen haben zudem Arktistourismus im großen Stil möglich gemacht, wie die Reise des 1800 Personen fassenden Kreuzfahrtschiffs *Crystal Serenity* durch die Nordwestpassage im August 2016. Zugang für Touristen wird allerdings nicht nur von Klima- und Umweltbedingungen bestimmt, sondern auch von Bürokratie. Reiseveranstalter verfolgen daher genau die Entwicklungen von Einreise- und Zugangsbedingungen für arktische Regionen zu Lande und zu Wasser. Um solche Interessen zu bündeln, haben sich Akteure der polaren Tourismusbranche in Verbünden zusammengeschlossenen, wie beispielswiese die Association of Arctic Expedition Cruise Operators (AECO).

Infrastruktur und Zugangsmöglichkeiten bestimmen auch wesentlich die notwendige Größe des Reisebudgets von Touristen. Abenteuertouristen auf der Suche nach extremen Erlebnissen wie dem Besteigen von eisbedeckten Berghängen oder langen Wanderungen durch weite, karge Landschaften geben in der Regel große Summen für die Ausrüstung einer solchen Reise aus, und gut ausgebaute Straßen, Häfen und Flughäfen sind für diese Touristengruppe eher weniger relevant. Allerdings ist dies eine eher kleine Zielgruppe arktischen Tourismus, und die Arktis ist, wie andere Regionen, zunehmend dem Phänomen des Massentourismus ausgesetzt durch Zielgruppen, die nach relativ preisgünstigen und leicht zugänglichen Attraktionen suchen.

> **Exkurs: Polartourismus „Made in Germany"**
> Die US-amerikanische Reederei Crystal Cruises gab für 2018 bei der Unternehmensgruppe MV Werften den Bau der weltgrößten Luxusyacht mit Eisklasse in Auftrag, die am Standort Stralsund gebaut wird. Die circa 164 m lange und 23 m breite Crystal Endeavor soll 2020 vom Stapel laufen, Platz für 200 Passagiere zuzüglich Besatzung bieten und Eis bis zu einer Stärke von einem Meter brechen können. Auf der firmeneigenen Homepage wirbt die Werft für ihre Endeavor-Serie als „Yachten der Superlative" und dem besonderen Reiz der Polarregionen: „Abenteuerbegeisterten Kreuzfahrern werden mit unseren Schiffen unvergessliche Expeditionen bis in die entlegensten Winkel der Erde ermöglicht" (MV Werften 2018).

Arktischer Tourismus lässt sich in verschiedene Kategorien einteilen: 1) der Massentourismusmarkt mit Touristen, die die Hauptattraktionen sehen und möglichst einfach und komfortabel unterwegs und untergebracht sein wollen (beispielsweise Islands Golden-Circle-Tour); 2) Sportfischerei- und Jagdtourismus für Hobbyangler und -jäger, die Fisch- und Jagdgründe in unberührtem Gebiet suchen; 3) der Ökotourismusmarkt für Touristen, die eine einzigartige Tierwelt in ihrem natürlichen Lebensraum beobachten und die Schönheit und Einsamkeit der arktischen Natur erleben wollen. Diese Touristengruppe ist häufig auch an Naturschutz und Schutz der Lebensbedingungen arktischer indigener Bevölkerungen interessiert; 4) der Abenteuertourismusmarkt, in dem Touristen persönliche Erfolgserlebnisse und gemeisterte Herausforderungen in Form von möglicherweise riskanten sportlichen Aktivitäten suchen; und 5) der Kultur- und Kulturerbetourismus für Touristen, die entweder persönliche Interaktionen mit den Lebensweisen und Traditionen der indigenen Bevölkerung suchen, mehr über historische Ereignisse oder Kulturstätten erfahren wollen oder selbst historische Plätze und Artefakte erkunden wollen.

Während der wachsende Tourismussektor in der Arktis mit wirtschaftlichen Möglichkeiten in Form von zusätzlichen Einnahmequellen und Jobs einhergehen kann, bringen Touristenströme, vor allem der Massentourismus, auch erhebliche soziale und Umweltrisiken mit sich. Diese reichen von Umweltverschmutzung infolge größerer Müllaufkommen, Luft-, Land- und Wasserverschmutzungen durch erhöhten Flugzeug- und Schiffsverkehr, über ein steigendes Risiko von Unfällen vor allem von großen Kreuzfahrtschiffen mit entsprechenden marinen und küstennahen Umweltauswirkungen durch Ölverschmutzungen, bis hin zu möglichen Konflikten zwischen Tourismusaktivitäten und traditionellen Jagd- und Fischereiaktivitäten in der Arktis. Wachsende Tourismuszahlen können von lokalen Bevölkerungen zunehmend als Last und Problem für ihre Umwelt- und sozialen Bedingungen angesehen werden. Die Anzahl an Touristen, die jedes Jahr nach Island fährt, ist mittlerweile viermal so groß wie die gesamte Bevölkerung der Insel – mit entsprechenden Belastungen für die lokale Infrastruktur, den Wohnungsmarkt sowie die Umwelt. Dies hat eine Debatte über die Aufnahme-kapazität Islands als Touristendestination ausgelöst.

Tourismus wird häufig allerdings auch als große Möglichkeit propagiert, eine nachhaltige Entwicklungsperspektive für arktische Regionen zu schaffen. In der Tat können stabile Touristenzahlen eine solidere wirtschaftliche Basis für Regionen bieten als beispielsweise die Erschließung endlicher mineralischer und fossiler Ressourcen, welche zudem schwankenden Weltmarktpreisen ausgesetzt sind (Abschn. 5.1.1). Tourismus ist allerdings auch kein Allheilmittel für (mangelnde) Entwicklungsperspektiven in der Arktis. Letztendlich ist auch Tourismus als eine Form der Ressourcennutzung anzusehen, die zwar tendenziell weniger umweltschädlich und ausbeutend als andere Aktivitäten ist, sich aber ebenso destruktiv auf lokale Kulturen und Ökosysteme auswirken kann, wenn zu viele und schlecht verwaltete Touristenströme in die Arktis ziehen.

Unter den Bedingungen guten Managements kann Tourismus sicherlich ökonomische Vorteile für abgelegene und mit wenigen Möglichkeiten für wirtschaftliche Entwicklung ausgestattete Regionen in der Arktis bringen. Allerdings kann Tourismus nur ein Teil einer diversifizierten Wirtschaftsstrategie sein. So wie andere Aktivitäten, etwa der Abbau mineralischer Rohstoffe, ist auch der Tourismus einem Boom-Bust-Zyklus unterworfen, also einem Wechsel von Phasen mit hohen wirtschaftlichen Wachstumsraten, Jobzuwächsen und Gewinnmargen mit Phasen wirtschaftlicher Flaute. In manchen Regionen kommen Touristen vorrangig in den Sommermonaten, wenn Licht-, Klima- und Eisbedingungen einen einfacheren Zugang zu der Region ermöglichen; in anderen sind die Wintermonate die Hochsaison für Ski- und andere Wintersportarten. Daraus ergeben sich wirtschaftliche Unsicherheiten für die Bevölkerung bezüglich Arbeitsplätzen und Einkommen.

Zuletzt ist zu bedenken, dass der Tourismussektor in verschiedenen Regionen der Arktis sehr unterschiedlich ausgeprägt ist, wodurch auch die damit verbundenen Möglichkeiten und Risiken ungleich verteilt sind. Die Arktis deckt ein sehr großes land- und seeseitiges Gebiet ab, welches sich in zahlreichen Regionen durch verschiedene geografische, klimatische, umweltbezogene, politische und wirtschaftliche Charakteristika auszeichnen. Die am meisten besuchten Regionen sind gleichzeitig die zugänglichsten, zu welchen vor allem die nördlichen Regionen Finnlands, Norwegens (inklusive Spitzbergen) und Schwedens sowie Island und Alaska gehören. Als Hotspot und Erfolgsstory arktischen Kreuzfahrt-Tourismus gelten vor allem Island sowie Spitzbergen. Die Insel im Svalbard-Archipel im Arktischen Ozean hat die Vorteile einer gut ausgebauten Infrastruktur, eines einfachen Zugangs durch regelmäßige Fluganbindungen vom europäischen Kontinent sowie einer großen Bandbreite an Naturattraktionen wie Polarlichter und Eisbären. Laut dem norwegischen Statistikbüro bestehen die meisten Jobs auf Spitzbergen mittlerweile in der Tourismusbranche. Die kanadischen Nordwest-Territorien, der Yukon und Nunavut hingegen sehen nur relativ wenige Touristen, vor allem aufgrund der wenig ausgebauten Infrastruktur und der schieren Größe der kanadischen Arktis; Nunavut besitzt beispielsweise kein eigenes Straßenverkehrsnetz. Die nordischen Staaten profitieren zudem von ihrer Nähe zu anderen europäischen Zentren, der guten Infrastruktur sowie etablierten Tourismusangeboten. Touristisches Unternehmertum ist – im Vergleich zu eher neuen und noch unerschlossenen Tourismusdestinationen wie Kanada und Grönland – in diesen Ländern weitaus verbreiteter und kann überdies auf eine lange Tradition zurückblicken.

Die Einflussfaktoren und möglichen Risiken arktischen Tourismus sind zunehmend Gegenstand der Arktisforschung, beispielsweise in Form des Thematic Network on Northern Tourism der Universität der Arktis. Auch der Arktische Rat hat sich dem wachsenden Phänomen des (maritimen) Arktistourismus angenommen, etwa in Form des Arctic Marine Tourism Project (AMTP) (Arctic Council 2015), in welchem er im April 2015 *Best Practice Guidelines* für nachhaltigen Tourismus in der Arktis veröffentlichte. Nachhaltiger Tourismus ist hiernach definiert als „Tourismus, der negative Auswirkungen minimiert und sozio-kulturelle, umweltbezogene und wirtschaftliche Vorteile für Einwohner der Arktis maximiert" (Arctic Council 2015, S. 4).

5.3 Sicherheit

Zum Abschluss dieses Lehrbuches wollen wir uns noch einmal mit dem Thema „Sicherheit" in der Arktispolitik befassen. Dieses Themenfeld ist, wie in Abschn. 4.4 bereits angedeutet, in der öffentlichen Debatte über die Arktis neben der Ökologie und der Ökonomie wohl das am häufigsten anzutreffende. Zahlreiche Medienbeiträge und Analysen nehmen immer wieder letztlich eine einzelne Kernfrage in den Fokus ihrer Argumentation: Ist die Arktis „sicher"? Oder bewirken die rasanten naturräumlichen und gesellschaftlichen Wandlungsprozesse, das Interesse an den Ressourcen des Nordens und die sich verändernde Präsenz von Sicherheitskräften, dass die Region zusehends „unsicher" wird? Wie groß in den bisherigen Publikationen die Bandbreite der analytischen Einschätzungen – von dauerhafter Stabilität bis zu unmittelbar heraufziehender Kriegsgefahr – ist, haben wir auf den vorausgegangenen Seiten exemplarisch bereits gesehen. Warum aber gelangen die verschiedenen Autoren zu so unterschiedlichen Einschätzungen, und wie können wir mit diesem Umstand umgehen?

Wenn wir uns dieser Frage auf Basis unseres heutigen Wissens über den Hohen Norden politikwissenschaftlich annähern wollen, so ist es zunächst wenig hilfreich, den bereits zahlreich zumeist im Stile von Security Studies vorhandenen sicherheitspolitischen Analysen möglicher Konfliktpotenziale lediglich weitere solche hinzuzufügen. Wir müssen stattdessen deutlich raumgreifender ansetzen und uns zunächst mit Begriffen und Vorstellungen von Sicherheit als solcher befassen, bevor wir Aussagen über die Sicherheit der Arktis treffen können, die uns den Zugang zu neuen und weiterreichenden Forschungsansätzen eröffnen können. Denn der Begriff „Sicherheit", so allgegenwärtig und unzweideutig er in unserem Alltag auch erscheinen mag, ist bei näherer Betrachtung eine nur höchst unscharfe Umschreibung eines Zustands: Wann ist etwas „sicher"?

Zur Präzisierung wird der Sicherheitsbegriff mit einer zweiten Kategorie gekoppelt und als Sicherheit *von* oder *vor etwas* verwendet. Sicherheit wäre etwa zu verstehen als die Nichtbetroffenheit von den möglichen schädlichen Auswirkungen eines Ereignisses, also die Abwesenheit eines Risikos oder einer Bedrohung. So allerdings umschreibt nur ein unscharfer Begriff einen weiteren, denn was sind ein „Risiko" oder eine „Bedrohung"? In der Politikwissenschaft wie auch der Soziologie sind Sicherheit und Risiko entsprechend intensiv und mitunter kontrovers betrachtete Kategorien (Beck 2007, S. 13 ff.). Für unsere Analyse der Arktis in der internationalen Politik ist zunächst die Unterscheidung eines klassischen „engen" von einem neueren, auf verschiedene Weise „erweiterten" Sicherheitsbegriffs von Bedeutung. Während ersterer historisch eng mit dem Verständnis „nationaler Sicherheit" verknüpft ist, setzt letzterer erst bei der globalen Ordnung nach dem Ende des Ost-West-Konflikts des späten 20. Jahrhunderts an. In Abgrenzung zur nationalen Sicherheit wurde hier eine „menschliche Sicherheit" *(human security)* als neuer Fixpunkt gesetzt.

5.3.1 Zum Begriff der Sicherheit

Die Ursprünge der Vorstellung nationaler Sicherheit gehen auf die Westfälische Friedensordnung von 1648 zurück, die die Prinzipien moderner Staatlichkeit begründete und die nationale Souveränität und territoriale Integrität von Staatsgebilden zu wesentlichen Grundfesten erklärte. Dieses Verständnis von den Nationalstaaten als einzig relevanter Akteursebene blieb bis zum Ende des 20. Jahrhunderts bestimmend: Die Quelle eines Sicherheitsrisikos war ausnahmslos eine von außerhalb staatlich gelenkte, militärisch organisierte Gewaltanwendung, die sich gegen die territoriale Integrität und Souveränität ihres Gegners richtete. Unsicherheit war somit gleichzusetzen mit Kriegsgefahr. Sicherheitsakteure in der internationalen Politik waren dementsprechend stets die Streitkräfte der Nationalstaaten oder Staatenbündnisse zur Abwehr von staatlich gelenkten militärischen Bedrohungen gegen die eigene nationale Souveränität. Für die Abwehr innerstaatlicher Sicherheitsrisiken waren hingegen ausschließlich die Polizeibehörden zuständig, da die vollständige Trennung innerer und äußerer Sicherheit ein wesentliches Merkmal des westfälischen Staatsverständnisses ist.

Nach dem Ende des Kalten Krieges begann sich in den 1990er Jahren abzuzeichnen, dass der erwartete globale Frieden – Fukuyamas eingangs zitiertes „Ende der Geschichte" – ausblieb (Abschn. 1.1). Stattdessen traten vermehrt regionale und substaatliche Konflikte zutage, die zuvor durch den Kalten Krieg überdeckt worden waren und als Folgen der Erosion bislang gefestigter Machtverhältnisse aufflammten. Sie zeigten, dass auch in einem Zustand internationalen Friedens kriegerische Konflikte möglich sind. Diese im Vergleich zur bisherigen Erwartung einer symmetrischen, d. h. mit in etwa gleichartigen militärischen Mitteln ausgetragenen, zwischenstaatlichen Auseinandersetzung gänzlich anders gelagerten Formen der Gewaltanwendung wurden bisweilen als sogenannte „neue Kriege" skizziert, deren wesentliches Merkmal unter anderem die Asymmetrie ihrer Konfliktakteure und Gewaltmittel ist (Münkler 2004). Die Opponenten in solchen Szenarien sind nicht mehr allein Staaten und deren reguläre Armeen, sondern auch substaatliche Akteure in Gestalt regionaler Milizen, bewaffneter Banden oder Clans. Nicht nur die Grenzen zwischen außen- und innenpolitischer Auseinandersetzung, sondern auch die zwischen Militärangehörigen und Zivilisten verschwimmen. Beispielhaft für diese Entwicklung standen zunächst die Balkankriege und die Konflikte in Afrika der 1990er Jahre. Zur wissenschaftlichen Erfassung reichte ein rein zwischenstaatlich orientiertes Verständnis von „nationaler Sicherheit" von nun an nicht mehr aus.

Das Entwicklungsprogramm der Vereinten Nationen (United Nations Development Programme, UNDP) stellte unter diesem Eindruck im Jahre 1994 das Konzept der menschlichen Sicherheit *(human security)* vor. Sicherheit wurde hierin nicht mehr allein auf kollektive Akteure wie Staaten beschränkt. Ansatzpunkt eines neuen Sicherheitsbegriffs wurde statt der nationalstaatlichen die *individuelle* Risikofreiheit des Menschen. Konkret schließt diese sieben Einzelbereiche ein, namentlich die *economic security,* die Sicherheit vor Armut durch ein stabiles und angemessenes Einkommen; die *food security*, die Sicherheit der Versorgung mit Trinkwasser und Grundnahrungsmitteln, sowohl in Bezug auf ihre physische Verfügbarkeit als auch ihre preisliche Erschwinglichkeit; die *health security,* die Sicherheit vor Krankheit durch Hygiene und den Zugang zu medizinischer Versorgung; die *environmental security,* die Sicherheit vor dem Verlust lebenswichtiger Ökosysteme, vor Unwetter, Überflutungen, Luft- und Wasserverschmutzung, Dürre, Erosion, Wüstenbildung und dem Verlust von Waldflächen; die *personal security,* die Sicherheit vor physischer Gewalt durch Kriegseinwirkung, Kriminalität, Folter, ethnische Konflikte, Drogeneinfluss, Vergewaltigung und Kindesmissbrauch; die *community security,* die Sicherheit familiären und gemeinschaftlichen Zusammenlebens und der Bewahrung von ethnischen Eigenständigkeiten, Traditionen und Lebensweisen, sowie die *political security,* die Sicherheit vor Unterdrückung, staatlicher Willkür und Menschenrechtsverletzungen durch legitime Regierung und funktionierende staatliche Strukturen (Bartsch 2015, S. 48 ff.).

Die *human security* löste die nationale Sicherheit nicht vollständig ab, sondern war zunächst als Ergänzung jenes bisherigen Verständnisses gedacht. Die meisten heutigen Forschungsarbeiten zum Thema Sicherheit jedoch lassen sich in der Regel recht eindeutig entweder der einen oder der anderen Denkrichtung zuordnen. Während realistische oder institutionalistische Arbeiten weiterhin eher mit Vorstellungen nationaler oder internationaler Sicherheitsordnungen operieren (Abschn. 4.4 und 4.5), orientieren sich konstruktivistische und verwandte Ansätze naturgemäß eher am Individuum als Referenz- beziehungsweise Zielobjekt sicherheitspolitischer Handlung (Abschn. 4.6). Ergänzt wird diese Unterscheidung noch von einer zweiten, zwar weniger trennscharfen, dafür aber in der Praxis umso eingängigeren Unterscheidung: Neben einer *hard security,* die die klassische westfälische Sicherheitsdisziplin starker außenpolitischer und militärischer Machtausübung meint, existiert hiernach auch eine *soft security.* Diese schließt alle nicht unmittelbar militärischen, aber dennoch mittelbar oder unmittelbar sicherheitsrelevanten Handlungsstränge wie wirtschaftliche und gesellschaftliche Faktoren, Entwicklungshilfe und Rechtsstaatsaufbau ein. Auch wenn „nationale vs. menschliche Sicherheit" und „*hard* vs. *soft security*" keine synonymen Unterscheidungskategorien sind, ergeben sich jedoch durchaus Überschneidungen bei beiden Denkansätzen.

In der Arktis, die derzeit als vorerst einmaliger Konvergenzraum verschiedenster politischer Disziplinen von der Umwelt-, der Wirtschafts-, der Sicherheits- sowie der Sozial- und Gesundheitspolitik gelten kann, offenbart sich angesichts dieser Differenzierungen eine Erklärung dafür, warum verschiedene Autoren trotz der Arbeit am selben Forschungsgegenstand zu so unterschiedlichen Einschätzungen zum Zustand der arktischen Sicherheit gelangen: Ihnen liegt zumeist kein einheitliches Verständnis darüber vor, welche Art von Sicherheit gemeint ist beziehungsweise welches Referenzobjekt in der Arktis als bedroht angesehen wird. Weder in den Arktisstrategien der Anrainerstaaten noch in der wissenschaftlichen oder medialen Reflexion lässt sich die Sicherheit der Region bis zu einem einzigen, allgemein geteilten Begriff zurückführen. Im Gegenteil finden sämtliche hier vorgestellte Vorstellungen – ob nun im Sinne klassischer nationalstaatlicher oder erweiterter Sicherheit, als *human security* mit all ihren Unterkategorien oder auch vereinfacht im Sinne der dichotomen Unterscheidung von *hard* und *soft security* – in der einen oder anderen Form ihre Anwendung unter den staatlichen und nichtstaatlichen Akteuren und Interessenten der Region. Bemerkenswerterweise befindet sich hierunter mit der *safety* im Unterschied zur *security* sogar ein Sicherheitsverständnis, das nur in der englischen Sprache durch diese zwei abweichenden Begriffe abgegrenzt ist. In der deutschen Sprache hingegen gibt es für beide nur den Begriff „Sicherheit", der die vorwiegend technisch konnotierte „Sicherheit vor Unfällen" einschließt. Entsprechend groß sind die Interpretationsspielräume. Damit lässt sich also eine einzige, zusammenfassende „arktische Sicherheit" kaum näher definieren oder umschreiben. Vielmehr existieren statt einer gleich mehrere arktische Sicherheiten sozusagen parallel, etwa im Kontext der Schifffahrt, des Umweltschutzes, der arktischen indigenen Bevölkerung oder eben auch der militärischen Aktivität in der Region. In der Politikwissenschaft über arktische Sicherheit zu sprechen, bedeutet also zunächst, dass wir sicherstellen müssen, dass wir nicht „aneinander vorbeireden"!

5.3.2   Der „Arktische Ozean der Sicherheit": Ein Modell zur Veranschaulichung und Verortung

Wir werden im Rahmen dieses Buches dieses zugrunde liegende Problem inkongruenter Sicherheitsverständnisse nicht lösen können. Gleichwohl können wir uns dieses Problem aber zumindest veranschaulichen und bewusst machen. Den Abschluss dieses Kapitels soll daher ein Vorschlag zur Visualisierung des Spektrums der arktischen Sicherheiten bilden, um zu einer besseren Übersicht zu gelangen und uns eine Verortung für weitere Forschung zu ermöglichen. Sie gelingt am besten in einem Schichtmodell, bei dem die verschiedenen Verständnismöglichkeiten des Begriffs „Sicherheit" übereinander gestaffelt angeordnet sind und die jeweiligen Schichten ausmachen. Diese sind dabei gleichwohl nicht strikt voneinander abgrenzbar, sondern gehen fließend ineinander über, beziehungsweise überlappen sich teilweise. Grafisch stellen wir uns das Gesamtspektrum der arktischen Sicherheit bildlich als einen Ozean mit verschieden tiefen Wasserschichten, von der hellen Oberfläche bis zur dunklen Tiefsee, vor. Die Schichten entsprechen den Unterscheidungen der als *safety,* als *soft* oder *hard security* (in Abb. 5.4 Beschriftung links) sowie der als *human* oder *(inter)national security* (in Abb. 5.4 Beschriftung rechts) verstandenen Sicherheit.

Alle Sachverhalte oder Ereignisse in der Arktis, die mit dem Begriff der Sicherheit in unmittelbare oder auch mittelbare Verbindung gebracht wurden beziehungsweise werden, können in diesem Modell nun als Stichwörter grob in den entsprechenden Schichten angeordnet werden. Die Grundlage ihrer genauen

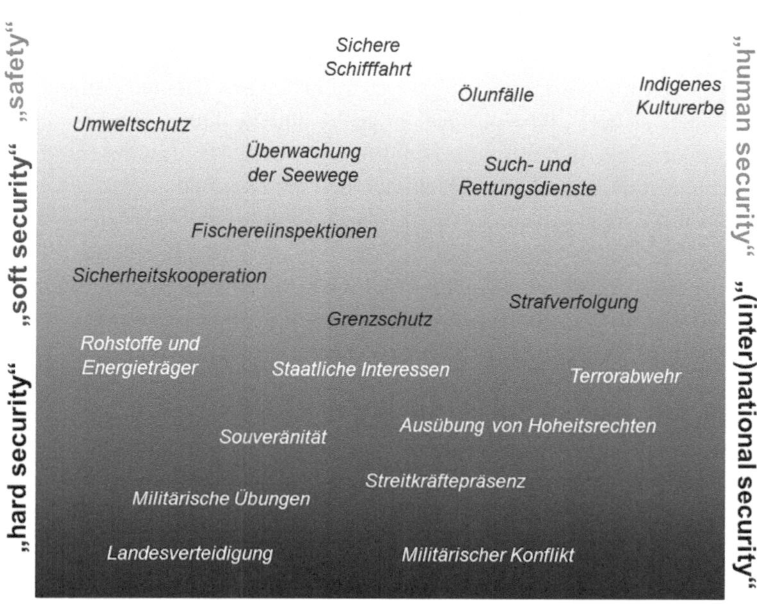

Abb. 5.4   Schichtmodell Arktische Sicherheit. (© Golo M. Bartsch)

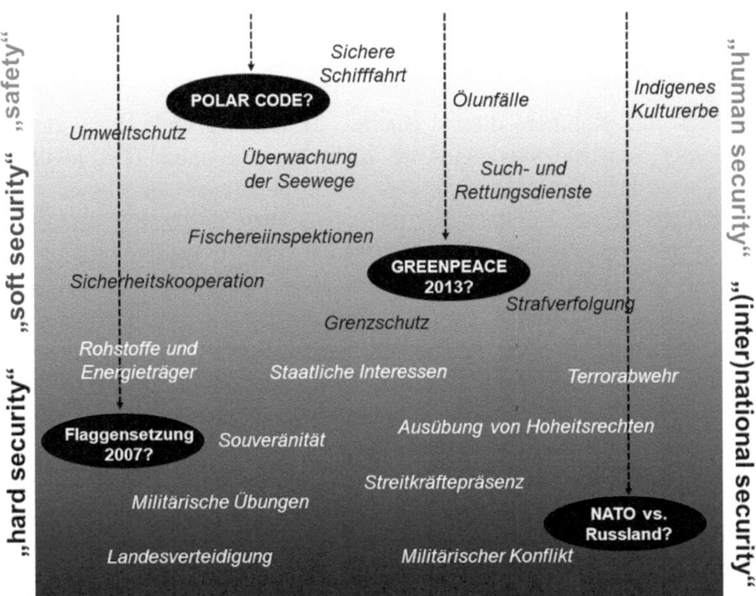

Abb. 5.5   Ereignisse im Schichtmodell. (© Golo M. Bartsch)

Positionierung bildet dabei jeweils die Einschätzung, welchem Sicherheitsverständnis sie entspringen: Eher einem erweiterten Sicherheitsbegriff zugehörige Themen, wie etwa soziale, Umwelt- oder Energiebelange, sind hier in den oberen bis mittleren Schichten zu finden. Auch die technische Sicherheit vor Schiffsunfällen gehört zur obersten Schicht. Je dunkler die Hintergrundfarbe zum unteren Ende der Grafik hin wird, umso stärker entsprechen die Themen den traditionellen Gegenständen sicherheitspolitischer Prozesse und Diskurse, wie etwa der staatlichen Souveränität, der militärischen Präsenz sowie der Landes- und Bündnisverteidigung. In diesem Modell erschließt sich gleichermaßen, wie tagespolitische Ereignisse mit Sicherheitsbezug in der Arktis verarbeitet werden: Wann immer in der jüngsten Vergangenheit ein solches Ereignis besondere gesellschaftliche Aufmerksamkeit erlangte und dabei ausdrücklich mit einer Sicherheitsrelevanz bedacht wurde, fand diese zumeist allein innerhalb einer dieser näherungsweise eingrenzbaren Schichten statt. Dabei verhält es sich in diesem „Ozean" bildlich wie mit Gegenständen, die in sein Wasser geworfen werden: Abhängig von ihrer buchstäblichen „Schwere" sinken diese unterschiedlich tief in die Schichtanordnung hinab und werden in entsprechender Tiefe verarbeitet.

Anhand von vier Beispielen, namentlich der Entwicklung des Polar Codes der IMO, der Flaggensetzung Russlands am Nordpol im Jahre 2007, der Verhaftung von Greenpeace-Aktivisten an einer Bohrplattform in der Petschorasee im Jahre 2013 und der anhaltenden russisch-westlichen Spannungen im Zuge der Ukraine-Krise seit 2014, lässt sich dies anschaulich erläutern (Abb. 5.5). So entfaltete sich die Debatte um die Einführung des Polar Codes für die kommerzielle Seefahrt auf den Arktisrouten an der Oberfläche des Modells, da hier zwar sehr wohl ein Sicherheitsaspekt thematisiert wurde, dabei aber „nur" die technische Sicherheit vor Havarien und Umweltschäden eine Rolle spielte. Innerhalb einer merklich tiefer liegenden Schicht hingegen wurde seitens der russischen Regierung der Greenpeace-Protest mit dem Schiff *Arctic Sunrise* gegen eine Bohrplattform der Firma Gazprom Neft im Jahre 2013 verarbeitet, der ein großes Presseecho fand. Die russischen Sicherheitsorgane, die die Aktivisten verhafteten, betrachteten deren Vorgehen erklärtermaßen als einen kriminellen Akt der Piraterie beziehungsweise gar des Terrorismus und damit als Vorgang der inneren Sicherheit Russlands. Greenpeace selbst hingegen sah die Motivation für sein Handeln in der Bedrohung der Umweltsicherheit der Arktis. Die russische Flaggensetzung am Meeresgrund 2007 hingegen, ebenso wie die nach 2014 aufgekommene Frage nach möglichen Auswirkungen der Ukraine-Krise bis in die Arktis hinein, waren sprichwörtlich „schwere" Sicherheitsereignisse, die unmittelbar bis auf die tiefsten Schichten des Modells hinabsanken. Hier liegen, wann immer anhand dieser Ereignisse etwa die militärische Eskalationsgefahr zwischen der NATO und Russland debattiert wird, offenkundig keine im Bereich der *soft security* oder *human security* angeordneten Sicherheitsbedenken mehr zugrunde, sondern allein sehr traditionelle Verständnisse von nationalstaatlicher Sicherheit, Souveränitätswahrung oder gar militärischer Verteidigung.

Auch das *Leitlinienpapier deutscher Arktispolitik* (Auswärtiges Amt 2013) geht auf sicherheitspolitische Belange in Bezug auf die Arktisregion ein. Auch wenn die Bundesregierung der Region mit diesem Dokument, das vor der Ukraine-Krise 2014 entstand, kein unmittelbares Konfliktpotenzial beimisst, so spricht es dennoch von einer gewissen Unkalkulierbarkeit arktischer Entwicklungen in der Zukunft. Insbesondere zeigt sich Deutschland im Sinne des *hard security*-Begriffs besorgt, dass Interessengegensätze zwischen den Anrainerstaaten „zu einem geopolitischen Wettlauf um Hoheitsrechte oder Rechte zur Nutzung des Meeresbodens und dessen Naturressourcen führen" könnten (Auswärtiges Amt 2013, S. 10). Zudem weist Deutschland als einer der wenigen Beobachter auf das innerstaatliche Konfliktpotenzial zwischen Arktisstaaten und der *human security* der indigenen Bevölkerung hin, sollten deren Landansprüche und Rechte auf Selbstbestimmung aus ökonomischen oder politischen Gründen von staatlicher Seite infrage gestellt werden.

Um regionale Sicherheit zu gewährleisten, soll der Hohe Norden in ein „System multilateraler Stabilität" eingebunden werden, Konflikte und Grenzstreitigkeiten auf Grundlage der bestehenden internationalen Rechtsordnung – besonders des SRÜ – beigelegt und vorbeugende Maßnahmen der Vertrauensbildung, Kooperation und Koordination ergriffen werden. Allerdings konkretisiert die Bundesregierung nicht, welche Instrumente sie dafür als geeignet ansieht. Ebenso wenig wird auf die gegebene politische Ordnung Bezug genommen oder welche Rolle beispielsweise dem Arktischen Rat in der Entwicklung und Umsetzung vertrauensbildender Maßnahmen in der Sicherheitspolitik zukommen könnte. Zur Verfolgung eigener Interessen stellt der Rat in jedem Fall nur ein Mittel dar. Auch andere bestehende Institutionen und Organisationen möchte Deutschland – zweckgebunden bilateral oder multilateral – zum Austausch über Themen der Arktispolitik nutzen, nicht nur mit den Arktisstaaten selbst, sondern zum Beispiel auch mit China.

Als eine Organisation für sicherheitspolitische Kooperationsformate in der Arktis wird ausdrücklich die NATO genannt. Da Russland kein Bündnismitglied ist, die Bundesregierung allerdings explizit auf die ganze Bandbreite an bestehenden Partnerschaftsprogrammen der NATO verweist, „in die alle Arktis-Anrainer einbezogen werden können, [...] um bei Bedarf sicherheitspolitische Fragen im Zusammenhang mit der Arktis zu behandeln" (Auswärtiges Amt 2013, S. 18), zielt dieser Verweis auf etwaige Sicherheitsbedenken in Bezug auf Russland.[8] Neben der NATO sieht Deutschland aber auch arktisspezifische Sicherheitsformate als nützlich an, wie den Arctic Security Forces Roundtable (ASFR), an dem Deutschland als Beobachter beteiligt ist, und befürwortet die bedarfsorientierte Einrichtung weiterer solcher Formate (Auswärtiges Amt 2013, S. 18).

Zu einem Mehr oder Weniger an militärischer Präsenz in der Region äußert sich das Dokument hingegen nicht. Interessanterweise aber begründet die Bundesregierung ihre Unterstützung für einen Beobachterstatus der EU im Arktischen Rat unter anderem mit einem Verweis auf ein seit 2005 bestehendes „Abkommen zwischen der Europäischen Union und dem Königreich Norwegen über die Schaffung eines Rahmens für die Beteiligung des Königreichs Norwegen an Krisenbewältigungsoperationen der Europäischen Union". Das kann ein Hinweis darauf sein, dass Deutschland einen spezifischen Teil seiner regionalen Sicherheitsinteressen eher im Rahmen der Gemeinsamen Außen- und Sicherheitspolitik (GASP) der EU verortet und die entsprechende politische Verantwortung für etwaige Krisenfälle auf die europäische Ebene verlagert. Dafür spricht auch, dass Deutschland die Bereiche Außen- und Sicherheitspolitik, Energie- und Rohstoffpolitik, Verkehr, Fischerei, Umwelt sowie Forschung und Entwicklung auf Ebene der EU besser auf ihre Relevanz für die Arktisregion abstimmen möchte („horizontale Kohärenz"), damit die Arktispolitik „Teil langfristiger strategischer Überlegungen der EU-Politik" werden kann (Auswärtiges Amt 2013, S. 16).

Doch zurück zu den arktischen Sicherheitsbegriffen: Was bedeuten die Erkenntnisse des Schichtmodells für uns bei der weiteren Erforschung der Arktispolitik? Das Bewusstsein, mit jedweder wissenschaftlichen Betrachtung zur arktischen Sicherheit je nach ihrem spezifischen Kontext nicht mit einem singulären, ungeteilten Sicherheitsbegriff zu operieren, sondern stattdessen inmitten eines breiten Interpretationsspielraumes an einer bestimmten Position innerhalb dieses Modells auszukommen, ist für uns sehr wesentlich. Element jeglicher Forschungstätigkeit zur Sicherheit der Arktis sollte es daher sein, eine Aussage zum jeweils zugrunde liegenden Sicherheitsverständnis zu treffen, um es Lesern und weiteren Forschenden zu ermöglichen, die entstehenden Ergebnisse besser einzuordnen: Die Bedrohung

---

[8]Die Mitgliedstaaten der NATO und Russland haben 2002 mit dem NATO-Russland-Rat ein gemeinsames Konsultationsforum geschaffen. Nach der Ukraine-Krise 2014 wurde dieses Forum in seiner ursprünglichen Form vorübergehend ausgesetzt.

von was genau wird untersucht? Was ist das Referenzobjekt der Sicherheit in der jeweiligen Fragestellung? Denn nur auf diese Weise wird nachvollziehbar, warum es kein Widerspruch oder gar Zeugnis fehlerhafter wissenschaftlicher Arbeit ist, wenn verschiedene Arbeiten zur arktischen Sicherheit trotz vordergründig scheinbar identischen Forschungsgegenstands zu mitunter gänzlich unterschiedlichen Ergebnissen gelangen.

Ob in der Region Sicherheiten begründbar als bedroht empfunden werden können, ist vollständig vom jeweils zugrunde liegenden Verständnis von Sicherheit abhängig. Wird etwa von der Unversehrtheit des arktischen Naturraumes – der *environmental security* entsprechend des *human security*-Konzepts – als ihrem Referenzobjekt ausgegangen, so ist eindeutig zu konstatieren, dass eine erhebliche Gefährdung bis hin zum Risiko ihres vollständigen Verlusts vorliegt. Die bereits stattfindenden Veränderungen des regionalen Klimas, der Flora und Fauna sowie die heutigen Prognosen zu deren weiterer Entwicklung lassen überdies zukünftig keine Verbesserungen, sondern eher fortlaufende Verschärfungen dieser Situation erwarten. Gleiches könnte zum Beispiel auch für die *community security* der indigenen Gemeinden an den Küsten gelten, die im Zuge der Wandlungsprozesse mit dem möglichen Verlust ihrer traditionellen Lebensweisen konfrontiert sind.

Die Bewertung anhand des konventionell-westfälischen Sicherheitsmaßstabs ergibt in Bezug auf denselben Untersuchungsgegenstand hingegen eine gänzlich andere Einschätzung: Auch angesichts zahlreicher durchaus selbstbewusster nationalstaatlicher Souveränitäts- und Gestaltungsinteressen ist eine ernsthafte Gefährdung der zwischenstaatlichen arktischen Stabilität und Sicherheit derzeit nicht erkennbar. Es existieren nach wie vor keinerlei kohärente Anhaltspunkte für etwaige Absichten einer einseitigen Aufkündigung der bisherigen Kooperation oder gar einer militärischen Eskalation im Hohen Norden seitens eines oder mehrerer staatlicher Akteure. Selbst durchaus schwerwiegende Unstimmigkeiten zwischen den westlichen Anrainern beziehungsweise der NATO und Russland, wie etwa während der Georgien-Krise 2008 und insbesondere seit der Ukraine-Krise von 2014, haben sicherlich zu gegenseitigen diplomatischen Vertrauensverlusten, aber bislang nicht zu einer beobachtbaren tiefgehenden Änderung des friedlichen Gesamtzustands der Region geführt (Abschn. 4.4 und 4.5).

Aktuelle, nicht minder spannende Forschungsansätze gehen über dieses Spektrum noch hinaus und untersuchen zum Beispiel in Dokument- und Diskursanalysen, inwieweit die Akteure der Nordpolarregion „Sicherheit" in der Politik als bewusste rhetorische Figur einsetzen, um ihre Ziele zu erreichen. Dieses Vorgehen, das von Barry Buzan et al. (1998) wissenschaftlich umschrieben wurde, wird als „Versicherheitlichung" bezeichnet und eröffnet ein weites und fortlaufendes wissenschaftliches Feld im Bereich der konstruktivistischen Analyse der internationalen Arktispolitik.

Zitierte Literatur

ACIA. (2004). Impacts of a warming Arctic: Arctic Climate Impact Assessment (ACIA) overview report. Arctic monitoring and assessment programme of the Arctic council. https://www.amap.no/documents/doc/impacts-of-a-warming-arctic-2004/786. Zugegriffen: 12. Jan. 2018.

AMAP. (2007). Oil and Gas Assessment (OGA). Arctic Monitoring and Assessment Programme of the Arctic Council. https://www.amap.no/oil-and-gas-assessment-oga. Zugegriffen: 11. Jan. 2018.

AMSA. (2009). Arctic Marine Shipping Assessment 2009 report. Protection of the Arctic marine environment working group of the Arctic Council. https://oaarchive.arctic-council.org/handle/11374/54. Zugegriffen: 11. Jan. 2018.

Arctic Council. (2000). Barrow declaration on the occasion of the second ministerial meeting of the Arctic Council. https://oaarchive.arctic-council.org/handle/11374/87. Zugegriffen: 4. Febr. 2018.

Arctic Council. (2015). Arctic Marine Tourism Project (AMTP) – Best Practice Guidelines. https://oaarchive.arctic-council.org/handle/11374/414. Zugegriffen: 1. Febr. 2018.

Arctic Council. (2017). Expert group on black carbon and methane: Summary of progress and recommendations 2017. https://oaarchive.arctic-council.org/handle/11374/1936. Zugegriffen: 4. Febr. 2018.

Auswärtiges Amt. (2013). *Leitlinien deutscher Arktispolitik: Verantwortung übernehmen, Chancen nutzen*. Berlin: Auswärtiges Amt.

Bartsch, G. (2015). *Klimawandel und Sicherheit in der Arktis. Hintergründe, Perspektiven, Strategien*. Wiesbaden: Springer VS.

Beck, U. (2007). *Weltrisikogesellschaft. Auf der Suche nach der verlorenen Sicherheit*. Frankfurt a. M.: Suhrkamp.

Bird, K. J. et al. (2008). Circum-Arctic resource appraisal: Estimates of undiscovered oil and gas North of the Arctic Circle. U.S. Department of the Interior, U.S. Geological Survey. https://pubs.usgs.gov/fs/2008/3049/. Zugegriffen: 11. Jan. 2018.

Borgerson, S. (2008). *Sea change: The transformation of the Arctic*. The Atlantic, November issue. https://www.theatlantic.com/magazine/archive/2008/11/sea-change/307072/. Zugriffen: 12 Jan. 2018.

Budzik, P. (2009). Arctic oil and natural gas potential. U.S. Energy Information Administration, Office of Integrated Analysis and Forecasting, Oil and Gas Division. http://www.arlis.org/docs/AlaskaGas_copy_ap/Paper/Paper_EIA_2009_ArcticOilGasPotential.pdf. Zugegriffen: 11. Jan. 2018.

Buixadé Farré, A., et al. (2014). Commercial Arctic shipping through the Northeast Passage: Routes, resources, governance, technology, and infrastructure. *Polar Geography, 37*(4), 298–324.

Buzan, B., Wæver, O., & Wilde, J. de. (1998). *Security. A new framework for analysis*. London: Lynne Rienner.

Bystrowska, M., & Dolnicki, P. (2015). The impact of endogenous factors on diversification of tourism space in the Arctic. *Current Issues of Tourism Research, 5*(2), 36–43.

Cavazos-Guerra, C., Lauer, A., & Rosenthal, E. (2017). Clean air and white ice: Governing black carbon emissions affecting the Arctic. In K. Keil & S. Knecht (Hrsg.), *Governing Arctic change* (S. 231–256). Basingstoke: Palgrave Macmillan.

CHNL Information Office. (2017). Transit statistics. http://www.arctic-lio.com/nsr_transits. Zugegriffen: 12. Jan. 2017.

Claes, D. H., & Moe, A. (2014). Arctic petroleum resources in a regional and global perspective. In R. Tamnes & K. Offerdal (Hrsg.), *Geopolitics and Security in the Arctic* (S. 97–120). London: Routledge.

Corbett, J., Lack, D., Winebrake, J., Harder, S., Silberman, J., & Gold, M. (2010). Arctic shipping emissions inventories and future scenarios. *Atmospheric Chemistry and Physics, 10,*9689–9704.

Deutsches Arktisbüro. (2018). Informations- und Kooperationsbüro für die Arktis. http://www.arctic-office.de/. Zugegriffen: 5. Febr. 2018.

Dutton, A., et al. (2015). Sea-level rise due to polar ice-sheet mass loss during past warm periods. *Science, 349*(6244), 153–162.

Einarsson, N., Larsen, J. N., Nilsson, A., & Young, O. R. (2004). *Arctic Human Development Report*. Kopenhagen: Nordic Council of Ministers.

FAO. (2016). The state of world fisheries and aquaculture 2016. Food and Agriculture Organization of the United Nations. http://www.fao.org/3/a-i5555e.pdf. Zugegriffen: 24. Jan. 2018.

Gorbatschow, M. (1987). Speech in Murmansk at the ceremonial meeting on the occasion of the presentation of the Order of Lenin and the Gold Star to the city of Murmansk. https://www.barentsinfo.fi/docs/Gorbachev_speech.pdf. Zugegriffen: 30. Jan. 2018.

Keil, K. (2013). *Cooperation and conflict in the Arctic: The cases of energy, shipping and fishing.* Berlin: Freie Universität Berlin.

Keil, K. (2015). Die Zukunft arktischer Öl- und Gasressourcen: Internationale Einflussfaktoren arktischer Energieressourcenentwicklung. *Sicherheit und Frieden, Themenschwerpunkt: Die Arktis – Regionale Kooperation oder Konflikt?, 3*(2015), 132–138.

Keil, K. (2017). The Arctic in a global energy picture: International determinants of Arctic oil and gas development. In K. Keil & S. Knecht (Hrsg.), *Governing Arctic change: Global perspectives* (S. 279–299). Basingstoke: Palgrave.

Lasserre, F. (2015). Simulations of shipping along Arctic routes: Comparison. *Analysis and Economic Perspectives. Polar Record, 51*(3), 239–259.

Lemmen, D. S., Warren, F. J., Lacroix, J., & Bush, E. (2007). From impacts to adaptation: Canada in a changing climate 2007. Government of Canada. https://www.nrcan.gc.ca/sites/www.nrcan.gc.ca/files/earthsciences/pdf/assess/2007/pdf/full-complet_e.pdf. Zugegriffen: 24. Jan. 2018.

McGlade, C., & Ekins, P. (2015). The geographical distribution of fossil fuels unused when limiting global warming to 2 °C. *Nature, 517*(7533), 187–190.

Münkler, H. (2004). *Die neuen Kriege*. Berlin: Rowohlt.

MV Werften. (2018). Die Endeavor Klasse. https://www.mv-werften.com/de/endeavor/. Zugegriffen: 5. Febr. 2018.

Osherenko, G. (1989). Environmental cooperation in the Arctic: Will the Soviets participate? *Current Research on Peace and Violence, 12*(3), 144–157.

Østreng, W., et al. (2013). *Shipping in Arctic waters: A comparison of the Northeast, Northwest and Trans Polar Passages.* Heidelberg: Springer.

Palosaari, T. (2011). The amazing race. On resources, conflict, and cooperation in the Arctic. *Nordia Geographical Publications, 40*(4), 13–30.

Rudloff, B. (2010). The EU as fishing actor in the Arctic: Stocktaking of institutional involvement and existing conflicts. Stiftung Wissenschaft und Politik. https://www.swp-berlin.org/fileadmin/contents/products/arbeitspapiere/Rff_WP_2010_02_ks.pdf. Zugegriffen: 24. Jan. 2018.

Tasker, M. L. (2008). *The effect of climate change on the distribution and abundance of marine species in the OSPAR maritime area.* Kopenhagen: International Council for the Exploration of the Sea (ICES).

Vilhjálmsson, H., & Hoel, A.H. (2004). *Arctic Climate Impact Assessment (ACIA) scientific report, Chapter 13: Fisheries and aquaculture.* Arctic Monitoring and Assessment Programme of the Arctic Council, 691–780.

Weiterführende Literatur

Abschn. 5.1: Ressourcen

Beckman, R. C., Henriksen, T., Kraabel, C. D., Molenaar, E. J., & Roach, J. A. (Hrsg.). (2017). *Governance of Arctic shipping – Balancing rights and interests of Arctic states and User States.* Leiden: Brill Nijhoff.

Buixadé Farré, A., et al. (2014). Commercial Arctic shipping through the Northeast Passage: Routes, resources, governance, technology, and infrastructure. *Polar Geography, 37*(4), 298–324.

Hønneland, G. (2012). *Making fishery agreements work: Post-agreement bargaining in the Barents Sea.* Cheltenham: Edward Elgar.

Johnstone, R. L. (2015). *Offshore oil and gas development in the Arctic under international law: risk and responsibility*. Leiden: Brill Nijhoff.

Mikkelsen, A., & Langhelle, O. (2008). *Arctic oil and gas – Sustainability at risk?*. London : Routledge.

Pelaudeix, C., & Basse, E. M. (Hrsg.). (2018). *Governance of Arctic offshore oil and gas*. New York: Routledge.

Østreng, W., et al. (2013). *Shipping in Arctic waters: A comparison of the Northeast, Northwest and Trans Polar Passages*. Heidelberg: Springer.

Stokke, O. S. (Hrsg.). (2001). *Governing high seas fisheries: The interplay of global and regional regimes*. Oxford: Oxford University Press.

Weidemann, L. (2014). *International governance of the Arctic marine environment: With particular emphasis on high seas fisheries*. Berlin: Springer.

Abschn. 5.2: Umwelt

Hall, C. M., & Saarinen, J. (2010). *Tourism and change in polar regions: Climate, environments and experiences*. Abongdon: Routledge.

Koivurova, T., Keskitalo, E. C. H., & Banks, N. (Hrsg.). (2009). *Climate governance in the Arctic*. Heidelberg: Springer.

Stone, David P. (2015). *The changing Arctic environment: The Arctic messenger*. Cambridge: Cambridge University Press.

Abschn. 5.3: Sicherheit

Balzacq, T. (2011). *Securitization theory. How security problems emerge and dissolve*. New York: Routledge.

Bartsch, G. M. (2016). *Klimawandel und Sicherheit in der Arktis: Hintergründe, Perspektiven, Strategien*. Heidelberg: Springer.

Gjørv, G. H., & Shadian, J. M. (Hrsg.). (2019). *Routledge Handbook of Arctic Security*. London: Routledge.

Schlussbetrachtung

Wir haben in diesem Buch die Arktis als eine Region kennengelernt, die heute alles andere ist als jene ferne und irrelevante *terra incognita*, die sie aus Sicht der Menschen in den gemäßigten Klimazonen der Welt jahrhundertelang war. Die Arktis der Gegenwart kann mit Fug und Recht als einer der wohl ersten Brennpunkte der naturräumlichen Symptome des beginnenden Anthropozäns gelten und wird so zum einprägsamen Anschauungsobjekt für die weitreichenden Auswirkungen des Klimawandels auf die Ökosysteme unseres Planeten. Die wissenschaftliche Erforschung der tauenden Arktis mag hierbei zur Versachlichung der stattfindenden öffentlichen Debatte um den Klimawandel und seine Ursachen beitragen. Denn auch wenn sich stellenweise noch immer die Ansicht hält, dass aller naturwissenschaftlich kaum mehr ernsthaft anzweifelbarer Belege zum Trotze die menschliche Verantwortung für die Erderwärmung vehement zu negieren sei, so relativiert oder ändert dies nichts an der beobachtbaren Situation des Hohen Nordens: Die Arktis erwärmt sich und taut weiter, und diese Effekte sind unzweifelhaft sichtbar und dokumentiert, unabhängig davon, ob man nun den menschlichen CO_2-Ausstoß dafür ursächlich verantwortlich macht oder nicht.

Die hohe Tagesaktualität der Ereignisse rund um den Klimawandel und die Arktis macht deren Erforschung einerseits zu einer spannenden und gefragten Disziplin. Andererseits wird es für Forschende auch zu einer großen methodischen Herausforderung, sich einem solchen *moving target* wie der Nordpolarregion anzunähern: Scheinbar täglich verändert sich das Forschungsobjekt Arktis im Zuge seiner Erwärmung. Gerade für die sozialwissenschaftliche Analyse, die sich mit der Untersuchung klar abgrenzbarer beziehungsweise in sich abgeschlossener Sachverhalte und Themenkomplexe in der Regel leichter tut als mit fortlaufenden, letztlich noch mehr oder weniger ergebnisoffenen Vorgängen, ist dies nicht folgenlos. Ganz bewusst haben wir daher hier nicht nur einen, sondern mehrere verschiedene politikwissenschaftlich-theoretische Ansätze exemplarisch auf die Arktis angewandt, um zu zeigen: Es gibt eben nicht den einen, alle Vorgänge rund um die internationale Arktispolitik erklärenden wissenschaftlichen „Generalschlüssel",

© Springer-Verlag GmbH Deutschland, ein Teil von Springer Nature 2018
K. Stephen et al., *Internationale Politik und Governance in der Arktis: Eine Einführung*, https://doi.org/10.1007/978-3-662-57420-1_6

sondern für verschiedenste, sich dynamisch entwickelnde Phänomene und Teilprobleme jeweils einmal mehr oder einmal weniger passgenaue und erklärungsmächtige theoretische Zugänge.

Vieles in der heutigen Arktis ist eben nicht nur „schwarz oder weiß", auch wenn in ihrer alltäglichen Betrachtung das Denken in Dichotomien – wie Kooperation oder Konflikt, internationales Recht oder rechtsfreier Raum, Territorialisierung oder Gemeinschaftsgut, staatenbasierte oder lokalbasierte Lösungsansätze, Ausbeutung oder Naturerhaltung – noch allzu oft vorherrscht. Die Region aber hat, auch wenn sie nicht frei von punktuellen Interessenkonflikten auf vergleichsweise niederschwelliger Ebene ist, in den letzten zwei Jahrzehnten faktisch nicht so sehr als neue Krisen- und Konfliktregion, sondern vorrangig als beispielhafter Kooperationsraum an Bedeutung für die Politik gewonnen. Sie zeigt simultan Wege der Integration indigener Bevölkerungen in politische Prozesse auf, ebenso wie erfolgreiche Umwelt-, Sicherheits- und Wissenschaftskooperation, bis hin zur internationalen Kooperation zwischen den westlichen Anrainerstaaten und Russland. Dabei erschließen sich so manche scheinbar offensichtliche arktisspezifische Fragestellungen erst auf den zweiten Blick: Konflikte können sich als nur scheinbar entpuppen oder sich als viel komplexer darstellen als auf den ersten Blick ersichtlich. Kooperation kann selbstverständlich aussehen, aber bei näherem Hinsehen ein historisch gewachsener, institutionell verflochtener und von zahlreichen Akteursgruppen gestalteter Prozess sein.

Die wichtigste Erkenntnis für eine zukunftsweisende Erforschung der internationalen Politik und Governance in der Arktis ist für den Moment jedoch eine – scheinbar – noch weitaus banalere: Arktisforschung muss nicht nur methodisch sauber, sondern vor allem verständlich und anschlussfähig sein. Verständlich, um in einer durchaus interessierten, aber auch naturgemäß mit stellenweise wenig spezifischem Fachwissen geführten medialen Diskussion der Öffentlichkeit jene Fakten vermitteln zu können, die zur sachgerechten Einordnung bestimmter Ereignisse und Vorgänge so dringend vonnöten sind. Viele der in der jüngeren Vergangenheit gezeichneten grellen Zerrbilder der Arktis, etwa jenes vom unmittelbar heraufziehenden Krieg der Anrainerstaaten um knappe arktische Rohstoffe, würden so weit weniger alarmistische Echos erfahren, als sie es bislang bedauerlicherweise immer wieder taten, und helfen, den Fokus wieder stärker auf die eigentlichen Herausforderungen der Region in Gestalt der Anpassung von Mensch und Tier an ihre sich radikal wandelnde Umwelt zu lenken. Anschlussfähig deshalb, weil Arktisforschung heute Interdisziplinarität in Reinform bedeutet. Ein Verständnis für die Arktis und ihren Wandel ergibt sich nur dann, wenn die zahlreichen Forschungsergebnisse sowohl aus den Natur- als auch den Sozialwissenschaften miteinander in Beziehung gesetzt werden können. Erst aus der Kombination der Dokumentationen und Prognosen der naturräumlichen Prozesse des arktischen Klimawandels mit der Erforschung ihrer gesellschaftlichen Verarbeitung und Auswirkungen ergibt sich ein wirklich tragfähiges Gesamtbild, das seinerseits jedoch auch, bedingt durch die Dynamik des Wandels der Region, stets offen für neue Ansätze und begründete Richtungsänderungen bleiben muss.

Erst auf einer solchen Wissensbasis kann es gelingen, den Schutz der Arktis in einer globalisierten Welt wirksam voranzubringen und eine zumindest weitgehende Abmilderung der Folgen ihres Wandels zu erreichen. Auch wenn die Umweltveränderungen der Arktis wie auch das ungebremste Fortschreiten des globalen Klimawandels generell leider wohl eher pessimistisch denn optimistisch stimmen mögen, so eröffnen sie zumindest für die Wissenschaft auch in Zukunft reichhaltigen Stoff für spannende und vor allem auch höchst praxisrelevante Forschungsarbeit.

Sachverzeichnis